全国高等职业教育"十二五"规划教材
中国电子教育学会推荐教材
全国高等职业院校规划教材·精品与示范系列

校级精品课
配套教材

ARM 嵌入式系统基础与项目开发技术

陆渊章　主编

蔡友宏　徐敏　夏玉果　副主编

電子工業出版社

Publishing House of Electronics Industry

北京·BEIJING

内 容 简 介

本书按照教育部新的教学改革要求，结合示范专业建设和课程研究成果进行编写，突出嵌入式项目开发能力的培养。主要内容包括：ARM 嵌入式系统基础，ARM 嵌入式处理器的体系结构、指令系统，嵌入式操作系统，RealView MDK 开发环境及 ARM 开发工具等；同时以基于 ARM920T 的应用处理器 S3C2410A 为例，详细介绍嵌入式系统设计及相关模块接口技术（涵盖时钟、电源、I/O、中断等），并提供大量的 ARM 应用项目开发实例。

本书为高等职业本专科院校电子类、通信类、计算机类、自动化类等专业嵌入式系统课程的教材，也可作为开放大学、成人教育、自学考试、中职学校及培训班的教材，以及电子工程技术人员的参考书。

本书配有免费的电子教学课件、习题参考答案及**精品课网站**，详见前言。

图书在版编目（CIP）数据

ARM 嵌入式系统基础与项目开发技术/陆渊章主编 . —北京：电子工业出版社，2014. 2

全国高等职业院校规划教材·精品与示范系列

ISBN 978-7-121-22434-8

Ⅰ . ① A… Ⅱ . ① 陆… Ⅲ . ① 微处理器 – 系统设计 – 高等职业教育 – 教材 Ⅳ . ① TP332

中国版本图书馆 CIP 数据核字（2014）第 019938 号

策划编辑：陈健德（E-mail：chenjd@ phei. com. cn）
责任编辑：张 京
印　　刷：北京虎彩文化传播有限公司
装　　订：北京虎彩文化传播有限公司
出版发行：电子工业出版社
　　　　　北京市海淀区万寿路 173 信箱　邮编：100036
开　　本：787×1092　1/16　印张：14.25　字数：364.8 千字
版　　次：2014 年 2 月第 1 版
印　　次：2022 年 6 月第 7 次印刷
定　　价：33. 00 元

职业教育　继往开来(序)

自我国经济在 21 世纪快速发展以来，各行各业都取得了前所未有的进步。随着我国工业生产规模的扩大和经济发展水平的提高，教育行业受到了各方面的重视。尤其对高等职业教育来说，近几年在教育部和财政部实施的国家示范性院校建设政策鼓舞下，高职院校以服务为宗旨、以就业为导向，开展工学结合与校企合作，进行了较大范围的专业建设和课程改革，涌现出一批示范专业和精品课程。高职教育在为区域经济建设服务的前提下，逐步加大校内生产性实训比例，引入企业参与教学过程和质量评价。在这种开放式人才培养模式下，教学以育人为目标，以掌握知识和技能为根本，克服了以学科体系进行教学的缺点和不足，为学生的顶岗实习和顺利就业创造了条件。

中国电子教育学会立足于电子行业企事业单位，为行业教育事业的改革和发展，为实施"科教兴国"战略做了许多工作。电子工业出版社作为职业教育教材出版大社，具有优秀的编辑人才队伍和丰富的职业教育教材出版经验，有义务和能力与广大的高职院校密切合作，参与创新职业教育的新方法，出版反映最新教学改革成果的新教材。中国电子教育学会经常与电子工业出版社开展交流与合作，在职业教育新的教学模式下，将共同为培养符合当今社会需要的、合格的职业技能人才而提供优质服务。

近期由电子工业出版社组织策划和编辑出版的"全国高职高专院校规划教材·精品与示范系列"具有以下几个突出特点，特向全国的职业教育院校进行推荐。

(1) 本系列教材的课程研究专家和作者主要来自于教育部和各省市评审通过的多所示范院校。他们对教育部倡导的职业教育教学改革精神理解得透彻准确，并且具有多年的职业教育教学经验及工学结合、校企合作经验，能够准确地对职业教育相关专业的知识点和技能点进行横向与纵向设计，能够把握创新型教材的出版方向。

(2) 本系列教材的编写以多所示范院校的课程改革成果为基础，体现"重点突出、实用为主、够用为度"的原则，采用项目驱动的教学方式。学习任务主要以本行业工作岗位群中的典型实例提炼后进行设置，项目实例较多，应用范围较广，图片数量较大，还引入了一些经验性的公式、表格等，文字叙述浅显易懂。增强了教学过程的互动性与趣味性，对全国许多职业教育院校具有较大的适用性，同时对企业技术人员具有可参考性。

(3) 根据职业教育的特点，本系列教材在全国独创性地提出"职业导航、教学导航、知识分布网络、知识梳理与总结"及"封面重点知识"等内容，有利于老师选择合适的教材并有重点地开展教学过程，也有利于学生了解该教材相关的职业特点和对教材内容进行高效率的学习与总结。

(4) 根据每门课程的内容特点，为方便教学过程，对教材配备了相应的电子教学课件、习题答案与指导、教学素材资源、程序源代码、教学网站支持等立体化教学资源。

职业教育要不断进行改革，创新型教材建设是一项长期而艰巨的任务。为了使职业教育能够更好地为区域经济和企业服务，殷切希望高职高专院校的各位职教专家和老师提出建议和撰写精品教材（联系邮箱：chenjd@ phei. com. cn，电话：010 - 88254585），共同为我国的职业教育发展尽自己的责任与义务！

中国电子教育学会

前　言

随着嵌入式技术的不断发展，其应用范围迅速扩大，社会对嵌入式人才的需求数量近几年以每年40%以上的速率增长，所需技能型人才存在较大缺口，主要集中在消费电子、通信设备、工业控制、安全安防、汽车电子、医疗电子、信息家电、互联网、智能交通、软件外包、航空航天、智能建筑、金融等行业中。在未来几年，随着信息化、智能化、网络化的发展，嵌入式系统技术将获得更广阔的应用与发展。为了培养更多的嵌入式专业技能型人才，许多高职院校进行了多方面的专业建设和课程改革。

本书按照教育部新的教学改革要求，结合示范专业建设和课程研究项目成果进行编写。全书根据嵌入式系统的发展趋势，针对ARM嵌入式系统的应用特点，结合12个项目任务，由浅入深、循序渐进地介绍了ARM嵌入式系统基本概念，ARM处理器的体系结构、指令系统，嵌入式操作系统，以及RealView MDK开发环境使用等。通过ARM开发、调试、应用的整个过程，突出嵌入式系统的开发方法和技巧，培养基于ARM的软件设计、硬件调试等专业技能。

本书在编写过程中遵循职业教育的特点，理论与实践相结合，充分体现学习技能的层次性、渐进性和实践性特点，主要通过ARM嵌入式系统基础知识和ARM项目任务开发两条主线进行介绍，使读者更容易学习和掌握ARM嵌入式系统开发应用技能。各章主要内容和参考学时如下表所示，各院校可根据教学实际情况对项目任务和学时进行适当调整。

章　序	主要内容	参考学时
第1章	简述嵌入式系统的基本概念和嵌入式系统开发环境,常用软件开发工具的选择与使用,以及如何学好嵌入式系统开发,便于初学者快速掌握嵌入式系统开发基本方法	4
第2章	讲述嵌入式ARM处理器的体系结构及应用选型	8
第3章	介绍ARM嵌入式处理器的指令系统,以及ARM和Thumb状态下的指令集	8
任务开发1	基于EMLINK固化DEMO程序	4
第4章	分析ARM嵌入式系统的硬件基本电路和接口电路的设计,包括内存控制器、基本I/O控制、中断控制接口电路等	4
任务开发2	基于S3C2410的LED显示控制	4
任务开发3	基于UART串口通信控制	4

章　序	主要内容	参考学时
第 5 章	介绍嵌入式操作系统的基本概念和常见的嵌入式操作系统,以及应用最广泛的 Linux 操作系统的版本、架构和应用等	2
任务开发 4	基于 IIC 按键中断控制	4
任务开发 5	开发模数转换(ADC)设计	4
任务开发 6	看门狗定时器(WDT)控制	2
第 6 章	学会使用 ARM 开发工具,主要介绍 ARM RealView MDK 开发基础及软件的使用方法与操作技巧	4
任务开发 7	实时时钟(RTC)控制	2
任务开发 8	基于 TFT 液晶显示控制	2
任务开发 9	基于 TCP/IP 以太网通信设计	2
任务开发 10	基于 MEB1280 的 GPS 通信	2
任务开发 11	基于 PWM 步进电动机控制	2
任务开发 12	基于 GSM 的 GPRS 模块控制	2
总学时	—	64

本书为高职高专院校电子类、通信类、计算机类、自动化类等专业嵌入式系统课程的教材,也可作为应用型本科、成人教育、自学考试、开放大学、中职学校及培训班的教材,以及电子工程技术人员的参考书。

本书由江苏信息职业技术学院电子信息工程系陆渊章任主编,蔡友宏、徐敏、夏玉果任副主编。

由于作者水平有限,本书难免有疏忽和不当之处,恳请各位读者及同行专家批评指正。

为方便教师教学,本书配有免费的电子教学课件、习题参考答案,请有此需要的教师可登录华信教育资源网(http://www.hxedu.com.cn)免费注册后进行下载,有问题时请在网站留言或与电子工业出版社联系(E–mail: hxedu@phei.com.cn)。读者也可通过该精品课网站(http://jpkc.jsit.edu.cn/ec2006/C84/index.asp)浏览和参考更多的教学资源。

编者

目 录

第1章　嵌入式系统基础 ··· 1

1.1　嵌入式系统的基本概念 ··· 2

1.2　嵌入式系统的特点、组成与分类 ·· 2

   1.2.1　嵌入式系统的应用特点 ·· 2

   1.2.2　嵌入式系统的发展与应用 ··· 5

   1.2.3　嵌入式系统的组成 ·· 6

   1.2.4　嵌入式系统的分类 ·· 7

1.3　基于 ARM 的嵌入式开发环境 ·· 9

   1.3.1　交叉开发环境 ·· 9

   1.3.2　模拟开发环境 ··· 10

   1.3.3　ARM 开发工具 ··· 10

   1.3.4　ARM 开发仿真工具 ·· 14

1.4　如何学习和掌握嵌入式系统的开发方法 ······························ 16

本章小结 ··· 17

思考与习题 1 ·· 17

第2章　嵌入式处理器的体系结构与异常处理 ······························· 18

2.1　嵌入式微处理器的特点与命名规则 ······································ 19

   2.1.1　ARM 嵌入式处理器的特点 ··· 19

   2.1.2　ARM 嵌入式处理器系列产品 ·· 19

   2.1.3　ARM 版本的命名规则 ··· 21

2.2　ARM 体系结构的运行与寄存器 ··· 26

   2.2.1　ARM 体系结构的存储器格式 ·· 26

   2.2.2　ARM 体系结构的工作状态 ··· 26

   2.2.3　ARM 体系结构的运行模式 ··· 27

   2.2.4　ARM 体系结构的寄存器 ·· 27

2.3　ARM 的异常处理 ·· 33

   2.3.1　ARM 体系支持的异常类型 ··· 33

   2.3.2　ARM 的异常响应 ··· 37

   2.3.3　ARM 的异常返回 ··· 38

本章小结 ··· 38

思考与习题 2 ·· 38

第3章　嵌入式处理器指令系统 ·· 40

3.1　ARM 嵌入式编程模型 ·· 41

3.2　ARM 指令的格式 ·· 41

3.3　ARM 指令的寻址方式 ··· 41

　　3.3.1　立即寻址 ··· 41

　　3.3.2　寄存器寻址 ··· 42

　　3.3.3　寄存器间接寻址 ··· 42

　　3.3.4　基址变址寻址 ·· 42

　　3.3.5　多寄存器寻址 ·· 43

　　3.3.6　相对寻址 ··· 43

　　3.3.7　堆栈寻址 ··· 43

3.4　ARM 指令集 ·· 44

　　3.4.1　数据处理指令 ·· 44

　　3.4.2　程序状态寄存器处理指令 ··· 50

　　3.4.3　寄存器加载/存储指令 ·· 51

　　3.4.4　跳转指令 ··· 53

　　3.4.5　移位指令 ··· 55

　　3.4.6　异常产生指令 ·· 57

3.5　Thumb 状态指令集 ·· 57

任务开发 1　基于 EMLINK 固化 DEMO 程序 ·· 58

本章小结 ·· 61

思考与习题 3 ·· 61

第 4 章　S3C2410A 处理器的功能及应用 ··· 63

4.1　S3C2410A 处理器的功能与特性 ·· 64

　　4.1.1　S3C2410A 处理器片上功能 ··· 64

　　4.1.2　S3C2410A 处理器的特性 ·· 65

4.2　S3C2410A 处理器内部各模块 ··· 69

　　4.2.1　时钟与电源管理模块 ··· 69

　　4.2.2　内存控制器模块 ··· 72

　　4.2.3　基本 I/O 接口模块 ·· 77

　　4.2.4　中断控制模块 ·· 79

任务开发 2　基于 S3C2410A 的 LED 显示控制 ····································· 84

任务开发 3　基于 UART 串口通信控制 ··· 89

本章小结 ·· 98

思考与习题 4 ·· 98

第 5 章　嵌入式操作系统 ··· 99

5.1　嵌入式操作系统管理基础 ··· 100

　　5.1.1　嵌入式操作系统的基本概念 ··· 100

　　5.1.2　嵌入式最小系统 ··· 103

5.2　常见嵌入式操作系统 ··· 103

5.3　嵌入式 Linux 操作系统简介 ··· 108

任务开发 4　基于 IIC 按键中断控制 ·· 109

任务开发 5　开发模数转换（ADC）设计 ·· 115

任务开发6 看门狗定时器（WDT）控制 ·· 120

本章小结 ·· 124

思考与习题5 ·· 124

第6章 ARM 开发工具的使用 ·· 125

  6.1 RealView MDK 开发环境 ·· 126

    6.1.1 μVision3 软件开发平台 ·· 126

    6.1.2 HJTAG 仿真器 ·· 128

  6.2 RealView MDK 的使用 ·· 129

    6.2.1 RealView MDK 的安装 ·· 129

    6.2.2 μVision IDE 集成开发环境的运行 ······································ 131

    6.2.3 μVision IDE 主框架窗口 ·· 133

    6.2.4 文件管理与工程创建 ·· 133

    6.2.5 工程基本配置 ·· 138

    6.2.6 编译、链接与调试 ·· 146

    6.2.7 Flash 编程工具 ·· 156

  任务开发7 实时时钟（RTC）控制 ··· 158

  任务开发8 基于 TFT 液晶显示控制 ·· 162

  任务开发9 基于 TCP/IP 以太网通信设计 ····································· 174

  任务开发10 基于 MEB1280 的 GPS 通信 ····································· 189

  任务开发11 基于 PWM 步进电动机控制 ······································ 198

  任务开发12 基于 GSM 的 GPRS 模块控制 ··································· 207

  本章小结 ·· 214

  思考与习题6 ·· 215

参考文献 ·· 216

第1章

嵌入式系统基础

1.1 嵌入式系统的基本概念

嵌入式系统（Embedded System）也称嵌入式计算机系统。顾名思义，嵌入式系统是计算机的一种特殊形式，所以在理解嵌入式系统的概念前，必须先明确计算机的基本概念。计算机是能按照指令对各种数据进行自动加工和处理的电子设备，一套完整的计算机系统包括硬件和软件两部分。软件是指令与数据的集合，硬件则是执行指令和处理数据的环境平台，是那些看得见、摸得着的部件。计算机的硬件系统主要由中央处理器（CPU）、存储器、外部设备及连接各个部分的计算机总线组成。计算机系统的组成如图 1.1 所示。

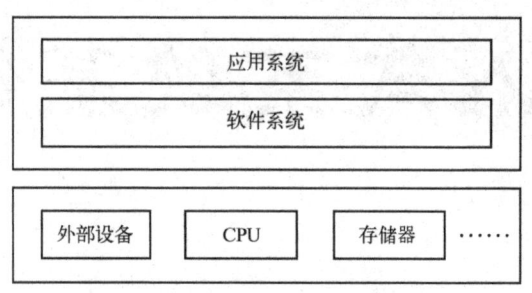

图 1.1　计算机系统的组成

自 1946 年第一台电子计算机问世以来，计算机技术发展迅猛，经历了电子管计算机、晶体管计算机、中小规模集成电路计算机、大规模集成电路计算机等阶段，现在为人所熟知的台式机、便携机等性能强大，安装不同的软件就能实现不同的功能，其应用并不局限于特定的领域，如果安装了专门的软件开发工具，它就是一台软件开发计算机；如果安装了办公软件，它就是一台办公计算机；如果安装了游戏软件，它就是一台游戏机。

随着计算机技术的发展，计算机应用越来越广泛，大量的设备需要采用计算机技术实现数据采集、自动控制、信息处理等功能，而这种应用中的计算机是专用的，是整个设备或系统的固定组成部分。这就是通常所说的嵌入式系统。

由此得出嵌入式系统的定义：嵌入式系统是以应用为中心、以计算机技术为基础，软、硬件可剪裁，适应应用系统对功能、可靠性、成本、体积、功耗严格要求的专用计算机系统。

上述定义较好地描述了嵌入式系统各方面的特征，不同的应用对计算机有不同的需求，嵌入式计算机在满足应用对功能和性能需求的前提下，还要适应应用对计算机的可靠性、机械结构、功耗、环境适应性等方面的要求，在一般情况下，还要尽量降低系统的成本。

简单地说，嵌入式系统是为具体应用定制的专用计算机系统，定制过程既体现在软件方面，又体现在硬件方面。硬件上，针对应用，选择适当的芯片、体系结构，设计满足应用需求的接口、设计方便安装的机械结构；软件上则明确是否需要操作系统、配置适当的系统软件环境、编写专门的应用软件。

1.2 嵌入式系统的特点、组成与分类

1.2.1 嵌入式系统的应用特点

根据用途不同可以把计算机分为两大类：通用计算机和嵌入式计算机。嵌入式计算机是

针对特定的应用进行专门设计的，发展方向是提高嵌入性能、提高控制能力和控制的可靠性；而通用计算机则不同，其硬件功能全面，而且具有较强的扩充能力，软件上配置标准操作系统及其他常用系统软件与应用软件，发展方向是计算速度的无限提升、总线带宽的无限扩展、存储容量的无限扩大。

嵌入式系统与通用计算机系统在基本原理上没有根本区别，都是计算机，但应用目标不一样，嵌入式系统有着以下特点。

1. 嵌入式系统具有应用针对性

这是嵌入式系统的一个基本特征，体现这种应用针对性的首先是软件，软件实现特定应用所需要的功能，所以嵌入式系统应用中必定配置了专用的应用程序；其次是硬件，大多数嵌入式系统的硬件是针对应用专门设计的，但也有一些标准化的嵌入式硬件模块，采用标准模块降低开发的技术难度和风险，缩短开发周期，但灵活性不足。

2. 嵌入式系统硬件一般对扩展能力要求不高

硬件方面，作为一种专用的计算机系统，功能、机械结构、安装要求比较固定，所以嵌入式系统一般没有或仅有较少的扩展能力；软件方面，嵌入式系统往往是一个设备的固定组成部分，其软件功能由设备的需求决定，在相对较长的生命周期里，一般不需要对软件进行改动。但也有一些特例，如现在的手机，尤其是安装了嵌入式操作系统的智能手机，软件安装、升级比较灵活，但相对于桌面计算机来说其软件扩展能力还相当弱。

3. 嵌入式系统一般采用专门针对嵌入式应用设计的中央处理器

这与嵌入式系统应用针对性有关，相对通用计算机处理器，嵌入式处理器种类繁多，不同的嵌入式处理器功能/性能差异非常大，主频从几 MHz 到几 GHz、引脚数量从几个到几百个，只有这种多样化才能适应千差万别的嵌入式系统应用。

4. 嵌入式系统中，操作系统可以有也可以没有，且嵌入式操作系统与桌面计算机操作系统有较大差别

在现代的通用计算机中，没有操作系统是无法想象的，而在嵌入式计算机中情况则大不相同。在一个功能简单的嵌入式系统中，可能根本不需要操作系统，直接在硬件平台上运行应用程序即可；而一些功能复杂的嵌入式系统，可能需要支持有线/无线网络和文件系统、实现灵活的多媒体功能、支持实时多任务处理，此时，在硬件平台和应用软件之间增加一个操作系统层，可使应用软件的设计变得简单，而且便于实现更高的可靠性，缩短系统开发周期，使系统的研发工作变得可控。

目前存在多种嵌入式操作系统，如 VxWorks、pSOS、嵌入式 Linux、WinCE 等，这些操作系统功能日益完善，以前只有桌面通用操作系统具备的功能，如网络浏览器、HTTP 服务器、Word 文档阅读与编辑等，现在也可以在嵌入式系统中实现。但为适应嵌入式系统的需要，嵌入式操作系统相对通用操作系统来说，具有模块化、结构精练、定制能力强、可靠性高、实时性好、便于写入非易失性存储器（固化）等特点。

5. 嵌入式系统一般有实时性要求

设备中的嵌入式系统常用于实现数据采集、信息处理、实时控制等功能，而采集、处理、控制往往是一个连续的过程。一个过程要求必须在较短的时间内完成，这是系统实时性的要求。

例如，在图1.2所示的语音处理系统中，实现实时的数据采集、编码，并通过网络传输语音的功能。按照8kHz采样率、精度8bit的工作模式进行单通道语音采样，这时系统会以每秒8KB的速率连续产生数据，计算机需要"及时"地进行语音数据采集、数据压缩编码，再通过网络把数据发送出去，任何一个环节处理不及时，都会导致语音数据丢失。

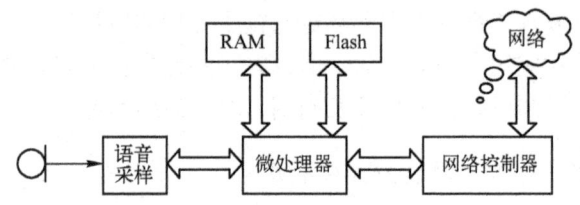

图1.2 语音处理系统结构图

实时性和处理器速度不是一回事，速度快的系统不一定实时性好，速度慢的系统实时性未必不能满足要求。计算机运行速度高，当然更有条件实现实时性，但不是实时性的充要条件。嵌入式系统的设计要求精练，因此在运算速度上不会留太多余量，为了保证实时性要求，需要对硬件、软件精心设计。

6. 嵌入式系统一般有较高的成本控制要求

在满足需求的前提下，在嵌入式系统开发中，要求高效率地设计，减少硬件、软件冗余，恰到好处的设计可以最大限度地降低系统成本，并有利于提高系统的可靠性。

通用计算机则追求更快的计算速度、更大的存储容量、更丰富的配置、更大的显示器。强大的硬件平台才能满足日益复杂的桌面操作系统及各种类型软件的需要，这样的计算机"通用性"才最强。

7. 嵌入式系统软件一般有固化的要求

在现代的通用计算机中，硬盘是操作系统和应用软件的载体，对于这些几GB、至几十GB、几百GB的软件及数据，硬盘是最好的记录媒介。嵌入式系统软件一般把操作系统和应用软件直接固化在非易失性存储器（如Flash存储器）中。首先，嵌入式系统一般没有硬盘，就算有硬盘或存储卡之类的外部存储器，也很少用于存储系统软件，多用于存储数据或用户扩展的软件；其次，无论是操作系统还是应用软件都很精练，所占容量比通用计算机要小得多，所以有固化的条件；再次，嵌入式系统不像通用计算机那么容易安装和升级软件，而且很少需要改动，所以要求软件存储可靠性高，因此有必要把软件固化；最后，软件固化有利于提高嵌入式系统的启动速度。

8. 嵌入式系统软件一般采用交叉开发的模式

目前软件设计工作大多采用集成开发环境，将代码编辑、编译、链接、仿真、调试等软

件开发工具集成在一起。嵌入式系统针对具体的应用进行设计，其硬件、软件的配置往往不便于或不可能支持应用软件开发。在实际开发中，一般用通用计算机（主要是 PC）作为开发机，进行嵌入式软件的编辑、编译、链接，在开发机上进行仿真，或下载到嵌入式目标系统中运行测试，最终的目标代码固化到目标系统的存储器中运行，这就是所谓交叉开发的软件设计模式。

9. 嵌入式系统在体积、功耗、可靠性、环境适应性上一般有特殊要求

嵌入式系统作为一个固定的组成部分"嵌入"在设备中，因受装配、供电、散热等条件的约束，其体积、功耗必然有一定的限制。例如，现在的手机功能日益强大，但电路板设计、系统装配等都要求紧凑、小巧。在功耗方面也有严格的要求，一方面，密封在手机里，没有良好的散热条件，功耗控制不好会导致手机温度过高；另一方面，电路的功耗直接决定了手机一次充电后持续工作的时间。

嵌入式系统作为设备的核心，其可靠性直接决定了设备可靠性，因此在这方面有严格的要求。尤其是在航空、航天、武器装备等应用中，嵌入式系统的可靠性更是生死攸关的事情。

10. 嵌入式系统技术标准化程度不高

PC 是最普及的通用计算机，其主板结构、计算机扩展总线、扩展板结构、内存扩展、电源、机箱、外部设备接口，甚至安装螺钉等都完全标准化，所以 PC 完全以社会化分工的形式进行批量大规模生产。PC 的标准化不仅体现在硬件上，软件上也有很高的标准化趋势，如数据库标准、操作系统标准、文本标准等。

每个嵌入式系统都是针对具体应用设计的，所以千差万别，不可能像 PC 一样制定高度一致的标准，也正是因为这个因素，在嵌入式领域才不会形成个别企业垄断市场的现象。

标准化有利于社会化的分工合作，嵌入式领域也存在一定程度的标准化，如 PC104 总线标准、Compact PCI 总线标准等，只是这些标准的应用在整个嵌入式领域还是很小的一部分。

嵌入式系统与通用计算机系统在技术上是相通的，通用计算机发展快、性能强，很多技术可以应用到嵌入式系统中，如 PC 中的 ISA 总线经过改造成为嵌入式系统中的 PC104 总线，PCI 总线经过改造成为嵌入式系统中的 CompactPCI 总线；桌面 Windows XP 操作系统有对应的嵌入式版本——Windows XP Embedded，而桌面 Linux 系统也有对应的嵌入式 Linux 版本。在应用中，经过机械结构、环境适应性改造的通用计算机应用也常见于嵌入式领域中。

1.2.2　嵌入式系统的发展与应用

如果问哪种计算机最普及，有人会说是 PC，可实际上嵌入式系统在数量上远远超过了以 PC 为代表的通用计算机，只是嵌入式系统一般集成在设备内部，不像 PC 那样本身是一个独立的系统，配备显示器、键盘、鼠标等标准设备。

人们在使用设备时往往在意的是设备提供的功能，而忽略了在设备内部高速运转、起着核心作用的嵌入式系统。例如，在用 MP3 欣赏音乐的时候，人们只关心音乐的音质、操控方式、系统容量、支持的音乐格式等，有多少人会关心在 MP3 内部发挥作用的嵌入式计算机呢？可实际上所有的功能都是内部的计算机完成的。

　　早期计算机由电子管组成，体积庞大，主要用于完成复杂的计算任务。随着晶体管计算机的出现，尤其是集成电路在计算机中的应用，计算机体积越来越小、性能越来越强，除了数值计算外，计算机还可以实现数据采集、信息处理、自动控制等功能，将专门设计的计算机集成到传统设备中，可显著改善设备的性能。此时，一种新的计算机类型——嵌入式系统应运而生。

　　嵌入式系统发展之初，因为计算机还是昂贵的电子设备，所以应用仅限于军事、工业控制等对成本不敏感的领域。随着微处理器技术的飞速发展，计算机集成度越来越高，在性能提高的同时，计算机也变得越来越小、越来越廉价，嵌入式系统进入蓬勃发展时期。

　　现代社会生活中，嵌入式系统无处不在，广泛应用在国防电子、数字家庭、工业自动化、汽车电子、医学科技、消费电子、无线通信、电力系统等各行各业。嵌入式系统是数字化社会的技术基础，正如中科院院士沈绪榜教授所说："计算机是认识世界的工具，而嵌入式系统则是改造世界的产物。"

　　图 1.3 给出的是手机电路原理框图，嵌入式系统在手机里完成人机接口、信息管理、设备控制等功能。在多媒体手机中，嵌入式系统还要实现语音记录、视频记录、数码相机、音视频文件播放等多媒体功能。嵌入式系统是数字手机的核心。

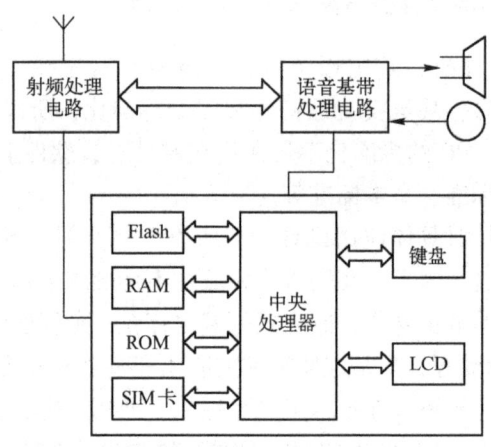

图 1.3　手机电路原理框图

　　现代社会日益数字化、信息化，嵌入式系统在这样的社会中必将扮演重要的角色。例如，在日常生活中，嵌入式系统不仅将存在于电视机、洗衣机、冰箱、手机这些设备里，甚至人们的鞋子、帽子、衣服中也将装备计算机系统。

1.2.3　嵌入式系统的组成

　　嵌入式系统是具有应用针对性的专用计算机系统，应用时作为一个固定的组成部分"嵌入"在应用对象中。每个嵌入式系统都是针对特定应用定制的，所以彼此间在功能、性能、体系结构、外观等方面可能存在很大的差异，但从计算机原理的角度看，嵌入式系统包括硬件和软件两个组成部分。

　　图 1.4 给出的是一个典型的嵌入式系统组成，实际系统中可能并不包括所有的组成部分。

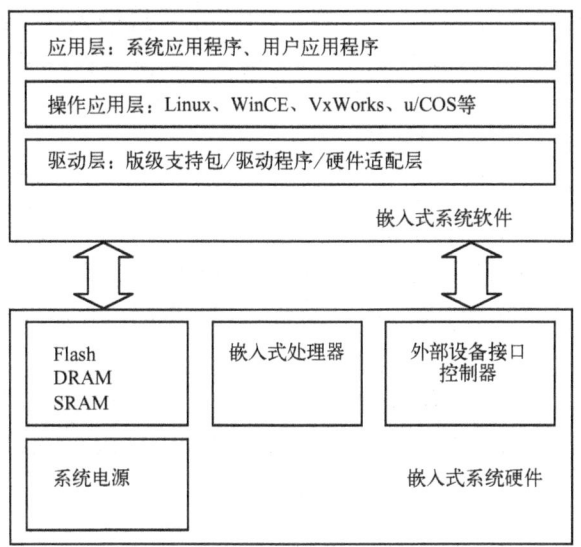

图 1.4　嵌入式系统组成

嵌入式系统硬件部分以嵌入式处理器为核心，扩展存储器及外部设备控制器。在某些应用中，为提高系统性能，还可能为处理器扩展 DSP 或 FPGA 等作为协处理器，实现视频编码、语音编码及其他数字信号处理等功能。在一些 SOC（System On Chip）中，将 DSP 或 FP-GA 与处理器集成在一个芯片内，降低系统成本、缩小电路板面积、提高系统可靠性。

嵌入式系统软件部分，驱动层向下管理硬件资源，向上为操作系统提供一个抽象的虚拟硬件平台，是操作系统支持多硬件平台的关键。在嵌入式系统软件开发过程中，用户的主要精力一般在用户应用程序和设备驱动程序开发上。

1.2.4　嵌入式系统的分类

嵌入式系统种类繁多，应用于各行各业，其类型有很多不同的分法。

1. 按处理器位宽分类

按处理器位宽可将嵌入式系统分为 4 位、8 位、16 位、32 位系统，一般情况下，位宽越大，性能越强。

对于通用计算机处理器，因为要追求尽可能高的性能，在发展历程中总是高位宽处理器取代、淘汰低位宽处理器。而嵌入式处理器不同，千差万别的应用对处理器要求也大不相同，因此不同性能处理器都有用武之地。

2. 按有无操作系统分类

现代通用计算机中，操作系统是必不可少的系统软件。在嵌入式系统中有两种情况：有操作系统的嵌入式系统和无操作系统（裸机）的嵌入式系统。

在有操作系统支持的情况下，嵌入式系统的任务管理、内存管理、设备管理、文件管理等都由操作系统完成，并且操作系统为应用软件提供丰富的编程接口，用户应用软件开发可以把精力都放在具体的应用设计上，这与在 PC 上开发软件相似。

在一些功能单一的嵌入式系统中，如基于 8051 单片机嵌入式系统，硬件平台很简单，系统不需要支持复杂的显示、通信协议、文件系统、多任务的管理等，这种情况下可以不用操作系统。

3. 按实时性分类

根据实时性要求，可将嵌入式系统分为软实时系统和硬实时系统两类。

在硬实时系统中，系统要确保在最坏情况下的服务时间，即对事件响应时间的截止期限必须得到满足。在这样的系统里，如果一个事件在规定期限内不能得到及时处理，则会导致致命的系统错误。

在软实时系统中，从统计的角度看，一个任务能够得到确定的处理时间，到达系统的时间也能够在截止期限前得到处理，但截止期限条件没得到满足时并不会带来致命的系统错误。

4. 按应用领域分类

嵌入式系统应用在各行各业，按照应用领域的不同可对嵌入式系统进行分类。

1）消费类电子产品

消费类电子产品是嵌入式系统需求最大的应用领域，日常生活中的各种电子产品都有嵌入式系统的身影，从传统的电视、冰箱、洗衣机、微波炉，到数字时代的影碟机、MP3、MP4、手机、数码相机、数码摄像机等，在可预见的将来，可穿戴计算机也将进入人们的生活。

2）过程控制类产品

这一类的应用有很多，如生产过程控制、数控机床、汽车电子、电梯控制等。将过程控制引入嵌入式系统可显著提高效率和精确性。

3）信息、通信类产品

通信是信息社会的基础，其中最重要的是各种有线、无线网络，在这个领域大量应用嵌入式系统，如路由器、交换机、调制解调器、多媒体网关、计费器等。

很多与通信技术相关的信息终端也大量采用嵌入式技术，如 POS 机、ATM 自动取款机等。使用嵌入式技术的信息类产品还包括键盘、显示器、打印机、扫描仪等计算机外部设备。

4）智能仪器、仪表产品

嵌入式系统在智能仪器、仪表中大量应用，采用计算机技术不仅可以提高仪器、仪表的性能，还可以设计出传统模拟设备所不具备的功能。例如传统的模拟示波器能显示波形，通过刻度人为计算频率、幅度等参数，而基于嵌入式计算机技术设计的数字示波器，除了更稳定地显示波形外，还能自动测量频率、幅度，甚至可以将一段时间里的波形存储起来，供事后详细分析。

5）航空、航天设备与武器系统

航空、航天设备与武器系统一向是高精尖技术集中应用的领域，如飞机、宇宙飞船、卫

星、军舰、坦克、火箭、雷达、导弹、智能炮弹等,嵌入式计算机系统是这些设备的关键组成部分。

6)公共管理与安全产品

这类应用包括智能交通、视频监控、安全检查、防火防盗设备等。现在常见的可视安全监控系统已基本实现数字化,在这种系统中,嵌入式系统常用于实现数字视频的压缩编码、硬盘存储、网络传输等,在更智能的视频监控系统中,嵌入式系统甚至能实现人脸识别、目标跟踪、动作识别、可疑行为判断等高级功能。

7)生物、医学微电子产品

这类应用包括生物特征(指纹、虹膜)识别产品、红外温度检测设备、电子血压计,以及一些电子化的医学化验设备、医学检查设备等。

1.3 基于 ARM 的嵌入式开发环境

1.3.1 交叉开发环境

作为嵌入式系统应用的 ARM 处理器,其应用软件的开发属于跨平台开发,因此需要一个交叉开发环境。交叉开发指在一台通用计算机上进行软件的编辑编译,然后下载到嵌入式设备中进行运行调试的开发方式。用来开发的通用计算机可以选用比较常见的 PC、工作站等,运行通用的 Windows 或 UNIX 操作系统。开发计算机一般称为宿主机,嵌入式设备称为目标机,在宿主机上编译好的程序,可下载到目标机上运行,交叉开发环境提供调试工具对目标机上运行的程序进行调试。

交叉开发环境一般由运行于宿主机上的交叉开发软件(必须包含编译调试模块)、宿主机到目标机的调试通道组成。

运行于宿主机上的交叉开发软件必须包含编译调试模块,其编译器为交叉编译器。宿主机一般为基于 x86 体系的桌上型计算机,而编译出的代码必须在 ARM 体系结构的目标机上运行,这就是所谓的交叉编译了。在宿主机上编译好目标代码后,通过宿主机到目标机的调试通道将代码下载到目标机,然后由运行于宿主机的调试软件控制代码在目标机上运行调试。为了方便调试开发,交叉开发软件一般为一个整合编辑、编译汇编链接、调试、工程管理及函数库等功能模块的集成开发环境 IDE(Integrated Development Environment)。

组成 ARM 交叉开发环境的宿主机到目标机的调试通道一般有以下三种。

1. 基于 JTAG 的 ICD(In – Circuit Debugger)

JTAG 的 ICD 也称为 JTAG 仿真器,是通过 ARM 芯片的 JTAG 边界扫描口进行调试的设备。JTAG 仿真器通过 ARM 处理器的 JTAG 调试接口与目标机通信,通过并行端口或串行端口、网口、USB 口与宿主机通信。JTAG 仿真器比较便宜,连接比较方便。通过现有的 JTAG 边界扫描口与 ARMCPU 核通信,属于完全非插入式(即不使用片上资源)调试,它无需目标存储器,不占用目标系统的任何应用端口。通过 JTAG 方式可以完成:

(1)读出/写入 CPU 的寄存器,访问控制 ARM 处理器内核;

（2）读出/写入内存，访问系统中的存储器；

（3）访问 ASIC 系统；

（4）访问 I/O 系统；

（5）控制程序单步执行和实时执行；

（6）实时设置基于指令地址值或基于数据值的断点。

基于 JTAG 仿真器的调试是目前 ARM 开发中采用最多的一种方式。

2. Angel 调试监控软件

Angel 调试监控软件也称为驻留监控软件，是一组运行在目标机上的程序，可以接收宿主机上调试器发送的命令，执行诸如设置断点、单步执行目标程序、读/写存储器、查看或修改寄存器等操作。宿主机上的调试软件一般通过串行端口、以太网口、并行端口等通信端口与 Angel 调试监控软件进行通信。与基于 JTAG 的调试不同，Angel 调试监控程序需要占用一定的系统资源，如内存、通信端口等。驻留监控软件是一种比较低廉、有效的调试方式，不需要任何其他的硬件调试和仿真设备。

Angel 调试监控程序的不便之处在于它对硬件设备的要求比较高，一般在硬件稳定之后才能进行应用软件的开发，同时它占用目标机上的一部分资源，如内存、通信端口等，而且不能对程序的全速运行进行完全仿真，所以对一些要求严格的情况不是很适合。

3. 在线仿真器 ICE（In–Circuit Emulator）

在线仿真器 ICE 是一种模拟 CPU 的设备，在线仿真器使用仿真头完全取代目标机的 CPU，可以完全仿真 ARM 芯片的行为，提供更加深入的调试功能。在和宿主机连接的接口上，在线仿真器也通过串行端口或并行端口、网口、USB 口通信。在线仿真器为了能够全速仿真时钟速度很高的 ARM 处理器，通常必须采用极其复杂的设计和工艺，因而其价格比较高。在线仿真器通常用在 ARM 的硬件开发中，在软件的开发中较少使用，因其价格高，所以在线仿真器难以普及。

1.3.2 模拟开发环境

在很多时候，为保证项目进度，硬件和软件开发往往同时进行，这时作为目标机的硬件环境还没有建立起来，软件的开发就需要有一个模拟环境来进行调试。模拟开发环境建立在交叉开发环境基础之上，是对交叉开发环境的补充。这时，除了宿主机和目标机之外，还需要提供一个在宿主机上模拟目标机的环境，使得开发好的程序直接在这个环境中运行调试。

模拟硬件环境是非常复杂的，由于指令集模拟器与真实的硬件环境相差很大，即使是用户使用指令集模拟器调试通过的程序，也有可能无法在真实的硬件环境下运行，因此软件模拟不可能完全代替真正的硬件环境，这种模拟调试只能作为一种初步调试，主要用于用户程序的模拟运行，用来检查语法、程序的结构等简单错误，用户最终必须在真实的硬件环境中实际运行调试，完成整个应用的开发。

1.3.3 ARM 开发工具

用户选用 ARM 处理器开发嵌入式系统时，选择合适的开发工具可以加快开发进度，降

低开发成本，用户在建立自己的基于 ARM 的嵌入式开发环境时，可供选择的开发工具非常多，目前世界上有几十多家公司提供不同类别的 ARM 开发工具产品，根据功能的不同，分别有编译软件、汇编软件、链接软件、调试软件、嵌入式操作系统、函数库、评估板、JTAG 仿真器、在线仿真器等。有些工具是成套提供的，有些工具则需要组合使用。在本节中将简要介绍几种比较流行的 ARM 开发工具，包括 ARM SDT、ARM ADS、Multi 2000、RealView MDK 等集成开发环境及 OPENice32 – A900 仿真器、Multi – ICE 仿真器、ULink2 仿真器等。

1. ARM 的 SDT

ARM SDT 的英文全称是 ARM Software Development Kit，是 ARM 公司（http：//www. arm. com/）为方便用户在 ARM 芯片上进行应用软件开发而推出的一整套集成开发工具。ARM SDT 经过 ARM 公司逐年的维护和更新，目前的最新版本是 2.5.2，但从版本 2.5.1 开始，ARM 公司宣布推出一套新的集成开发工具 ARM ADS 1.0，取代 ARM SDT，今后将不会再看到 ARM SDT 的新版本。

ARM SDT 由于价格适中，同时经过长期的推广和普及，目前拥有最广泛的 ARM 软件开发用户群体，也被相当多的 ARM 公司的第三方开发工具合作伙伴集成在自己的产品中，如美国 EPI 公司的 JEENI 仿真器。

ARM SDT（以下关于 ARM SDT 的描述均以版本 2.5.0 为对象）可在 Windows 95、98、NT 及 Solaris 2.5/2.6、HP – UX10 上运行，支持最高到 ARM9（含 ARM9）的所有 ARM 处理器芯片的开发，包括 Strong ARM。

（1）ARM SDT：包括一套完整的应用软件开发工具。

（2）armcc：ARM 的 C 编译器，具有优化功能，兼容于 ANSI C。

（3）tcc：THUMB 的 C 编译器，同样具有优化功能，兼容于 ANSI C。

（4）armasm：支持 ARM 和 THUMB 的汇编器。

（5）armlink：ARM 连接器，连接一个和多个目标文件，最终生成 ELF 格式的可执行映象文件。

（6）armsd：ARM 和 THUMB 的符号调试器。

以上工具为命令行开发工具，均被集成在 SDT 的两个 Windows 开发工具 ADW 和 APM 中，用户无须直接使用命令行工具。

（1）APM（Application Project Manager）完全图形化界面，负责管理源文件，完成编辑、编译、链接并最终生成可执行映象文件。

（2）ADW（Application Debugger Windows，ARM 调试工具）提供一个调试 C、C ++ 和汇编源文件的全窗口源代码级调试环境，在此也可以执行汇编指令级调试，同时可以查看寄存器、存储区、栈等调试信息。

ARM SDT 还提供一些实用程序，如 fromelf、armprof、decaxf 等，可以将 ELF 文件转换为不同的格式，执行程序分析及解析 ARM 可执行文件格式等。

ARM SDT 集成快速指令集模拟器，用户可以在硬件完成以前完成一部分调试工作；ARM SDT 提供 ANSI C、C ++、Embedded C 函数库，所有库均以 lib 的形式提供，每个库都分为 ARM 指令集和 THUMB 指令集两种，同时在各指令集中也分为高字节结尾（大端格式）和低字节结尾（小端格式）两种。

用户使用 ARMSDT 开发应用程序可选择配合 Angel 驻留模块或 JTAG 仿真器进行，目前大部分 JTAG 仿真器均支持 ARM SDT。

2. ARM 的 ADS

ARM ADS 的英文全称为 ARM Developer Suite，是 ARM 公司推出的新一代 ARM 集成开发工具，用来取代 ARM 公司以前推出的开发工具 ARM SDT。

ARM ADS 起源于 ARM SDT，对一些 SDT 的模块进行了增强并替换了一些 SDT 的组成部分，用户可以感受到的最强烈的变化是 ADS 使用 CodeWarrior IDE 集成开发环境替代了 SDT 的 APM，使用 AXD 替换了 ADW，现代集成开发环境的一些基本特性，如源文件编辑器语法高亮、窗口驻留等功能，在 ADS 中才得以体现。

ARM ADS 支持所有 ARM 系列处理器，包括最新的 ARM9E 和 ARM10，除了 ARM SDT 支持的运行操作系统外，还可以在 Windows 2000/Me 及 RedHat Linux 上运行。

ARM ADS 由以下六部分组成。

（1）代码生成工具（Code Generation Tools）。代码生成工具由源程序编译、汇编、链接工具集组成。ARM 公司针对 ARM 系列每一种结构都进行了专门的优化处理，这一点除了作为 ARM 结构的设计者的 ARM 公司，其他公司都无法做到，ARM 公司宣称，其代码生成工具最终生成的可执行文件最多可以比其他公司工具套件生成的文件小 20%。

（2）集成开发环境（CodeWarrior IDE from Metrowerks）。CodeWarrior IDE 是 Metrowerks 公司研发的一套比较有名的集成开发环境，有不少厂商将它作为界面工具集成在自己的产品中。CodeWarrior IDE 包含工程管理器、代码生成接口、语法敏感编辑器、源文件和类浏览器、源代码版本控制系统接口、文本搜索引擎等，其功能与 Visual Studio 相似，但界面风格比较独特。ADS 仅在其 PC 版本中集成了该 IDE。

（3）调试器（Debuggers）。调试器部分包括 ARM 扩展调试器 AXD（ARMeXtended Debugger）和 ARM 符号调试器 ARMSD（ARMSymbolic Debugger）。

AXD 基于 Windows 9x/NT 风格，具有一般意义上调试器的所有功能，包括简单和复杂断点设置、栈显示、寄存器和存储区显示、命令行接口等。ARMSD 作为一个命令行工具辅助调试或用在其他操作系统平台上。

（4）指令集模拟器（Instruction Set Simulators）。用户使用指令集模拟器，无需任何硬件即可在 PC 上完成一部分调试工作。

（5）ARM 开发包（ARM Firmware Suite）。ARM 开发包由一些底层的例程和库组成，帮助用户快速开发基于 ARM 的应用和操作系统。具体包括系统启动代码、串行口驱动程序、时钟例程、中断处理程序等，Angel 调试软件也包含在其中。

（6）ARM 应用库（ARM Applications Library）。ADS 的 ARM 应用库完善和增强了 SDT 中的函数库，同时包括一些相当有用的提供了源代码的例程。用户使用 ARM ADS 开发应用程序与使用 ARM SDT 完全相同，同样是选择配合 Angel 驻留模块或 JTAG 仿真器进行，目前大部分 JTAG 仿真器均支持 ARM ADS。ARM ADS 的零售价为 5500 美元，如果选用不固定的许可证方式，则需要 6500 美元。

3. Multi 2000

Multi 2000 是美国 Green Hills 软件公司（http://www. ghs. com/）开发的集成开发环境，

支持 C/C++/Embedded、C++/Ada95/Fortran 编程语言的开发和调试，可运行于 Windows 平台和 UNIX 平台，并支持各类设备的远程调试。

Multi 2000 支持 Green Hills 公司的各类编译器及其他遵循 EABI 标准的编译器，同时 Multi 2000 支持众多流行的 16 位、32 位和 64 位处理器和 DSP，如 PowerPC、ARM、MIPS、x86、Sparc、Tr iCore、SH – DSP 等，并支持多处理器调试。

Multi 2000 包含完成一个软件工程所需要的所有工具，这些工具可以单独使用，也可集成第三方系统工具。

（1）工程生成工具（Project Builder）。工程生成工具实现对项目源文件、目标文件、库文件及子项目的统一管理，显示程序结构，检测文件相互依赖关系，提供编译和链接的图形设置窗口，并可对编程语言进行特定环境设定。

（2）源代码调试器（Source – Level Debugger）。源代码调试器提供程序装载、执行、运行控制和监视所需的强大的窗口调试环境，支持各类语言的显示和调试，同时可以观察各类调试信息。

（3）事件分析器（Event Analyzer）。事件分析器提供用户观察和跟踪各类应用系统运行和 RTOS 事件的可配置的图形化界面，它可移植到很多第三方工具中或集成到实时操作系统中，并对以下事件提供基于时间的测量：任务上下文切换、信号量获取/释放、中断和异常、消息发送/接收、用户定义事件。

（4）性能剖析器（Performance Profiler）。性能剖析器提供对代码运行时间的剖析，可基于表格或图形显示结果，有效地帮助用户优化代码。

（5）实时运行错误检查工具（Run – Time Error Checking）。实时运行错误检查工具提供对程序运行错误的实时检测，对程序代码大小和运行速度只有极小影响，并具有内存泄漏检测功能。

（6）图形化浏览器（Graphical Brower）。图形化浏览器提供对程序中的类、结构变量、全局变量等系统单元的单独显示功能，并可显示静态的函数调用关系及动态的函数调用表。

（7）文本编辑器（Text Editor）。Multi 2000 的文本编辑器是一个具有丰富特性的用户可配置的文本图形化编辑工具，提供关键字高亮显示、自动对齐等辅助功能。

（8）版本控制工具（Version Control System）。Multi 2000 的版本控制工具和 Multi 2000 环境紧密结合，提供对应用工程的多用户共同开发功能。

4. RealView MDK

MDK（Microcontroller Development Kit）是 Keil 公司（An ARM Company）开发的 ARM 开发工具，是用来开发基于 ARM 核的系列微控制器的嵌入式应用程序的开发工具。它适合不同层次的开发者使用，包括专业的应用程序开发工程师和嵌入式软件开发的入门者。MDK 包含了工业标准的 C 编译器、宏汇编器、调试器、实时内核等组件，支持所有基于 ARM 的设备，能帮助工程师按照计划完成项目。

KeilARM 开发工具集成了很多有用的工具（见表 1.1），正确地使用它们有助于快速完成项目开发。

表 1.1 MDK 开发工具的组件

组　　件	Part Number	
	MDK – ARM	DB – ARM
μVision IDE	√	√
RealView C/C ++ Compiler	√	—
RealView Macro Assembler	√	—
RealView Utilities	√	—
RTL – ARM Real – Time Library	√	—
μVision Debugger	√	√
GNU GCC1	√	√

以下是 MDK 包含的组件的一些说明。

（1） μVision IDE 集成开发环境和 μVision Debugger 调试器可以创建和测试应用程序，可以用 RealView、CARM 或 GNU 的编译器来编译这些应用程序；

（2） MDK – ARM 是 PK – ARM 的一个超集；

（3） AARM 汇编器、CARMC 编译器、LARM 连接器和 OHARM 目标文件到十六进制的转换器仅包含在 MDK – ARM 开发工具集中；

（4） MDK 可以开发基于 ARM7、ARM9、Cortex – M3 的微控制器应用程序，它易学、易用且功能强大；

（5） μVision3 集成了一个能自动配置工具选项的设备数据库；

（6） 工业标准的 RealView C/C ++ 编译器能产生代码容量最小、运行速度最快的高效应用程序，同时它包含了一个支持 C ++ STL 的 ISO 运行库；

（7） 集成在 μVision3 中的在线帮助系统提供了大量有价值的信息，可加快应用程序开发速度，包含大量的例程，帮助开发者快速配置 ARM 设备，以及开始应用程序的开发；

（8） μVision3 集成开发环境能帮助工程人员开发稳健、功能强大的嵌入式应用程序；

（9） μVision3 调试器能够精确地仿真整个微控制器，包括其片上外设，使得在没有目标硬件的情况下也能测试开发程序；

（10） 包含标准的微控制器和外部 Flash 设备的 Flash 编程算法；

（11） ULINK USB – JTAG 仿真器可以实现 Flash 下载和片上调试；

（12） RealView RL – ARM 具有网络和通信的库文件及实时软件；

（13） 还可使用第三方工具扩展 μVision3 的功能；

（14） μVision3 还支持 GNU 的编译器。

本教程的所有例程均在 MDK 下开发。

1.3.4 ARM 开发仿真工具

1. OPENice32 – A900 仿真器

OPENice32 – A900 仿真器是韩国 AIJI 公司（http://www.aijisystem.com/）生产的。OPENice32 – A900 是 JTAG 仿真器，支持基于 ARM7/ARM9/ARM10 核的处理器及 Intel Xs-

cale 处理器系列。它与 PC 之间通过串口或 USB 口或网口连接，与 ARM 目标机之间通过 JTAG 口连接。OPENice32 - A900 仿真器的主要特性如下：

（1）支持多核处理器和多处理器目标机；

（2）支持汇编与 C 语言调试；

（3）提供在板（on - board）flash 编程功能；

（4）提供存储器控制器设置 GUI。

（5）可通过升级软件的方式支持更新的 ARM 核。

OPENice32 - A900 仿真器自带宿主机调试软件 AIJI Spider，但需要使用第三方编译器。AIJI Spider 调试器支持 ELF/DWARF1/DWARF2 等，符合信息文件格式，可以通过 OPENice32 - A900 仿真器下载 bin 文件到目标机，控制程序在目标机上的运行并进行调试。支持单步、断点设置、查看寄存器/变量/内存以 Watch List 等调试功能。

OPENice32 - A900 仿真器也支持一些第三方调试器，包括 Linux GDB 调试器和 EWARM、ADS/SDT 等调试工具。

2. Multi - ICE 仿真器

Multi - ICE 是 ARM 公司自己的 JTAG 在线仿真器，目前的最新版本是 2.1 版。

Multi - ICE 的 JTAG 链时钟可以设置为 5kHz ～ 10MHz，实现 JTAG 操作的一些简单逻辑可由 FPGA 实现，使得并行端口的通信量最小，以提高系统的性能。Multi - ICE 硬件支持低至 1V 的电压。Multi - ICE2.1 还可以外部供电，不需要消耗目标系统的电源，这对调试类似于手机等便携式、电池供电的设备是很重要的。

Multi - ICE2. x 支持该公司的实时调试工具 MultiTrace，MultiTrace 包含一个处理器，因此可以跟踪触发点前后的轨迹，并且可以在不终止后台任务的同时对前台任务进行调试，在微处理器运行时改变存储器的内容，所有这些特性使延时降到最低。

Multi - ICE2. x 支持 ARM7、ARM9、ARM9E、ARM10 和 Intel Xscale 微结构系列。它通过 TAP 控制器串联，提供多个 ARM 处理器及混合结构芯片的片上调试。它还支持低频或变频设计及超低压核的调试，并且支持实时调试。

Multi - ICE 提供支持 Windows NT 4. 0、Windows 95/98/2000/Me、HPUX 10. 20 和 Solaris V2. 6/7. 0 的驱动程序。

Multi - ICE 主要优点：

（1）快速地下载和单步速度；

（2）用户控制的输入/输出位；

（3）可编程的 JTAG 位传送速率；

（4）开放的接口，允许调试非 ARM 的核或 DSP；

（5）网络连接到多个调试器；

（6）目标机供电，或外接电源。

3. ULINK2 仿真器

ULINK 是 Keil 公司提供的 USB - JTAG 接口仿真器，目前最新版本是 2.0。它支持诸多芯片厂商的 8051、ARM7、ARM9、Cortex M3、Infineon C16x、Infineon XC16x、Infineon

XC8xx、STMicroelectronics μPSD 等多个系列的处理器。ULINK2 实物如图 1.5 所示，电源由 PC 的 USB 接口提供。ULINK2 不仅包含 ULINK USB – JTAG 适配器具有的所有特点，还增加了串行线调试（SWD）支持、返回时钟支持和实时代理功能。

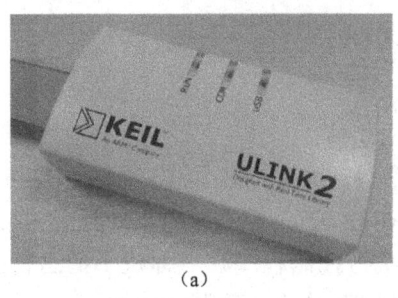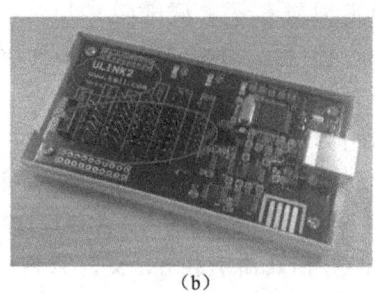

（a）　　　　　　　　　　　　　　（b）

图 1.5　ULINK 实物

ULINK2 的主要功能：

（1）下载目标程序；

（2）检查内存和寄存器；

（3）片上调试，整个程序的单步执行；

（4）插入多个断点；

（5）运行实时程序；

（6）对 Flash 存储器进行编程。

ULINK2 的新特点：

（1）标准 Windows USB 驱动支持，也就是 ULINK2 即插即用；

（2）支持基于 ARMCortex – M3 的串行线调试；

（3）支持程序运行期间的存储器读/写、终端仿真和串行调试输出；

（4）支持 10/20 针连接器。

本教程中所有的例程使用 ULINK USB – JTAG 仿真器套件，即 ULINK2 仿真器。

1.4　如何学习和掌握嵌入式系统的开发方法

　　ARM 微处理器因其卓越的低功耗、高性能的优势，在 32 位嵌入式应用中已位居世界第一，是高性能、低功耗嵌入式处理器的代名词，为了顺应当今世界技术革新的潮流，了解、学习和掌握嵌入式技术，就必然要学习和掌握以 ARM 微处理器为核心的嵌入式开发环境和开发平台，这对于研究和开发高性能微处理器、DSP 及开发基于微处理器的 SOC 芯片设计及应用系统开发是非常必要的。

　　那么究竟如何学习嵌入式的开发和应用呢？学好技术基础是关键。技术基础决定了深入掌握嵌入式开发相关知识与技能的潜力。嵌入式技术融合具体应用系统技术、嵌入式微处理器/DSP 技术、系统芯片 SOC 设计制造技术、应用电子技术和嵌入式操作系统及应用软件技术，具有极高的系统集成性，可以满足不断增长的信息处理技术对嵌入式系统设计的要求。因此学习嵌入式系统首先学习相关的基本硬件知识，如一般处理器及接口电路（Flash/SRAM/SDRAM/Cache、UART、Timer、GPIO、Watchdog、USB、IIC 等）等硬件知识，至少了

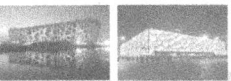

解一种 CPU 的体系结构；至少了解一种操作系统（中断、优先级、任务间通信、同步等）。对于应用编程，要掌握 C、C++及汇编语言程序设计（至少会 C），对处理器的体系结构、组织结构、指令系统、编程模式、一般对应用编程要有一定的了解。在此基础上必须在实际工程实践中掌握一定的实际项目开发技能。

另外，对于嵌入式系统开发的学习，必须有一个较好的嵌入式开发教学平台。功能全面的开发平台一方面为学习提供了良好的开发环境，另一方面开发平台本身也是一般的典型实际应用系统。在教学平台上开发一些基础例程和典型实际应用例程，对于初学者进行实际工程应用是非常必要的。

嵌入式系统的学习中，必须对基本内容有深入的了解。在处理器指令系统、应用编程学习的基础上，重要的是加强外围功能接口应用的学习，主要是人机接口、通信接口（如 USB 接口）、A/D 转换、GPIO、以太网、IIC 串行数据通信、音频接口、触摸屏等知识的掌握。嵌入式操作系统也是嵌入式系统学习的重要组成部分，在此基础上才能进行各种设备驱动应用程序的开发。

本章小结

本章对嵌入式系统的定义、嵌入式系统的发展及应用，以及基于 ARM 的嵌入式开发环境做了一些简单的介绍，希望读者通过对本章的阅读，能对嵌入式系统有一个总体认识。

思考与习题 1

1. 嵌入式系统的定义是什么？你身边有哪些嵌入式系统的应用实例？
2. 简要说明嵌入式系统与通用计算机系统的主要区别和特征。
3. 嵌入式系统是如何分类的？
4. 你是如何理解嵌入式交叉开发环境的？

第2章

嵌入式处理器的体系结构与异常处理

ARM（Advanced RISC Machine）既可以认为是一个公司的名字，也可以认为是一类微处理器的通称，还可以认为是一种技术的名字。

1990 年 11 月 ARM 成立于英国，原名 Advanced RISC Machine 有限公司，是苹果电脑、Acorn 电脑集团和 VLSI Technology 的合资企业。1991 年，ARM 推出首个嵌入式 RISC 核心——ARM6 系列处理器后不久，VLSI 率先获得授权，一年后夏普和 GEC Plessey 也成为授权用户，1993 年德州仪器和 Cirrus Logic 也签署了授权协议，从此 ARM 的知识产权产品和授权用户急剧扩大。

ARM 是一家微处理器技术知识产权供应商，它即不生产芯片又不销售芯片，只设计 RISC 微处理器，这些微处理器的知识产权就是公司的主要产品。

ARM 知识产权授权用户众多，全球 20 家最大的半导体厂家中有 19 家是 ARM 的用户，全世界有 70 多家公司生产 ARM 处理器产品。ARM 微处理器应用范围广泛，包括汽车电子、消费电子、多媒体产品、工业控制、网络设备、信息安全、无线通信等。目前，基于 ARM 技术的微处理器占据 32 位 RISC 芯片 75% 的市场份额。

2.1　嵌入式微处理器的特点与命名规则

2.1.1　ARM 嵌入式处理器的特点

采用 RISC 架构的 ARM 微处理器一般具有如下特点：
（1）体积小、功耗低、低成本、性能好；
（2）支持 Thumb（16 位）／ARM（32 位）双指令集，能很好地兼容 8 位/16 位器件；
（3）大量使用寄存器，指令执行速度更快；
（4）大多数数据操作都在寄存器中完成；
（5）寻址方式灵活简单，执行效率高。

这些在基本 RISC 结构上的特性使 ARM 嵌入式微处理器在高性能、低代码规模、低功耗和小硅片尺寸方面取得良好的平衡。

2.1.2　ARM 嵌入式处理器系列产品

ARM 微处理器目前包括如下几个系列产品：ARM7 系列、ARM9 系列、ARM9E 系列、ARM10E 系列、SecurCore 系列、Cortex 系列。除了具有 ARM 体系结构的共同特点以外，每一个系列的 ARM 微处理器都有各自的特点和应用领域。

1. ARM7 处理器

ARM7 处理器采用了 ARMv4T（冯·诺依曼）体系结构，这种体系结构将程序指令存储器和数据存储器合并在一起。主要特点就是程序和数据共用一个存储空间，程序指令存储地址和数据存储地址指向同一个存储器的不同物理位置，采用单一的地址及数据总线，程序指令和数据的宽度相同。这样，处理器在执行指令时，必须先从存储器中取出指令进行译码，再取操作数执行运算。

总体来说 ARM7 体系结构的特性有：三级流水结构、空间统一的指令与数据 Cache、平

均功耗为 0.6mW/MHz、时钟速度为 66MHz、每条指令平均执行 1.9 个时钟周期等。其中的 ARM710、ARM720 和 ARM740 为内带 Cache 的 ARM 核。ARM7 指令集同 Thumb 指令集扩展组合在一起，可以减少内存容量和系统成本。同时，它还利用嵌入式 ICE 调试技术来简化系统设计，并用一个 DSP 增强扩展来改进性能。

ARM7 体系结构是小型、快速、低能耗、集成式的 RISC 内核结构。该产品的典型用途是数字蜂窝电话和硬盘驱动器等，目前主流的 ARM7 内核是 ARM7TDMI、ARM7TDMI‑S、ARM7EJ‑S、ARM720T。现在市场上用得最多的 ARM7 处理器有 Samsung 公司的 S3C44BOX 与 S3C4510 处理器、Atmel 公司的 AT91FR40162 系列处理器、Cirrus 公司的 EP73xx 系列等。通常来说前两三年大部分手机基带部分的应用处理器基本上都以 ARM7 为主。还有很多的通信模块，如 CDMA 模块、GPRS 模块和 GPS 模块中都含有 ARM7 处理器。

2. ARM9、ARM9E 处理器

ARM9 处理器采用 ARMv4T（哈佛）体系结构。这种体系结构是一种将程序指令存储和数据存储分开的存储器结构，是一种并行体系结构。其主要特点是程序和数据存储在不同的存储空间中，即程序存储器和数据存储器。它们是两个相互独立的存储器，每个存储器独立编址、独立访问。与两个存储器相对应的是系统中的 4 套总线，程序的数据总线和地址总线，数据的数据总线和地址总线。

这种分离的程序总线和数据总线可允许在一个机器周期内同时获取指令字和操作数，从而提高了执行速度，使数据的吞吐量提高了一倍。又由于程序和数据存储器在两个分开的物理空间中，因而取指和执行能完全重叠。ARM9 采用五级流水处理及分离的 Cache 结构，平均功耗为 0.7mW/MHz。时钟速度为 120~200MHz，每条指令平均执行 1.5 个时钟周期。与 ARM7 处理器系列相似，其中的 ARM920、ARM940 和 ARM9E 处理器均为含有 Cache 的 CPU 核，性能为 132MIPS（120MHz 时钟，3.3V 供电）或 220MIPS（200MHz 时钟）。

ARM9 处理器同时也配备 Thumb 指令扩展、调试和 Harvard 总线。在生产工艺相同的情况下，性能是 ARM7TDMI 处理器的两倍之多。常用于无线设备、仪器仪表、联网设备、机顶盒设备、高端打印机及数码相机中。ARM9E 内核是在 ARM9 内核的基础上增加了紧密耦合存储器 TCM 及 DSP 部分。目前主流的 ARM9 内核是 ARM920T、ARM922T、ARM940。相关的处理器芯片有 Samsung 公司的 S3C2510、Cirrus 公司的 EP93xx 系列等。主流的 ARM9E 内核是 ARM926EJ‑S、ARM946E‑S、ARM966E‑S 等。目前市场上常见的 PDA，比如说 PocketPC 中一般都是用 ARM9 处理器，其中以 Samsung 公司的 S3C2410 处理器居多。

3. ARM10E 处理器

ARM10E 处理器采用 ARMvST 体系结构，可以分为六级流水处理，采用指令与数据分离的 Cache 结构，平均功耗 1000mW，时钟速度为 300MHz，每条指令平均执行 1.2 个时钟周期。ARM10TDMI 与所有 ARM 核在二进制级代码中兼容，内带高速 32×16 MAC，预留 DSP 协处理器接口。其中的 VFP10（向量浮点单元）为七级流水结构。其中的 ARM1020T 处理器则是由 ARM10TDMI、32KB 指令、数据 Caches 及 MMU 部分构成的。其系统时钟高达 300MHz 时钟，指令 Cache 和数据 Cache 分别为 32KB，数据宽度为 64 位，能够支持多种商用

操作系统，适用于下一代高性能手持式因特网设备及数字消费类应用产品。主流的 ARM10 内核是 ARM1020E、ARM1022E、ARM1026EJ‐S 等。

4. SecurCore 处理器

SecurCore 系列处理器提供了基于高性能的 32 位 RISC 技术的安全解决方案，该系列处理器具有体积小、功耗低、代码密度大和性能高等特点。另外最为特别的就是该系列处理器提供了安全解决方案的支持。采用软内核技术，以提供最大限度的灵活性，以及防止外部对其进行扫描探测，提供面向智能卡和低成本的存储保护单元 MPU，可以灵活地集成用户自己的安全特性和其他的协处理器，目前有 SC100、SC110、SC200、SC210 4 种产品。

5. StrongARM 处理器

StrongARM 处理器采用 ARMv4T 的五级流水体系结构。目前有 SA110、SA1100、SA1110 等 3 个版本。另外 Intel 公司的基于 ARMv5TE 体系结构的 XScale PXA27x 系列处理器，与 StrongARM 相比增加了 I/D Cache，并且加入了部分 DSP 功能，更适合于移动多媒体应用。目前市场上的大部分智能手机的核心处理器就是 XScale 系列处理器。

6. ARM11 处理器

ARM11 系列微处理器是 ARM 公司近年推出的新一代 RISC 处理器，它是 ARM 新指令架构——ARMv6 的第一代设计实现。该系列主要有 ARM1136J、ARM1156T2 和 ARM1176JZ 三个内核型号，分别针对不同的应用领域。

ARM11 处理器系列可以在使用 130nm 代工厂技术、小至 2.2mm^2 芯片面积和低至 0.24mW/MHz 的前提下达到高达 500MHz 的性能表现。ARM11 处理器系列以众多消费产品市场为目标，推出了许多新的技术：包括针对媒体处理的 SIMD，用以提高安全性能的 Trust-Zone 技术，智能能源管理（IEM），以及需要非常高的、可升级的超过 2600 Dhrystone 2.1 MIPS 性能的系统多处理技术。主要的 ARM11 处理器有 ARM1136JF‐S、ARM1156T2F‐S、ARM1176JZF‐S、ARM11 MCORE 等多种。

7. Cortex 系列处理器

ARM Cortex‐M 系列支持 Thumb‐2 指令集（Thumb 指令集的扩展集），可以执行所有已存的为早期处理器编写的代码。通过一个前向的转换方式，为 ARM Cortex‐M 系列处理器所写的用户代码可以与 ARM Cortex‐R 系列微处理器完全兼容。ARMCortex‐M 系列系统代码（如实时操作系统）可以很容易地移植到基于 ARM Cortex‐R 系列的系统上。ARMCortex‐A 和 Cortex‐R 系列处理器还支持 ARM 32 位指令集，向后完全兼容早期的 ARM 处理器，包括从 1995 年发布的 ARM7TDMI 处理器到 2002 年发布的 ARMll 处理器系列。

2.1.3　ARM 版本的命名规则

从最初开发到现在，ARM 版本结构有了巨大的改进，并在不断完善和发展。这里提到的命名规则应该分成两类：一类是基于 ARM 指令集的版本命名规则；另一类是基于 ARM 处

理器系列的版本命名规则。

1. 基于 ARM 指令集的版本命名规则

基于 ARM 指令集的版本命名规则分成四个部分，具体格式为：

```
ARMv|n|variants|x(variants)|
```

其中，ARMv——固定字符，即 ARM Version；

n——指令集版本号；

variants——变种；

x(variants)——排除 x 后指定的变种。

为了清楚地表达每个 ARM 应用实例所使用的指令集，ARM 公司定义了 8 种主要的 ARM 指令集体系结构版本，以版本号 v1 ~ v8 表示。

(1) ARM 版本 v1：该版架构只在原型机 ARM1 出现过，只有 26 位的寻址空间，没有用于商业产品。其基本性能有：基本的数据处理指令（无乘法）；基于字节、半字和字的 Load/Store 指令；转移指令，包括子程序调用及链接指令；供操作系统使用的软件中断指令 SWI；寻址空间：64MB。

(2) ARM 版本 v2：该版架构对 v1 版进行了扩展，例如 ARM2 和 ARM3（v2a）架构。包含了对 32 位乘法指令和协处理器指令的支持。版本 2a 是版本 2 的变种，ARM3 芯片采用了版本 2a，是第一片采用片上 Cache 的 ARM 处理器。同样为 26 位寻址空间，现在已经废弃不再使用。v2 版架构与版本 v1 相比，增加了以下功能：乘法和乘加指令；支持协处理器操作指令；快速中断模式；SWP/SWPB 的最基本存储器与寄存器交换指令；寻址空间：64MB。

(3) ARM 版本 v3：ARM 作为独立的公司，在 1990 年设计的第一个微处理器采用的是版本 3 的 ARM6。v3 版架构对 ARM 体系结构作了较大的改动，寻址空间增至 32 位（4GB）；当前程序状态信息从原来的 R15 寄存器移到当前程序状态寄存器 CPSR 中（Current Program Status Register）；增加了程序状态保存寄存器 SPSR（Saved Program Status Register）；增加了两种异常模式，使操作系统代码可方便地使用数据访问中止异常、指令预取中止异常和未定义指令异常。增加了 MRS/MSR 指令，以访问新增的 CPSR/SPSR 寄存器；增加了从异常处理返回的指令功能。

(4) ARM 版本 v4：v4 版架构在 v3 版上作了进一步扩充，v4 版架构是目前应用最广的 ARM 体系结构，ARM7、ARM8、ARM9 和 Strong ARM 都采用该架构。v4 不再强制要求与 26 位地址空间兼容，而且还明确了哪些指令会引起未定义指令异常。指令集中增加了以下功能：符号化和非符号化半字及符号化字节的存/取指令；增加了 T 变种，处理器可工作在 Thumb 状态，增加了 16 位 Thumb 指令集；完善了软件中断 SWI 指令的功能；处理器系统模式引进特权方式时使用用户寄存器操作；把一些未使用的指令空间捕获为未定义指令。

(5) ARM 版本 v5：v5 版架构是在 v4 版基础上增加了一些新的指令，ARM10 和 Xs-cale 都采用该版架构。这些新增命令有：带有链接和交换的转移 BLX 指令；计数前导零

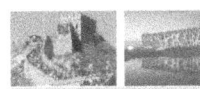

CLZ 指令；BRK 中断指令；增加了数字信号处理指令（v5TE 版）；为协处理器增加更多可选择的指令；改进了 ARM/Thumb 状态之间的切换效率；E—增强型 DSP 指令集，包括全部算法操作和 16 位乘法操作；J—支持新的 JAVA，提供字节代码执行的硬件和优化软件加速功能。

（6）ARM 版本 v6：v6 版架构最初是在 ARM11 处理器中使用。在降低耗电量的同时，还强化了图形处理性能。通过追加有效进行多媒体处理的 SIMD（Single Instruction, Multiple Data，单指令多数据）功能，将语音及图像的处理功能提高到了原型机的 4 倍。

（7）ARM 版本 v7：v7 架构是在 ARMv6 架构的基础上诞生的。该架构采用了 Thumb－2 技术，它是在 ARM 的 Thumb 代码压缩技术的基础上发展起来的，并且保持了对现存 ARM 解决方案的完整代码兼容性。ARMv7 架构还采用了 NEON 技术，将 DSP 和媒体处理能力提高了近 4 倍，并支持改良的浮点运算，满足下一代 3D 图形、游戏物理应用以及传统嵌入式控制应用的需求。

（8）ARM 版本 v8：v8 架构是在 32 位 ARM 架构上进行开发的，将被首先用于对扩展虚拟地址和 64 位数据处理技术有更高要求的产品领域，如企业应用、高档消费电子产品。ARMv8 架构包含两个执行状态：AArch64 和 AArch32。AArch64 执行状态针对 64 位处理技术，引入了一个全新指令集 A64；而 AArch32 执行状态将支持现有的 ARM 指令集。

ARM 核心	体系结构
ARM1	v1
ARM2	v2
ARM2As，ARM3	v2a
ARM6，ARM600，ARM610，ARM7，ARM700，ARM710	v3
StrongARM，ARM8，ARM810	v4
ARM7TDMI，ARM710T，ARM720T，ARM740T，ARM9TDMI，ARM920T，ARM940T	v5T
ARM9E－S，ARM10TDMI，ARM1020E	v5TE
ARM1136J（F）－S，ARM1176JZ（F）－S，ARM11，MPCore	v6
ARM1156T2（F）－S	v6T2
ARM Cortex－M，ARM Cortex－R，ARM Cortex－A	v7

2. 基于 ARM 处理器系列的版本命名规则

基于 ARM 处理器系列的版本命名规则具体格式为：

```
ARM{x}{y}{z}{T}{D}{M}{I}{E}{J}{F}{-S}:
```

其中，x——处理器系列；

　　　y——存储管理/保护单元；

　　z——cache 缓存；

　　T——支持 Thumb 指令集；

　　D——支持片上调试；

　　M——支持快速乘法器；

　　I——支持 Embedded ICE，支持嵌入式跟踪调试；

　　E——支持增强型 DSP 指令；

　　J——支持 Jazelle；

　　F——具备向量浮点单元 VFP；

　　-S——可综合版本。

3. ARM 体系结构的变种

ARM 体系结构的变种有以下几个。

1）Thumb 指令集（T 变种）

Thumb 指令集是将 ARM 指令集中的一部分指令重新编码形成的一个子集，Thumb 指令长度是 16 位的。使用 Thumb 指令可以得到比 ARM 指令更高的代码密度，这有助于减小系统的存储器容量，从而降低系统的成本。另外，对于数据线是 8 位或 16 位的系统，使用 Thumb 指令集可以取得好于使用 ARM 指令集的性能。在 ARM 体系命名中通用"T"来表示该版本支持 Thumb 指令集。在 ARMv4T 中使用 v1 版 Thumb 指令集；在 ARMv5T 中使用 v2 版 Thumb 指令集。

2）长乘法指令（M 变种）

M 变种增加了两条用于进行长乘法的 ARM 指令。其中一条用于实现 32 位整数乘以 32 位整数，生成 64 位整数的长乘法操作；另一条指令用于实现 32 位整数乘以 32 位整数，然后加上 32 位整数，生成 64 位整数的长乘加操作。

3）增强型 DSP 指令（E 变种）

E 变种包含了一些附加的指令，这些指令用于增强处理器对一些典型的 DSP 算法的处理性能。主要包括：

（1）几条新的实现 16 位数据乘法和乘加操作的指令；

（2）实现饱和的带符号数的加减法操作的指令，所谓饱和的带符号数的加减法操作就是在加减法操作溢出时，结果并不进行卷绕（Wrapping Around），而是使用最大的整数或最小的负数来表示；

（3）进行双字数据操作的指令，包括双字读取指令 LDRD、双字写入指令 STRD 和协处理器的寄存器传输指令 MCRR/MRRC；

（4）Cache 预取指令 PLD。

4）Java 加速器 Jazelle（J 变种）

ARM 的 Jazelle 技术将 Java 的优势和先进的 32 位 RISC 芯片完美地结合在一起。Jazelle 技术提供了 Java 加速功能，可以得到比普通 Java 虚拟机高得多的性能。与普通的 Java 虚拟机相比，Jazelle 使代码运行速度提高了 8 倍，而且功耗降低了 80%，Jazelle 技术使得程

序员可以在一个单独的处理器上同时运行 Java 应用程序、已经建立好的操作系统、中间件及其他应用程序。与使用协处理器和双处理器相比，使用单独的处理器可以在提供高性能的同时保证低功耗和低成本。ARM 体系版本 4TEJ 最早包含了 J 变种，用字符"J"表示 J 变种。

5）SIMD 变种（ARM 媒体功能扩展）

ARM 媒体功能扩展 SIMD 技术极大地提高了嵌入式应用系统的音频和视频处理器能力，它可使微处理器的音频和视频性能提高 4 倍。新一代的 Internet 应用产品、移动电话和 PDA 等设备终端需要提供高性能的流式媒体，包括音频和视频等。而且这些设备需要提供更加人性化的界面，包括语言输入和手写输入等。这样就对处理器的数字信号处理能力提出了很高的要求，同时必须保证低功耗。ARM 的 SIMD 媒体功能扩展为这些应用系统提供了解决方案，它为包括音频和视频处理在内的应用系统提供了优化功能，其主要特点如下：

（1）使处理器的音频和视频处理性能提高了 2 ～ 4 倍；

（2）可同时进行两个 16 位操作数或 4 个 8 位操作数的运算；

（3）用户可自定义饱和运算的模式；

（4）可进行两个 16 位操作数的乘加/乘减运算及 32 位乘以 32 位的小数乘加运算；

（5）同时 8 /16 位选择操作。

ARM 指令集有以上所述的 T 变种、M 变种、E 变种、J 变种、SIMD 变种等多个扩展，实际在处理器的应用中有多种组合，表 2.1 所示是各主要版本的命名方式。

表 2.1 ARM/Thumb 版本命名及含义

名 称	ARM 指令集版本	T 变种及其版本	M 变种	E 变种	J 变种	SIMD 变种
ARMv3	3	无	否	否	否	否
ARMv3M	3	无	是	否	否	否
ARMv4xM	4	无	否	否	否	否
ARMv4	4	无	是	否	否	否
ARMv4TxM	4	版本 1	否	否	否	否
ARMv4T	4	版本 1	是	否	否	否
ARMv5xM	5	无	否	否	否	否
ARMv5	5	无	否	否	否	否
ARMv5TxM	5	版本 2	否	否	否	否
ARMv5T	5	版本 2	是	否	否	否
ARMv5TexP	5	版本 2	是	部分指令	否	否
ARMv5TE	5	版本 2	是	是	否	否
ARMv5TEJ	5	版本 2	是	是	是	否
ARMv6	6	版本 2	是	是	是	是

2.2 ARM 体系结构的运行与寄存器

2.2.1 ARM 体系结构的存储器格式

在计算机中，内存可寻址的最小存储单位是字节。多字节数存放在内存时存在字节顺序的问题，即高位字节在前还是低位字节在前？不同的处理器采取的字节顺序可能不一样，Motorola 的 PowerPC 系列 CPU 和 Intel 的 x86 系列 CPU 是两个不同字节顺序的典型代表。PowerPC 系列中，低地址存放最高有效字节，即用大端格式方式；x86 系列中，低地址存放最低有效字节，即用小端格式方式。

不同字节序的多字节数存储方式如图 2.1 和图 2.2 所示，两图说明了大端格式和小端格式的区别。对于一个 16 进制 4 字节数 0x12345678，其最高有效字节是 0x12，最低有效字节是 0x78，存储的起始地址是 0。在大端格式存储方式下，最高有效字节 0x12 存放在最低地址处，而在小端格式存储方式下最低地址处存放的是最低有效字节 0x78。

字节地址	00	01	02	03
字节	0x12	0x34	0x56	0x78

图 2.1　大端格式字节序的字存储方式

字节地址	00	01	02	03
字节	0x78	0x56	0x34	0x12

图 2.2　小端格式字节序的字存储方式

嵌入式系统开发中，字节序的差异可能会带来软件兼容性问题，需要特别注意。在很多嵌入式处理中，大端格式和小端格式两种模式都可以支持，需要对处理器设置相应的工作模式。

ARM 的设计实现了高性能的结构。ARM 处理器结构简单，使 ARM 的内核非常小，这样使器件的功耗也非常低。

2.2.2 ARM 体系结构的工作状态

从编程的角度看，ARM 微处理器的工作状态一般有两种，并可在两种状态之间切换：第一种为 ARM 状态，此时处理器执行 32 位的字对齐的 ARM 指令；第二种为 Thumb 状态，此时处理器执行 16 位的半字对齐的 Thumb 指令。

当 ARM 微处理器执行 32 位的 ARM 指令集时，工作在 ARM 状态；当 ARM 微处理器执行 16 位的 Thumb 指令集时，工作在 Thumb 状态。在程序的执行过程中，微处理器可以随时在两种工作状态之间切换，并且处理器工作状态的转变并不影响处理器的工作模式和相应寄存器中的内容。

状态切换方法：ARM 指令集和 Thumb 指令集均有切换处理器状态的指令，并可在两种工作状态之间切换，但 ARM 微处理器在开始执行代码时应处于 ARM 状态。

进入 Thumb 状态：当操作数寄存器的状态位（位 0）为 1 时，可以采用执行 BX 指令的方法，使微处理器从 ARM 状态切换到 Thumb 状态。此外，当处理器处于 Thumb 状态时发生异常（如 IRQ、FIQ、Undef、Abort、SWI 等），则异常处理返回时自动切换到 Thumb 状态。

进入 ARM 状态：当操作数寄存器的状态位为 0 时，执行 BX 指令时可以使微处理器从 Thumb 状态切换到 ARM 状态。此外，在处理器进行异常处理时，把 PC 指针放入异常模式链接寄存器中，并从异常向量地址开始执行程序，也可以使处理器切换到 ARM 状态。

2.2.3 ARM 体系结构的运行模式

ARM 体系结构支持的 7 种运行模式如下。

（1）用户模式（usr）：ARM 处理器正常的程序执行状态。

（2）快速中断模式（fiq）：用于高速数据传输或通道处理。

（3）外部中断模式（irq）：用于通用的中断处理。

（4）管理模式（svc）：操作系统使用的保护模式。

（5）数据访问终止模式（abt）：当数据或指令预取终止时进入该模式，可用于虚拟存储及存储保护。

（6）系统模式（sys）：运行具有特权的操作系统任务。

（7）未定义指令中断模式（und）：当未定义的指令执行时进入该模式，可用于支持硬件协处理器的软件仿真。

ARM 体系结构的运行模式在软件控制下可以改变模式，外部中断或异常处理也可以引起模式发生改变。

大多数的应用程序运行在用户模式下，当处理器运行在用户模式下时，某些被保护的系统资源是不能被访问的。

除用户模式以外，其余的所有 6 种模式称为非用户模式或特权模式（Privileged Modes）；其中除去用户模式和系统模式以外的 5 种又称为异常模式（Exception Modes），常用于处理中断或异常及需要访问受保护的系统资源等情况。

2.2.4 ARM 体系结构的寄存器

ARM 微处理器共有 37 个 32 位寄存器，其中 31 个为通用寄存器、6 个为状态寄存器。但是这些寄存器不能被同时访问，具体哪些寄存器是可编程访问的，取决于微处理器的工作状态及具体的运行模式。但在任何时候，通用寄存器 R14 ～ R0、程序计数器 PC、一个或两个状态寄存器都是可访问的。

1. ARM 状态下的寄存器组织

1）通用寄存器

通用寄存器包括 R0 ～ R15，可以分为三类：

（1）未分组寄存器 R0 ～ R7；

（2）分组寄存器 R8 ～ R14；

（3）程序计数器 PC（R15）。

2）未分组寄存器

未分组寄存器包括 R0 ～ R7。在所有的运行模式下，未分组寄存器都指向同一个物理寄存器，它们未被系统用于特殊的用途，因此，在中断或异常处理进行运行模式转换时，由于不同的处理器运行模式均使用相同的物理寄存器，可能会造成寄存器中的数据被破坏，这一点在进行程序设计时应引起注意。

3）分组寄存器

分组寄存器包括 R8 ～ R14。对于分组寄存器来说，它们每一次所访问的物理寄存器与处理器当前的运行模式有关。

对于 R8 ～ R12 来说，每个寄存器对应两个不同的物理寄存器，当使用 fiq 模式时，访问寄存器 R8_fiq ～ R12_fiq；当使用除 fiq 模式以外的其他模式时，访问寄存器 R8_usr ～ R12_usr。

对于 R13 和 R14 来说，每个寄存器对应 6 个不同的物理寄存器，其中的一个是用户模式与系统模式共用，另外 5 个物理寄存器对应于其他 5 种不同的运行模式。

采用以下记号来区分不同的物理寄存器：

```
R13_<mode>
R14_<mode>
```

其中，mode 为以下几种模式之一：usr、fiq、irq、svc、abt、und。

寄存器 R13 在 ARM 指令中常用作堆栈指针，但这只是一种习惯用法，用户也可使用其他寄存器作为堆栈指针。而在 Thumb 指令集中，某些指令强制使用 R13 作为堆栈指针。

由于处理器的每种运行模式均有自己独立的物理寄存器 R13，在用户应用程序的初始化部分，一般都要初始化每种模式下的 R13，使其指向该运行模式的栈空间，这样，当程序的运行进入异常模式时，可以将需要保护的寄存器放入 R13 所指向的堆栈，而当程序从异常模式返回时，则从对应的堆栈中恢复，采用这种方式可以保证异常发生后程序的正常执行。

R14 也称为子程序连接寄存器（Subroutine Link Register）或连接寄存器 LR。当执行 BL 子程序调用指令时，R14 中得到 R15（程序计数器 PC）的备份。其他情况下，R14 用作通用寄存器。与之类似，当发生中断或异常时，对应的分组寄存器 R14_svc、R14_irq、R14_fiq、R14_abt 和 R14_und 用来保存 R15 的返回值。

在每一种运行模式下，都可用 R14 保存子程序的返回地址，当用 BL 或 BLX 指令调用子程序时，将 PC 的当前值复制给 R14，执行完子程序后，又将 R14 的值复制给 PC，即可完成子程序的调用返回。以上的描述可用指令完成：

（1）执行以下任意一条指令：

```
MOV   PC,LR
BX    LR
```

（2）在子程序入口处使用以下指令将 R14 存入堆栈：

```
STMFD  SP!,{<Regs>,LR}
```

相应地，使用以下指令可以完成子程序返回：

```
LDMFD  SP!,{<Regs>,PC}
```

R14 也可作为通用寄存器。

4）程序计数器 PC（R15）

寄存器 R15 用作程序计数器（PC）。在 ARM 状态下，位［1：0］为 0，位［31：2］用于保存 PC；在 Thumb 状态下，位［0］为 0，位［31：1］用于保存 PC；虽然可以用作通用寄存器，但是有一些指令在使用 R15 时有一些特殊限制，若不注意，执行的结果将是不可预料的。在 ARM 状态下，PC 的 0 和 1 位是 0，在 Thumb 状态下，PC 的 0 位是 0。

R15 虽然也可用作通用寄存器，但一般不这么使用，因为对 R15 的使用有一些特殊的限制，当违反了这些限制时，程序的执行结果是未知的。

由于 ARM 体系结构采用了多级流水线技术，对于 ARM 指令集而言，PC 总是指向当前指令的下两条指令的地址，即 PC 的值为当前指令的地址值加 8 字节。在 ARM 状态下，任一时刻可以访问以上所讨论的 16 个通用寄存器和 1 ~ 2 个状态寄存器。在非用户模式（特权模式）下，则可访问到特定模式分组寄存器，图 2.3 说明了在每一种运行模式下，哪些寄存

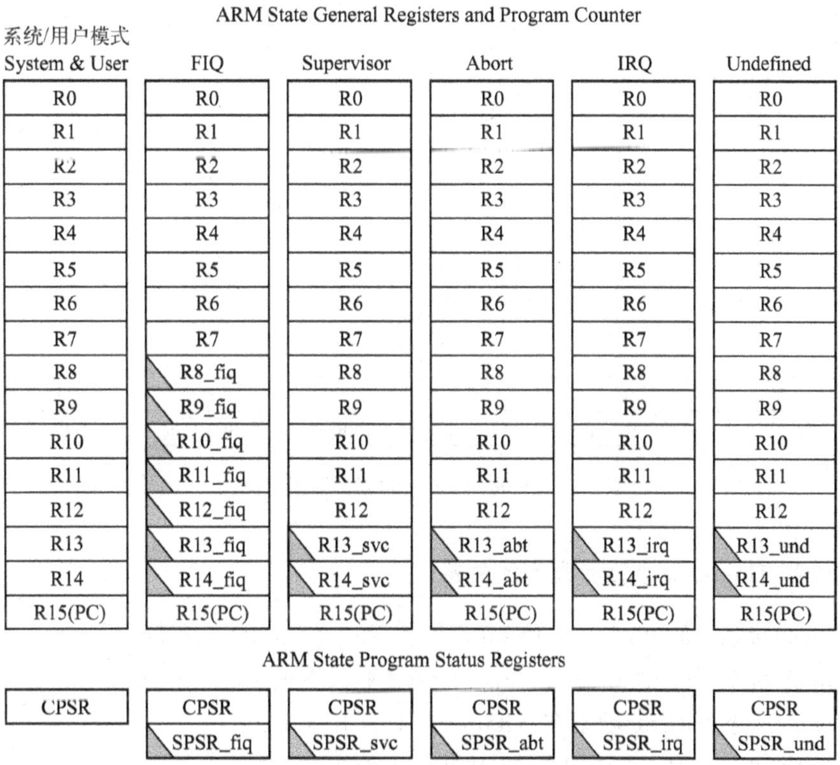

ARM State General Registers and Program Counter

系统/用户模式 System & User	FIQ	Supervisor	Abort	IRQ	Undefined
R0	R0	R0	R0	R0	R0
R1	R1	R1	R1	R1	R1
R2	R2	R2	R2	R2	R2
R3	R3	R3	R3	R3	R3
R4	R4	R4	R4	R4	R4
R5	R5	R5	R5	R5	R5
R6	R6	R6	R6	R6	R6
R7	R7	R7	R7	R7	R7
R8	R8_fiq	R8	R8	R8	R8
R9	R9_fiq	R9	R9	R9	R9
R10	R10_fiq	R10	R10	R10	R10
R11	R11_fiq	R11	R11	R11	R11
R12	R12_fiq	R12	R12	R12	R12
R13	R13_fiq	R13_svc	R13_abt	R13_irq	R13_und
R14	R14_fiq	R14_svc	R14_abt	R14_irq	R14_und
R15(PC)	R15(PC)	R15(PC)	R15(PC)	R15(PC)	R15(PC)

ARM State Program Status Registers

CPSR	CPSR	CPSR	CPSR	CPSR	CPSR
	SPSR_fiq	SPSR_svc	SPSR_abt	SPSR_irq	SPSR_und

图 2.3　ARM 状态下的寄存器组织结构

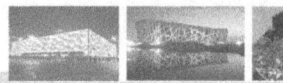

器是可以访问的。

5）寄存器 R16

寄存器 R16 用作 CPSR（Current Program Status Register，当前程序状态寄存器），CPSR 可在任何运行模式下被访问，它包括条件标志位、中断禁止位、当前处理器模式标志位及其他一些相关的控制和状态位。

每一种运行模式下又都有一个专用的物理状态寄存器，称为 SPSR（Saved Program Status Register，备份的程序状态寄存器），当异常发生时，SPSR 用于保存 CPSR 的当前值，从异常退出时则可用 SPSR 来恢复 CPSR。

由于用户模式和系统模式不属于异常模式，它们没有 SPSR，当在这两种模式下访问 SPSR 时，结果是未知的。

2. Thumb 状态下的寄存器集

Thumb 状态寄存器是 ARM 状态寄存器的一个子集。程序员可以直接操作 8 个通用寄存器 R0 – R7，也可以这样操作程序计数器（PC）、堆栈指针寄存器（SP）、链接（link）寄存器（LR）和 CPSR。它们都是各个特权模式下的私有寄存器，如图 2.4 所示。

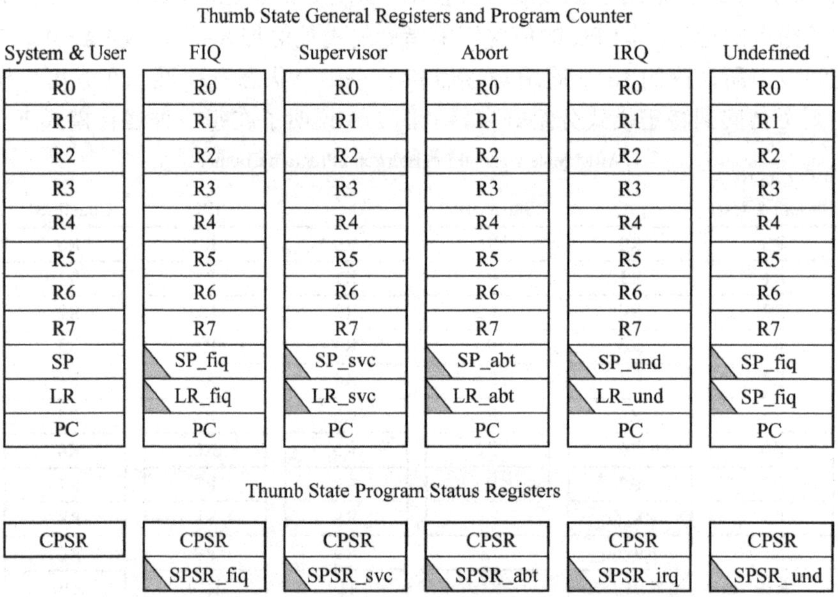

Thumb State General Registers and Program Counter

System & User	FIQ	Supervisor	Abort	IRQ	Undefined
R0	R0	R0	R0	R0	R0
R1	R1	R1	R1	R1	R1
R2	R2	R2	R2	R2	R2
R3	R3	R3	R3	R3	R3
R4	R4	R4	R4	R4	R4
R5	R5	R5	R5	R5	R5
R6	R6	R6	R6	R6	R6
R7	R7	R7	R7	R7	R7
SP	SP_fiq	SP_svc	SP_abt	SP_und	SP_fiq
LR	LR_fiq	LR_svc	LR_abt	LR_und	SP_fiq
PC	PC	PC	PC	PC	PC

Thumb State Program Status Registers

CPSR	CPSR	CPSR	CPSR	CPSR	CPSR
	SPSR_fiq	SPSR_svc	SPSR_abt	SPSR_irq	SPSR_und

图 2.4　Thumb 状态下的寄存器组织结构

3. ARM 和 Thumb 状态寄存器间的关系

（1）Thumb 状态下的 R0 ～ R7 和 ARM 状态下的 R0 ～ R7 是等同的；

（2）Thumb 状态下的 CPSR 和 SPSRs 与 ARM 状态下的 CPSR 和 SPSRs 是等同的；

（3）Thumb 状态下的 SP 映射在 ARM 状态下的 R13 上；

（4）Thumb 状态下的 LR 映射在 ARM 状态下的 R14 上；

（5）Thumb 状态下的程序计数器映射在 ARM 状态下的程序计数器上（R15）。

图 2.5 显示出了它们之间的关系。

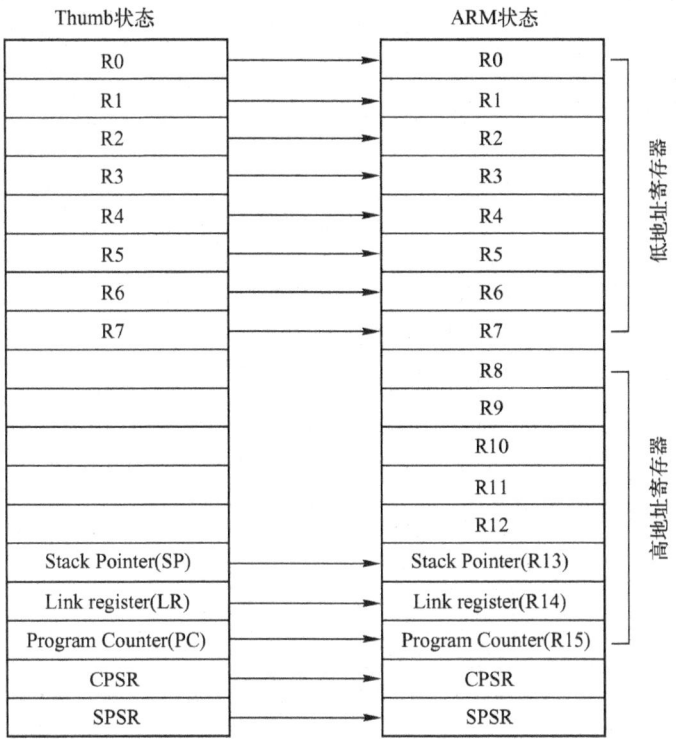

图 2.5　Thumb 状态下和 ARM 状态下寄存器之间的映射关系

在 Thumb 状态下寄存器 R8 ～ R15 （高地址寄存器） 不是标准寄存器集。但是，汇编语言的程序员可以访问它们并用它们进行快速暂存。

向 R8 ～ R15 写入或读出数据，可以采用 MOV 指令的某个变形，从某个低地址寄存器（R0 ～ R7） 传送数据到到高地址寄存器 （R8 ～ R15），或者从高地址寄存器传送到低地址寄存器。还可以采用 CMP 和 ADD 指令，将高地址寄存器的值与低地址寄存器的值相进行比较或相加。

4. 程序状态寄存器

ARM 体系结构包含一个当前程序状态寄存器 （CPSR） 和五个备份的程序状态寄存器（SPSR）。

备份的程序状态寄存器用来进行异常处理，这些寄存器的功能包括：

（1） 保存 ALU 当前操作的有关信息；

（2） 控制中断的允许和禁止；

（3） 设置处理器的运行模式。

程序状态寄存器的组织结构如图 2.6 所示。

1） 条件码标志

N、Z、C、V 均为条件码标志位。它们的内容根据算术运算或逻辑运算的结果改变，并

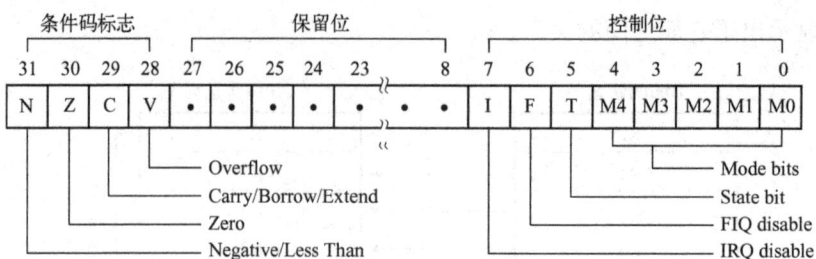

图 2.6　程序状态寄存器的组织结构

且可用作一些指令是否运行的检测条件。条件码标志的具体含义如表 2.2 所示。

在 ARM 状态下，绝大多数指令都是有条件地执行的；

在 Thumb 状态下，仅有分支指令是有条件执行的。

表 2.2　条件码标志的具体含义

标 志 位	含　义
N	当用两个补码表示的带符号数进行运算时，N＝1 表示运算结果为负数；N＝0 表示运算结果为正数或零
Z	Z＝1 表示运算结果为零；Z＝0 表示运算结果为非零
C	可以有 4 种方法设置 C 的值。 （1）加法运算（包括比较指令 CMN）：当运算结果产生了进位时（无符号数溢出），C＝1，否则 C＝0。 （2）减法运算（包括比较指令 CMP）：当运算产生借位时（无符号数溢出），C＝0，否则 C＝1。 （3）对于包含移位操作的非加/减运算指令，C 为移出值的最后一位。 （4）对于其他非加/减运算指令，C 的值通常不变
V	可以有两种方法设置 V 的值。 （1）对于加/减法运算指令，当操作数和运算结果为二进制的补码表示的带符号数时，V＝1 表示符号位溢出。 （2）对于其他非加/减运算指令，C 的值通常不改变
Q	在 ARM v5 及以上版本的 E 系列处理器中，用 Q 标志位指示增强的 DSP 运算指令是否发生了溢出。 在其他版本的处理器中，Q 标志位无定义

2）控制位

PSR 的低 8 位（包括 I、F、T 和 M[4:0]）称为控制位，当发生异常时这些位会被改变，如果处理器在特权模式下运行，这些位也可以用程序修改。

（1）T 标记位。该位反映处理器的运行状态。该位被设置为 1 时，处理器执行在 Thumb 状态，否则执行在 ARM 状态。这些由外部信号 TBIT 反映出来。注意绝不能用软件改变 CPSR 的 TBIT 状态，如果这样做，处理器将会进入一种不可预知的状态。

（2）中断禁止位。I 和 F 位为中断禁止位，当它们被置为 1 时可以相应地禁止 IRQ 和 FIQ 中断。

（3）运行模式位。M4、M3、M2、M1 和 M0 位（M[4:0]）是模式位，它们决定了处理器的操作模式，如表 2.3 所示。并不是所有的组合都决定了一个有效的处理器模式，只有那些明确定义的值才能被采用。

表 2.3　PSR 模式位 M[4:0]的值

M[4:0]	处理器模式	可访问的寄存器
0b10000	用户模式	PC，CPSR，R0 – R14
0b10001	FIQ 模式	PC，CPSR，SPSR_fiq，R14_fiq – R8_fiq，R7 ～ R0
0b10010	IRQ 模式	PC，CPSR，SPSR_irq，R14_irq，R13_irq，R12 ～ R0
0b10011	管理模式	PC，CPSR，SPSR_svc，R14_svc，R13_svc，，R12 ～ R0，
0b10111	中断模式	PC，CPSR，SPSR_abt，R14_abt，R13_abt，R12 ～ R0，
0b11011	未定义模式	PC，CPSR，SPSR_und，R14_und，R13_und，R12 ～ R0，
0b11111	系统模式	PC，CPSR（ARM v4 及以上版本），R14 ～ R0

由表 2.3 可知，并不是所有的运行模式位的组合都是有效的，其他的组合结果会导致处理器进入一个不可恢复的状态。

3）保留位

PSR 中的其余位为保留位，当改变 PSR 中的条件码标志位或控制位时，必须确保保留位不被改变，在程序中也不要使用保留位来存储数据。

2.3　ARM 的异常处理

当正常的程序执行流程被临时中断时，称为产生了异常。例如，程序执行转向一个外设的中断请求。在异常被处理前，当前处理器的状态必须被保留，这样按处理程序完成时就能恢复原始的程序。

2.3.1　ARM 体系支持的异常类型

1. FIQ

FIQ（快速中断请求）异常通常是用来支持数据传输和通道操作的，在 ARM 状态下，它具有充分的私有寄存器，用来减少寄存器存取的需要（从而减少进入中断前的"上下文切换"工作）。

FIQ 中断是由外部设备通过拉低 nFIQ 引脚触发的。通过对 ISYNC 输入引脚的控制，nFIQ 可以区别同步或异步的传输情况。当 ISYNC 为低电平时，nFIQ 和 nIRQ 将被认为是异步的，中断之前产生同步周期延长会影响处理器的流程。

不管是 ARM 还是 Thumb 状态下的异常，FIQ 处理程序都可以通过执行以下语句来退出中断处理：

```
SUBS  PC,R14_fiq,#4
```

通过设置 CPSR 的 F 标记位可以禁止 FIQ 中断（但是要注意到在用户模式下是不可行的）。如果 F 标记位已经清除，ARM920T 在每个指令的最后检测来自 FIQ 中断同步器的低电平输出。

2. IRQ 中断

IRQ（中断请求）异常是由 nIRQ 输入低电平引发的普通中断。IRQ 中断相对于 FIQ 中断来说是优先级低的，当一个 FIQ 中断序列进入时它将被屏蔽。IRQ 也可以通过设置 CPRS 中的"I"标志来禁止，不能在用户模式中这样做（只能在特权模式下这样做）。

无论 IRQ 发生在 ARM 状态下还是 Thumb 状态下，都可以采用以下语句来退出中断处理：

```
SUBS  PC,R14_irq,#4
```

3. 异常中断

异常中断表示当前存储访问不能完成。通过外部的 ABORT 输入信号来告知内核。ARM920T 在每次的存储操作中检测该异常是否发生。

有以下两种类型的异常中断：预取指异常中断（指令预取时产生）；数据异常中断（数据访问时产生）。

如果产生预取指中断，所取得的指令将会被标志为无效的，但是异常不会立即发生，直到取指到达了管道的头部才会发生。如果这些指令不执行——如在管道内发生了分支跳转，那么异常就不会发生了。

如果产生数据异常中断，根据指令类型进行操作：

（1）简单数据传输指令（LDM，STR）写回改变的基址［变址］寄存器：异常中断处理器必须清楚这些；

（2）取消交换指令，尽管它还没有执行；

（3）数据块传输指令（LDM，STM）完成。如果设置为写回，基址已经校正。如果指令超出了数据的写基址（传输目录中有它的基址），就应该防止写超出。在中断异常将发生时，所有寄存器的覆盖写入都是禁止的。这意味着 R15（经常是最后一个改变的寄存器）的值将在中断的 LDM 指令中保留下来。

Abort 机制使得页面虚拟存储器机制得以实现。在采用虚拟存储器的系统中，处理器可以产生任意地址。当某个地址的数据无效，MMU（存储器管理单元）将产生一个 Abort 中断。这样 abort 的处理程序就必须找出异常中断的原因，使要求的数据可用，并重试被中断的指令。应用程序也就不需要了解实际可用存储空间的大小，也不需要了解异常中断对它的影响。

在完成了异常中断的处理后，通过以下语句退出中断处理（与 ARM 状态还是 Thumb 状态无关）：

```
SUBS  PC, R14_abt, #4;    预取指 abort
SUBS  PC, R14_abt, #8;    数据 abort
```

通过执行该语句，就恢复了 PC 和 CPSR，并重试被中断的指令。

4. 软件中断

SWI（软件中断指令）用来进入超级用户模式，通常用于请求特殊的超级用户功能。SWI 的处理程序通过执行以下语句退出异常处理（ARM 或 Thumb）：

```
MOV  PC, R14_svc
```

通过执行该语句，就恢复了 PC 和 CPRS，并返回到 SWI 后面的指令上。

注意：前面提到的 nFIQ、nIRQ、ISYNC 和 ABORT 引脚只存在于 ARM920T CPU 的内核中。

5. 未定义指令

当 ARM920T 遇到一个它不能执行的指令时，它将产生一个未定义指令陷阱。这个机制是软件仿真器用来扩展 Thumb 和 ARM 指令集用的。

在完成对未知指令的处理后，陷阱处理程序应该执行以下的语句退出异常处理（ARM 或 Thumb 状态）：

```
MOVS  PC, R14_und
```

通过执行该语句，恢复了 CPSR，并返回执行未定义指令的下一条指令。

ARM 体系结构所支持的异常类型及具体含义如表 2.4 所示。

表 2.4　ARM 体系结构所支持的异常

异 常 类 型	具 体 含 义
复位	当处理器的复位电平有效时，产生复位异常，程序跳转到复位异常处理程序处执行
未定义指令	当 ARM 处理器或协处理器遇到不能处理的指令时，产生未定义指令异常。可使用该异常机制进行软件仿真
软件中断	该异常由执行 SWI 指令产生，可用于用户模式下的程序调用特权操作指令。可使用该异常机制实现系统功能调用
指令预取中断	若处理器预取指令的地址不存在，或该地址不允许当前指令访问，存储器会向处理器发出中断信号，当预取的指令被执行时才会产生指令预取中断异常
数据中断	若处理器数据访问指令的地址不存在，或该地址不允许当前指令访问时，产生数据中断异常
IRQ（外部中断请求）	当处理器的外部中断请求引脚有效，且 CPSR 中的 I 位为 0 时，产生 IRQ 异常。系统的外设可通过该异常请求中断服务

续表

异 常 类 型	具 体 含 义
FIQ （快速中断请求）	当处理器的快速中断请求引脚有效，且 CPSR 中的 F 位为 0 时，产生 FIQ 异常

1）异常中断向量

异常中断的向量地址如表2.5所示。

表 2.5　异常中断的向量地址

Address	Exception	Mode in Entry
0x00000000	Reset	Supervisor
0x00000004	Undefined instruction	Undefined
0x00000008	Software Interrupt	Supervisor
0x0000000C	Abort （prefetch）	Abort
0x00000010	Abort （data）	Abort
0x00000014	Reserved	Reserved
0x00000018	IRQ	IRQ
0x0000001C	FIQ	FIQ

2）异常中断优先级

当多个异常中断同时发生时，处理器根据一个固定的优先级系统来决定处理它们的顺序。异常中断优先级如表2.6所示。

表 2.6　异常中断优先级

复　　　位	1（最高）
数据 Abort	2
FIQ	3
IRQ	4
预取指 Abort	5
未定义指令，软件中断	6（最低）

注意，并非所有的异常中断都会同时发生：未定义指令和软件中断是相互排斥的，因为它们都对应于当前指令的唯一的（非重叠的）解码结果。如果一个数据 Abort 和 FIQ 中断同时发生了，并且此时的 FIQ 中断是使能的，ARM920T 先进入到数据 Abort 处理程序，然后立即进入 FIQ 向量。

从 FIQ 正常返回后，数据 Abort 的处理程序才恢复执行。将数据 Abort 设为比 FIQ 拥有更高的优先级，可以确保传输错误不能逃避检测。在这种情况下，进入 FIQ 异常处理的时间延长了，这一时间必须考虑到 FIQ 中断最长反应时间中去。

3）中断反应时间

最坏情况下的 FIQ 中断的反应时间，假设它是使能的，则包括通过同步器最长请求时间（如果是异步器则是 Tsyncmax），加上最长的指令执行时间（Tldm，LDM 指令用于载入所有的寄存器，因此需要最长的执行时间），加上数据 Abort 进入时间（Texc），加上进入 FIQ 处理所需要的时间（Tfiq）。

最后，ARM920T 会执行位于 0x1C 中的指令。

Tsyncmax 代表 3 个处理器周期，Tldm 代表 20 个，Texc 代表 3 个，TfiQ 代表两个周期。也就是共有 28 个处理周期。在一个 20MHz 的处理时钟的系统里，它使用的时间超过 1.4μs。最长的 IRQ 反应时间的计算方法是类似的，但是必须考虑到更高优优级的 FIQ 中断可以推迟任意长时间进入 IRQ 中断处理。最小的 FIQ 或 IRQ 的反应时间包括通过同步器的时间 Tsyncmax 加上 Tfiq，它是 4 个处理器周期。

4）复位

当 nRESET 信号为低时，ARM920T 放弃任何指令的执行，并从增加的字地址处取指令。当 nRESET 信号变高时 ARM920T 进行如下操作：

（1）将当前的 PC 值和 CPSR 值写入 R14_svc 和 SPSR_svc。已保存的 PC 和 SPSR 的值是未知的；

（2）强制 M[4:0] 为 10011（超级用户模式），将 CPSR 中的“I”和“F”位设为 1，并将 T 位清零；

（3）强制 PC 从 0x00 地址取得下一条指令；

（4）恢复为 ARM 状态开始执行。

2.3.2　ARM 的异常响应

当一个异常发生时，ARM920T 将进行以下步骤。

（1）将下一条指令的地址保存到相应的 Link 寄存器中。如果异常是从 ARM 状态进入的，下一条指令的地址（根据异常的类型，数值为当前 PC + 4 或 PC + 8）复制到 Link 寄存器中。如果异常是从 THUMB 状态进入的，那么写入到 Link 寄存器的值是当前的 PC 偏移一个值。这表示异常处理程序不关心是从哪种状态进入异常的。例如，在软件中断异常 SWI 情况下，无论来自什么状态，处理程序只要采用 MOVS PC, R14_svc 语句，就可以返回到原始程序的下一条语句，不管 SWI 是在 ARM 状态下执行还是在 Thumb 状态下执行。

（2）复制 CPSR 到相应的 SPSR。

（3）根据异常类型，强制改变 CPSR 模式位的值。

（4）强制 PC 从相关的异常向量地址取下一条指令执行，从而跳转到相应的异常处理程序处。

如果异常发生时处理器处于 Thumb 状态，则当异常向量地址加载入 PC 时，处理器将自动切换到 ARM 状态。

ARM 微处理器对异常的响应过程用伪码可以描述为：

```
R14_<Exception_Mode>=Return Link
SPSR_<Exception_Mode>=CPSR
CPSR[4:0]=Exception Mode Number
CPSR[5]=0                    ;当运行于 ARM 工作状态时
If<Exception_Mode>==Reset or FIQ then
                            ;当响应 FIQ 异常时,禁止新的 FIQ 异常
CPSR[6]=1
CPSR[7]=1
PC=Exception Vector Address
```

2.3.3 ARM 的异常返回

当完成异常处理时，会执行以下几步操作以从异常返回：

（1）将 Link 寄存器减去相应的偏移量，赋给 PC（偏移量的值由异常的类型决定）；

（2）复制回 SPSR 到 CPSR；

（3）若在进入异常处理时设置了中断禁止位，要在此时清除。

可以认为应用程序总是从复位异常处理程序开始执行的，因此复位异常处理程序不需要返回。

本章小结

本章对 ARM 嵌入式微处理器的特点、ARM 体系结构及 ARM 的异常处理等基本概念做了系统的阐述，重点突出 ARM 体系结构的工作模式和寄存器组织，是后续嵌入式系统软硬件开发的基础。

思考与习题 2

1. 列举目前常用的 ARM 微处理器的型号及功能特点。

2. ARM 体系结构版本的命名规则有哪些？简单说明 ARM7TDMI 的含义。

3. 比较 ARM9 与 ARM7 处理器的性能特点，试说明它们有何异同。

4. ARM 微处理器有哪几种运行模式？其中哪些是特权模式，哪些又是异常模式？

5. ARM 体系结构的存储器格式有哪几种？

6. 在 ARM 状态下和 Thumb 状态下寄存器的组织有何不同？

7. 简述 CPSR 各状态位的作用，并说明如何对其进行操作，以改变各状态位。

8. ARM 体系结构所支持的异常类型有哪些？具体描述各类异常，在应用程序中应该如何处理？

第3章
嵌入式处理器指令系统

学习目标

1. 熟悉 ARM 嵌入式处理器指令系统，包括编程模型、指令格式、寻址方式、指令集等；

2. 了解 ARM 状态和 Thumb 状态下指令系统的区别。

教学建议

1. 采用案例化教学，每讲授完一个知识单元后就到实训室进行任务案例的验证，从而让理论指导实践、实践验证理论。

2. 开展面向工作过程的一体化教学，通过行动导向主动构建学习。

3.1　ARM 嵌入式编程模型

从编程的角度看，ARM 微处理器的工作状态一般有两种，并可在两种状态之间切换：

（1）ARM 状态，此时处理器执行 32 位的字对齐的 ARM 指令；

（2）Thumb 状态，此时处理器执行 16 位的半字对齐的 Thumb 指令。

当 ARM 微处理器执行 32 位的 ARM 指令集时，工作在 ARM 状态；当 ARM 微处理器执行 16 位的 Thumb 指令集时，工作在 Thumb 状态。在程序执行过程中，微处理器可以随时在两种工作状态之间切换，并且，处理器工作状态的转变不影响处理器的工作模式和相应寄存器中的内容。

ARM 指令集和 Thumb 指令集均有切换处理器状态的指令，并可在两种工作状态之间切换，但 ARM 微处理器在开始执行代码时应该处于 ARM 状态。

进入 Thumb 状态：当操作数寄存器的状态位（位 0）为 1 时，可以采用执行 BX 指令的方法使微处理器从 ARM 状态切换到 Thumb 状态。此外，当处理器处于 Thumb 状态时发生异常（如 IRQ、FIQ、Undef、Abort、SWI 等），则异常处理返回时自动切换到 Thumb 状态。

进入 ARM 状态：当操作数寄存器的状态位为 0 时，执行 BX 指令可以使微处理器从 Thumb 状态切换到 ARM 状态。此外，在处理器进行异常处理时，把 PC 指针放入异常模式连接寄存器中，并从异常向量地址开始执行程序，也可以使处理器切换到 ARM 状态。

3.2　ARM 指令的格式

ARM 微处理器在较新的体系结构中支持两种指令集：ARM 指令集和 Thumb 指令集。其中，ARM 指令为 32 位的，Thumb 指令为 16 位的。Thumb 指令集为 ARM 指令集的功能子集，但与等价的 ARM 代码相比，可节省 30% ～ 40% 以上的存储空间，同时具备 32 位代码的所有优点。

关于 ARM 处理器的指令集介绍，可查看 ARM 指令集手册。

3.3　ARM 指令的寻址方式

所谓寻址方式就是处理器根据指令中给出的地址信息来寻找物理地址的方式。目前 ARM 指令系统支持如下几种常见的寻址方式。

3.3.1　立即寻址

立即寻址也叫立即数寻址，这是一种特殊的寻址方式，操作数本身就在指令中给出，取出指令也就取到了操作数。这个操作数称为立即数，对应的寻址方式就称为立即寻址。例如指令：

```
ADD R0,R0,#1      ;R0←R0 +1
ADD R0,R0,#0x3f   ;R0←R0 +0x3f
```

在以上两条指令中，第二个源操作数即为立即数，要求以"#"为前缀，对于以十六进制数表示的立即数，还要求在"#"后加上"0x"或"&"。

3.3.2　寄存器寻址

寄存器寻址就是利用寄存器中的数值作为操作数，这种寻址方式是各类微处理器经常采用的一种方式，也是一种执行效率较高的寻址方式。例如以下指令：

```
ADD R0,R1,R2    ;R0←R1 + R2
```

该指令的执行效果是将寄存器 R1 和 R2 的内容相加，其结果存放在寄存器 R0 中。

3.3.3　寄存器间接寻址

寄存器间接寻址就是将寄存器中的值作为操作数的地址，而操作数本身存放在存储器中。例如以下指令：

```
ADD R0,R1,[R2]  ;R0←R1 + [R2]
LDR R0,[R1]     ;R0←[R1]
STR R0,[R1]     ;[R1]←R0
```

在第一条指令中，以寄存器 R2 的值作为操作数的地址，在存储器中取得一个操作数后与 R1 相加，结果存入寄存器 R0 中。

第二条指令将以 R1 的值为地址的存储器中的数据传送到 R0 中。

第三条指令将 R0 的值传送到以 R1 的值为地址的存储器中。

3.3.4　基址变址寻址

基址变址寻址就是将寄存器（该寄存器一般称作基址寄存器）的内容与指令中给出的地址偏移量相加，从而得到一个操作数的有效地址。变址寻址方式常用于访问某基地址附近的地址单元。采用变址寻址方式的常见指令有以下几种形式：

```
LDR R0,[R1,#4]   ;R0←[R1 +4]
LDR R0,[R1,#4]!  ;R0←[R1 +4]、R1←R1 +4
LDR R0,[R1],#4   ;R0←[R1]、R1←R1 +4
LDR R0,[R1,R2]   ;R0←[R1 +R2]
```

在第一条指令中，将寄存器 R1 的内容加上 4 形成操作数的有效地址，从而取得操作数存入寄存器 R0 中。

在第二条指令中，将寄存器 R1 的内容加上 4 形成操作数的有效地址，从而取得操作数存入寄存器 R0 中，然后，R1 的内容自增 4 字节。

在第三条指令中，以寄存器 R1 的内容作为操作数的有效地址，从而取得操作数存入寄存器 R0 中，然后，R1 的内容自增 4 字节。

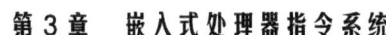

在第四条指令中，将寄存器 R1 的内容加上寄存器 R2 的内容形成操作数的有效地址，从而取得操作数存入寄存器 R0 中。

3.3.5　多寄存器寻址

采用多寄存器寻址方式，一条指令可以完成多个寄存器值的传送。这种寻址方式可以用一条指令完成传送最多 16 个通用寄存器的值。对于指令：

```
LDMIA R0,{R1,R2,R3,R4} ;R1←[R0]
;R2←[R0 +4]
;R3←[R0 +8]
;R4←[R0 +12]
```

该指令的后缀 IA 表示在每次执行完加载/存储操作后，R0 按字长度增加，因此，指令可将连续存储单元的值传送到 R1 ～ R4。

3.3.6　相对寻址

与基址变址寻址方式类似，相对寻址以程序计数器 PC 的当前值为基地址，指令中的地址标号作为偏移量，将两者相加之后得到操作数的有效地址。以下程序段完成子程序的调用和返回，跳转指令 BL 采用了相对寻址方式：

```
BL NEXT        ;跳转到子程序 NEXT 处执行
⋮
NEXT
⋮
MOV PC,LR      ;从子程序返回
```

3.3.7　堆栈寻址

堆栈是一种数据结构，按先进后出（First In Last Out，FILO）的方式工作，使用一个称作堆栈指针的专用寄存器指示当前的操作位置，堆栈指针总是指向栈顶。当堆栈指针指向最后压入堆栈的数据时，称为满堆栈（Full Stack），而当堆栈指针指向下一个将要放入数据的空位置时，称为空堆栈（Empty Stack）。

同时，根据堆栈的生成方式，又可以分为递增堆栈（Ascending Stack）和递减堆栈（Decending Stack），当堆栈由低地址向高地址生成时，称为递增堆栈，当堆栈由高地址向低地址生成时，称为递减堆栈。这样就有四种类型的堆栈工作方式，ARM 微处理器支持这四种类型的堆栈工作方式。

（1）满递增堆栈：堆栈指针指向最后压入的数据，且由低地址向高地址生成。

（2）满递减堆栈：堆栈指针指向最后压入的数据，且由高地址向低地址生成。

（3）空递增堆栈：堆栈指针指向下一个将要放入数据的空位置，且由低地址向高地址生成。

（4）空递减堆栈：堆栈指针指向下一个将要放入数据的空位置，且由高地址向低地址生成。

3.4　ARM 指令集

3.4.1　数据处理指令

数据处理指令可分为数据传送指令、算术逻辑运算指令和比较指令等。

数据传送指令用于在寄存器和存储器之间进行数据的双向传输。

算术逻辑运算指令完成常用的算术与逻辑运算，该类指令不但将运算结果保存在目的寄存器中，同时更新 CPSR 中的相应条件标志位。

比较指令不保存运算结果，只更新 CPSR 中相应的条件标志位。数据处理指令包括以下几项。

（1）MOV：数据传送指令。

（2）MVN：数据取反传送指令。

（3）CMP：比较指令。

（4）CMN：反值比较指令。

（5）TST：位测试指令。

（6）TEQ：相等测试指令。

（7）ADD：加法指令。

（8）ADC：带进位加法指令。

（9）SUB：减法指令。

（10）SBC：带借位减法指令。

（11）RSB：逆向减法指令。

（12）RSC：带借位的逆向减法指令。

（13）AND：逻辑与指令。

（14）ORR：逻辑或指令。

（15）EOR：逻辑异或指令。

（16）BIC：位清除指令。

1. MOV 指令

MOV 指令的格式为：

```
MOV{条件}{S} 目的寄存器,源操作数
```

MOV 指令可完成从另一个寄存器、被移位的寄存器或将一个立即数加载到目的寄存器的功能。其中 S 选项决定指令的操作是否影响 CPSR 中条件标志位的值，当没有 S 时指令不更新 CPSR 中条件标志位的值。

指令示例：

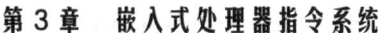

```
MOV R1,R0        ;将寄存器 R0 的值传送到寄存器 R1
MOV PC,R14       ;将寄存器 R14 的值传送到 PC,常用于子程序返回
MOV R1,R0,LSL#3  ;将寄存器 R0 的值左移 3 位后传送到 R1
```

2. MVN 指令

MVN 指令的格式为：

```
MVN{条件}{S} 目的寄存器,源操作数
```

MVN 指令可完成从另一个寄存器、被移位的寄存器或将一个立即数加载到目的寄存器。与 MOV 指令不同之处是在传送之前按位取反了，即把一个被取反的值传送到目的寄存器中。其中 S 决定指令的操作是否影响 CPSR 中条件标志位的值，当没有 S 时指令不更新 CPSR 中条件标志位的值。

指令示例：

```
MVN R0,#0   ;将立即数 0 取反传送到寄存器 R0 中,完成后 R0 = -1
```

3. CMP 指令

CMP 指令的格式为：

```
CMP{条件} 操作数 1,操作数 2
```

CMP 指令用于把一个寄存器的内容和另一个寄存器的内容或立即数进行比较，同时更新 CPSR 中条件标志位的值。该指令进行一次减法运算，但不存储结果，只更改条件标志位。标志位表示的是操作数 1 与操作数 2 的关系（大、小、相等），例如，若操作数 1 大于操作操作数 2，则此后的有 GT 后缀的指令将可以执行。

指令示例：

```
CMP R1,R0    ;将寄存器 R1 的值与寄存器 R0 的值相减,并根据结果设置 CPSR 的标志位
CMP R1,#100  ;将寄存器 R1 的值与立即数 100 相减,并根据结果设置 CPSR 的标志位
```

4. CMN 指令

CMN 指令的格式为：

```
CMN{条件} 操作数 1,操作数 2
```

CMN 指令用于把一个寄存器的内容和另一个寄存器的内容或立即数取反后进行比较，同时更新 CPSR 中条件标志位的值。该指令实际完成操作数 1 和操作数 2 相加，并根据结果更改条件标志位。

指令示例：

```
CMN R1,R0        ;将寄存器 R1 的值与寄存器 R0 的值相加,并根据结果设置 CPSR 的标志位
CMN R1,#100      ;将寄存器 R1 的值与立即数 100 相加,并根据结果设置 CPSR 的标志位
```

5. TST 指令

TST 指令的格式为：

```
TST{条件} 操作数 1,操作数 2
```

TST 指令用于把一个寄存器的内容和另一个寄存器的内容或立即数进行按位与运算，并根据运算结果更新 CPSR 中条件标志位的值。操作数 1 是要测试的数据，而操作数 2 是一个位掩码，该指令一般用来检测是否设置了特定的位。

指令示例：

```
TST R1,#% 1      ;用于测试在寄存器 R1 中是否设置了最低位(% 表示二进制数)
TST R1,#0xffe    ;将寄存器 R1 的值与立即数 0xffe 按位与,并根据结果设置 CPSR 的标志位
```

6. TEQ 指令

TEQ 指令的格式为：

```
TEQ{条件} 操作数 1,操作数 2
```

TEQ 指令用于把一个寄存器的内容和另一个寄存器的内容或立即数进行按位的异或运算，并根据运算结果更新 CPSR 中条件标志位的值。该指令通常用于比较操作数 1 和操作数 2 是否相等。

指令示例：

```
TEQ R1,R2        ;将寄存器 R1 的值与寄存器 R2 的值按位异或,并根据结果设置 CPSR 的标志位
```

7. ADD 指令

ADD 指令的格式为：

```
ADD{条件}{S} 目的寄存器,操作数 1,操作数 2
```

ADD 指令用于把两个操作数相加，并将结果存放到目的寄存器中。操作数 1 应是一个寄存器，操作数 2 可以是一个寄存器、被移位的寄存器或一个立即数。

指令示例：

 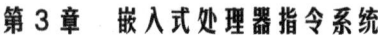

```
ADD R0,R1,R2            ; R0 = R1 + R2
ADD R0,R1,#256          ; R0 = R1 +256
ADD R0,R2,R3,LSL#1      ; R0 = R2 + (R3 <<1)
```

8. ADC 指令

ADC 指令的格式为：

```
ADC{条件}{S} 目的寄存器,操作数1,操作数2
```

ADC 指令用于把两个操作数相加，再加上 CPSR 中的 C 条件标志位的值，并将结果存放到目的寄存器中。它使用一个进位标志位，这样就可以做比 32 位大的数的加法，注意不要忘记设置 S 后缀来更改进位标志。操作数 1 应是一个寄存器，操作数 2 可以是一个寄存器、被移位的寄存器或一个立即数。

以下指令序列完成两个 128 位数的加法，第一个数由高到低存放在寄存器 R7 ～ R4 中，第二个数由高到低存放在寄存器 R11 ～ R8 中，运算结果由高到低存放在寄存器 R3 ～ R0 中：

```
ADDS R0,R4,R8           ;加低端的字
ADCS R1,R5,R9           ;加第二个字,带进位
ADCS R2,R6,R10          ;加第三个字,带进位
ADC R3,R7,R11           ;加第四个字,带进位
```

9. SUB 指令

SUB 指令的格式为：

```
SUB{条件}{S} 目的寄存器,操作数1,操作数2
```

SUB 指令用于把操作数 1 减去操作数 2，并将结果存放到目的寄存器中。操作数 1 应是一个寄存器，操作数 2 可以是一个寄存器、被移位的寄存器或一个立即数。该指令可用于有符号数或无符号数的减法运算。

指令示例：

```
SUB R0,R1,R2            ; R0 = R1 - R2
SUB R0,R1,#256          ; R0 = R1 –256
SUB R0,R2,R3,LSL#1      ; R0 = R2 – (R3 <<1)
```

10. SBC 指令

SBC 指令的格式为：

```
SBC{条件}{S} 目的寄存器,操作数1,操作数2
```

SBC 指令用于把操作数 1 减去操作数 2，再减去 CPSR 中的 C 条件标志位的反码，并将结果存放到目的寄存器中。操作数 1 应是一个寄存器，操作数 2 可以是一个寄存器、被移位的寄存器或一个立即数。该指令使用进位标志来表示借位，这样就可以做大于 32 位的减法，注意不要忘记设置 S 后缀来更改进位标志。该指令可用于有符号数或无符号数的减法运算。

指令示例：

```
SUBS R0,R1,R2      ; R0 = R1 - R2 - !C,并根据结果设置 CPSR 的进位标志位
```

11. RSB 指令

RSB 指令的格式为：

```
RSB{条件}{S} 目的寄存器,操作数 1,操作数 2
```

RSB 指令称为逆向减法指令，用于把操作数 2 减去操作数 1，并将结果存放到目的寄存器中。操作数 1 应是一个寄存器，操作数 2 可以是一个寄存器、被移位的寄存器或一个立即数。该指令可用于有符号数或无符号数的减法运算。

指令示例：

```
RSB R0,R1,R2        ; R0 = R2 - R1
RSB R0,R1,#256      ; R0 = 256 - R1
RSB R0,R2,R3,LSL#1  ; R0 = (R3 << 1) - R2
```

12. RSC 指令

RSC 指令的格式为：

```
RSC{条件}{S} 目的寄存器,操作数 1,操作数 2
```

RSC 指令用于把操作数 2 减去操作数 1，再减去 CPSR 中的 C 条件标志位的反码，并将结果存放到目的寄存器中。操作数 1 应是一个寄存器，操作数 2 可以是一个寄存器、被移位的寄存器或一个立即数。该指令使用进位标志来表示借位，这样就可以做大于 32 位的减法，注意不要忘记设置 S 后缀来更改进位标志。该指令可用于有符号数或无符号数的减法运算。

指令示例：

```
RSC R0,R1,R2       ; R0 = R2 - R1 - !C
```

13. AND 指令

AND 指令的格式为：

```
AND{条件}{S} 目的寄存器,操作数 1,操作数 2
```

AND 指令用于在两个操作数上进行逻辑与运算，并把结果存放到目的寄存器中。操作数 1 应是一个寄存器，操作数 2 可以是一个寄存器、被移位的寄存器或一个立即数。该指令常用于屏蔽操作数 1 的某些位。

指令示例：

```
AND R0,R0,#3      ;该指令保持 R0 的 0、1 位,其余位清零
```

14. ORR 指令

ORR 指令的格式为：

```
ORR{条件}{S} 目的寄存器,操作数 1,操作数 2
```

ORR 指令用于在两个操作数上进行逻辑或运算，并把结果存放到目的寄存器中。操作数 1 应是一个寄存器，操作数 2 可以是一个寄存器、被移位的寄存器或一个立即数。该指令常用于设置操作数 1 的某些位。

指令示例：

```
ORR R0,R0,#3      ;该指令设置 R0 的 0、1 位,其余位保持不变
```

15. EOR 指令

EOR 指令的格式为：

```
EOR{条件}{S} 目的寄存器,操作数 1,操作数 2
```

EOR 指令用于在两个操作数上进行逻辑异或运算，并把结果存放到目的寄存器中。操作数 1 应是一个寄存器，操作数 2 可以是一个寄存器、被移位的寄存器或一个立即数。该指令常用于反转操作数 1 的某些位。

指令示例：

```
EOR R0,R0,#3       ;该指令反转 R0 的 0、1 位,其余位保持不变
```

16. BIC 指令

BIC 指令的格式为：

```
BIC{条件}{S} 目的寄存器,操作数 1,操作数 2
```

BIC 指令用于清除操作数 1 的某些位，并把结果放置到目的寄存器中。操作数 1 应是一个寄存器，操作数 2 可以是一个寄存器、被移位的寄存器或一个立即数。操作数 2 为 32 位的掩码，如果在掩码中设置了某一位，则清除这一位。未设置的掩码位保持不变。

指令示例：

```
BIC R0,R0,#% 1011      ;该指令清除 R0 中的位 0、1、和 3,其余的位保持不变
```

3.4.2 程序状态寄存器处理指令

ARM 微处理器支持程序状态寄存器访问指令，用于在程序状态寄存器和通用寄存器之间传送数据，程序状态寄存器访问指令包括以下两条。

（1）MRS：程序状态寄存器到通用寄存器的数据传送指令。

（2）MSR：通用寄存器到程序状态寄存器的数据传送指令。

1. MRS 指令

MRS 指令的格式为：

```
MRS{条件}通用寄存器,程序状态寄存器(CPSR 或 SPSR)
```

MRS 指令用于将程序状态寄存器的内容传送到通用寄存器中。该指令一般用在以下几种情况中：

（1）当需要改变程序状态寄存器的内容时，可用 MRS 将程序状态寄存器的内容读入通用寄存器，修改后再写回程序状态寄存器；

（2）当在异常处理或进程切换时，需要保存程序状态寄存器的值，可先用该指令读出程序状态寄存器的值，然后保存。

指令示例：

```
MRS R0,CPSR   ;传送 CPSR 的内容到 R0
MRS R0,SPSR   ;传送 SPSR 的内容到 R0
```

2. MSR 指令

MSR 指令的格式为：

```
MSR{条件}  程序状态寄存器(CPSR 或 SPSR)_<域>,操作数
```

MSR 指令用于将操作数的内容传送到程序状态寄存器的特定域中。其中，操作数可以为通用寄存器或立即数。<域>用于设置程序状态寄存器中需要操作的位，32 位的程序状态寄存器可分为如下 4 个域：

（1）位[31:24]为条件标志位域，用 f 表示；

（2）位[23:16]为状态位域，用 s 表示；

（3）位[15:8]为扩展位域，用 x 表示；

（4）位[7:0]为控制位域，用 c 表示。

MSR 指令通常用于恢复或改变程序状态寄存器的内容，在使用时，一般要在 MSR 指令

中指明将要操作的域。

指令示例：

```
MSR CPSR,R0        ;传送 R0 的内容到 CPSR
MSR SPSR,R0        ;传送 R0 的内容到 SPSR
MSR CPSR_c,R0      ;传送 R0 的内容到 SPSR,但仅修改 CPSR 中的控制位域
```

3.4.3　寄存器加载/存储指令

ARM 微处理器支持加载/存储指令用于在寄存器和存储器之间传送数据，加载指令用于将存储器中的数据传送到寄存器，存储指令则完成相反的操作。常用的加载存储指令如下。

（1）LDR：字数据加载指令。

（2）LDRB：字节数据加载指令。

（3）LDRH：半字数据加载指令。

（4）STR：字数据存储指令。

（5）STRB：字节数据存储指令。

（6）STRH：半字数据存储指令。

1. LDR 指令

LDR 指令的格式为：

```
LDR{条件} 目的寄存器, < 存储器地址 >
```

LDR 指令用于从存储器中将一个 32 位的字数据传送到目的寄存器中。该指令通常用于从存储器中读取 32 位的字数据到通用寄存器，然后对数据进行处理。当程序计数器 PC 作为目的寄存器时，指令从存储器中读取的字数据被当作目的地址，从而可以实现程序流程的跳转。该指令在程序设计中比较常用，且寻址方式灵活多样，请读者认真掌握。

指令示例：

```
LDR R0,[R1]            ;将存储器地址为 R1 的字数据读入寄存器 R0.
LDR R0,[R1,R2]         ;将存储器地址为 R1 + R2 的字数据读入寄存器 R0.
LDR R0,[R1,#8]         ;将存储器地址为 R1 + 8 的字数据读入寄存器 R0.
LDR R0,[R1,R2] !       ;将存储器地址为 R1 + R2 的字数据读入寄存器 R0,并将新地址 R1 +
                       ;R2 写入 R1.
LDR R0,[R1,#8] !       ;将存储器地址为 R1 + 8 的字数据读入寄存器 R0,并将新地址 R1 + 8
                       ;写入 R1.
LDR R0,[R1],R2         ;将存储器地址为 R1 的字数据读入寄存器 R0,并将新地址 R1 + R2
                       ;写入 R1.
LDR R0,[R1,R2,LSL#2]!  ;将存储器地址为 R1 + R2 ×4 的字数据读入寄存器 R0,并将新地址
                       ;R1 + R2 ×4 写入 R1.
LDR R0,[R1],R2,LSL#2   ;将存储器地址为 R1 的字数据读入寄存器 R0,并将新地址 R1 + R2 ×
                       ;4 写入 R1.
```

2. LDRB 指令

LDRB 指令的格式为：

```
LDR{条件}B 目的寄存器, <存储器地址>
```

LDRB 指令用于从存储器中将一个 8 位的字节数据传送到目的寄存器中，同时将寄存器的高 24 位清零。该指令通常用于从存储器中读取 8 位的字节数据到通用寄存器，然后对数据进行处理。当程序计数器 PC 作为目的寄存器时，指令从存储器中读取的字数据被当作目的地址，从而可以实现程序流程的跳转。

指令示例：

```
LDRB R0,[R1]      ;将存储器地址为 R1 的字节数据读入寄存器 R0,并将 R0 的高 24 位清零.
LDRB R0,[R1,#8]   ;将存储器地址为 R1 +8 的字节数据读入寄存器 R0,并将 R0 的高 24 位清零.
```

3. LDRH 指令

LDRH 指令的格式为：

```
LDR{条件}H 目的寄存器, <存储器地址>
```

LDRH 指令用于从存储器中将一个 16 位的半字数据传送到目的寄存器中，同时将寄存器的高 16 位清零。该指令通常用于从存储器中读取 16 位的半字数据到通用寄存器，然后对数据进行处理。

当程序计数器 PC 作为目的寄存器时，指令从存储器中读取的字数据被当作目的地址，从而可以实现程序流程的跳转。

指令示例：

```
LDRH R0,[R1]      ;将存储器地址为 R1 的半字数据读入寄存器 R0,并将 R0 的高 16 位清零.
LDRH R0,[R1,#8]   ;将存储器地址为 R1 +8 的半字数据读入寄存器 R0,并将 R0 的高 16 位清零.
LDRH R0,[R1,R2]   ;将存储器地址为 R1 +R2 的半字数据读入寄存器 R0,并将 R0 的高 16 位清零.
```

4. STR 指令

STR 指令的格式为：

```
STR{条件} 源寄存器, <存储器地址>
```

STR 指令用于从源寄存器中将一个 32 位的字数据传送到存储器中。该指令在程序设计中比较常用，且寻址方式灵活多样，使用方式可参考指令 LDR。

指令示例：

```
STR R0,[R1],#8    ;将 R0 中的字数据写入以 R1 为地址的存储器中,并将新地址 R1 +8 写入 R1.
STR R0,[R1,#8]    ;将 R0 中的字数据写入以 R1 +8 为地址的存储器中.
```

5. STRB 指令

STRB 指令的格式为：

```
STR{条件}B 源寄存器, <存储器地址 >
```

STRB 指令用于从源寄存器中将一个 8 位的字节数据传送到存储器中。该字节数据为源寄存器中的低 8 位。

指令示例：

```
STRB R0,[R1]        ;将寄存器 R0 中的字节数据写入以 R1 为地址的存储器中.
STRB R0,[R1,#8]     ;将寄存器 R0 中的字节数据写入以 R1 +8 为地址的存储器中.
```

6. STRH 指令

STRH 指令的格式为：

```
STR{条件}H 源寄存器, <存储器地址 >
```

STRH 指令用于从源寄存器中将一个 16 位的半字数据传送到存储器中。该半字数据为源寄存器中的低 16 位。

指令示例：

```
STRH R0,[R1]        ;将寄存器 R0 中的半字数据写入以 R1 为地址的存储器中.
STRH R0,[R1,#8]     ;将寄存器 R0 中的半字数据写入以 R1 +8 为地址的存储器中.
```

3.4.4　跳转指令

跳转指令用于实现程序流程的跳转，在 ARM 程序中有两种方法可以实现程序流程的跳转：

（1）使用专门的跳转指令；

（2）直接向程序计数器 PC 写入跳转地址值。

通过向程序计数器 PC 写入跳转地址值，可以实现在 4GB 地址空间中的任意跳转，在跳转之前结合使用 MOV LR、PC 等类似指令，可以保存将来的返回地址值，从而实现在 4GB 连续的线性地址空间中的子程序调用。

ARM 指令集中的跳转指令可以完成从当前指令向前或向后的 32MB 的地址空间的跳转，包括以下 4 条指令。

（1）B：跳转指令。

(2) BL：带返回的跳转指令。

(3) BLX：带返回和状态切换的跳转指令。

(4) BX：带状态切换的跳转指令。

1. B 指令

B 指令的格式为：

```
B{条件} 目标地址
```

B 指令是最简单的跳转指令。一旦遇到一个 B 指令，ARM 处理器将立即跳转到给定的目标地址，从那里继续执行。注意存储在跳转指令中的实际值是相对当前 PC 值的一个偏移量，而不是一个绝对地址，它的值由汇编器来计算（参考寻址方式中的相对寻址）。它是 24 位有符号数，左移两位后有符号扩展为 32 位，表示的有效偏移为 26 位（前后 32MB 的地址空间）。

指令示例：

```
B Label        ;程序无条件跳转到标号 Label 处执行.
CMP R1,#0      ;当 CPSR 寄存器中的 Z 条件码置位时,程序跳转到标号 Label 处执行 BEQ Label.
```

2. BL 指令

BL 指令的格式为：

```
BL{条件} 目标地址
```

BL 是另一个跳转指令，但跳转之前会在寄存器 R14 中保存 PC 的当前内容，因此可以通过将 R14 的内容重新加载到 PC 中来返回到跳转指令之后的那个指令处执行。该指令是实现子程序调用的一个基本但常用的手段。

指令示例：

```
BL Label        ;当程序无条件跳转到标号 Label 处执行时,同时将当前的 PC 值保存到 R14 中.
```

3. BLX 指令

BLX 指令的格式为：

```
BLX 目标地址
```

BLX 指令实现从 ARM 指令集跳转到指令中所指定的目标地址，并将处理器的工作状态由 ARM 状态切换到 Thumb 状态，该指令同时将 PC 的当前内容保存到寄存器 R14 中。因此，当子程序使用 Thumb 指令集而调用者使用 ARM 指令集时，可以通过 BLX 指令实现子程序的调用和处理器工作状态的切换。

同时，子程序的返回可以通过将寄存器 R14 值复制到 PC 中来完成。

4. BX 指令

BX 指令的格式为：

> BX{条件} 目标地址

BX 指令实现跳转到指令中所指定的目标地址，目标地址处的指令既可以是 ARM 指令又可以是 Thumb 指令。

3.4.5 移位指令

ARM 微处理器可支持多达 16 个协处理器，用于各种协处理操作，在程序执行的过程中，每个协处理器只执行针对自身的协处理指令，忽略 ARM 处理器和其他协处理器的指令。

ARM 的协处理器指令主要用于 ARM 处理器，初始化 ARM 协处理器的数据处理操作，以及在 ARM 处理器的寄存器和协处理器的寄存器之间传送数据、在 ARM 协处理器的寄存器和存储器之间传送数据。ARM 协处理器指令包括以下 5 条。

（1）CDP：协处理器数据操作指令。
（2）LDC：协处理器数据加载指令。
（3）STC：协处理器数据存储指令。
（4）MCR：ARM 处理器寄存器到协处理器寄存器的数据传送指令。
（5）MRC：协处理器寄存器到 ARM 处埋器寄存器的数据传送指令。

1. CDP 指令

CDP 指令的格式为：

> CDP{条件} 协处理器编码,协处理器操作码 1,目的寄存器,源寄存器 1,源寄存器 2,协处理器操作码 2

CDP 指令用于 ARM 处理器通知 ARM 协处理器执行特定的操作，若协处理器不能成功完成特定的操作，则产生未定义指令异常。其中协处理器操作码 1 和协处理器操作码 2 为协处理器将要执行的操作，目的寄存器和源寄存器均为协处理器的寄存器，指令不涉及 ARM 处理器的寄存器和存储器。

指令示例：

> CDP P3,2,C12,C10,C3,4   ;该指令完成协处理器 P3 的初始化.

2. LDC 指令

LDC 指令的格式为：

> LDC{条件}{L} 协处理器编码, 目的寄存器, [源寄存器]

LDC 指令用于将源寄存器所指的存储器中的字数据传送到目的寄存器中，若协处理器不能成功完成传送操作，则产生未定义指令异常。其中，{L} 选项表示指令为长读取操作，如用于双精度数据的传输。

指令示例：

```
LDC P3,C4,[R0]    ;将 ARM 处理器的寄存器 R0 所指向的存储器中的字数据传送到协处理器 P3
                  ;的寄存器 C4 中.
```

3. STC 指令

STC 指令的格式为：

```
STC{条件}{L} 协处理器编码,源寄存器,[目的寄存器]
```

STC 指令用于将源寄存器中的字数据传送到目的寄存器所指向的存储器中，若协处理器不能成功完成传送操作，则产生未定义指令异常。其中，{L} 选项表示指令为长读取操作，如用于双精度数据的传输。

指令示例：

```
STC P3,C4,[R0]    ;将协处理器 P3 的寄存器 C4 中的字数据传送到 ARM 处理器的寄存器 R0 所
                  ;指向的存储器中.
```

4. MCR 指令

MCR 指令的格式为：

```
MCR{条件} 协处理器编码,协处理器操作码1,源寄存器,目的寄存器1,目的寄存器2,协处理器
操作码2
```

MCR 指令用于将 ARM 处理器寄存器中的数据传送到协处理器寄存器中，若协处理器不能成功完成操作，则产生未定义指令异常。其中协处理器操作码 1 和协处理器操作码 2 为协处理器将要执行的操作，源寄存器为 ARM 处理器的寄存器，目的寄存器 1 和目的寄存器 2 均为协处理器的寄存器。

指令示例：

```
MCR P3,3,R0,C4,C5,6    ;该指令将 ARM 处理器寄存器 R0 中的数据传送到协处理器 P3 的寄存
                       ;器 C4 和 C5 中.
```

5. MRC 指令

MRC 指令的格式为：

> MRC{条件} 协处理器编码, 协处理器操作码 1, 目的寄存器, 源寄存器 1, 源寄存器 2, 协处理器
> 操作码 2

MRC 指令用于将协处理器寄存器中的数据传送到 ARM 处理器寄存器中, 若协处理器不能成功完成操作, 则产生未定义指令异常。其中协处理器操作码 1 和协处理器操作码 2 为协处理器将要执行的操作, 目的寄存器为 ARM 处理器的寄存器, 源寄存器 1 和源寄存器 2 均为协处理器的寄存器。

指令示例:

> MRC P3,3,R0,C4,C5,6　;该指令将协处理器 P3 的寄存器中的数据传送到 ARM 处理器寄存器中.

3.4.6　异常产生指令

ARM 微处理器所支持的异常指令有如下两条。

(1) SWI: 软件中断指令。

(2) BKPT: 断点中断指令。

1. SWI 指令

SWI 指令的格式为:

> SWI{条件} 24 位的立即数

SWI 指令用于产生软件中断, 以便用户程序能调用操作系统的系统例程。操作系统在 SWI 的异常处理程序中提供相应的系统服务, 指令中 24 位的立即数指定用户程序调用系统例程的类型, 相关参数通过通用寄存器传递, 当指令中 24 位的立即数被忽略时, 用户程序调用系统例程的类型由通用寄存器 R0 的内容决定, 同时, 参数通过其他通用寄存器传递。

指令示例:

> SWI 0x02　;该指令调用操作系统编号为 02 的系统例程.

2. BKPT 指令

BKPT 指令的格式为:

> BKPT 16 位的立即数

BKPT 指令产生软件断点中断, 可用于程序的调试。

3.5　Thumb 状态指令集

为了兼容数据总线宽度为 16 位的应用系统, ARM 体系结构除了支持执行效率很高的 32 位 ARM 指令集以外, 同时支持 16 位的 Thumb 指令集。Thumb 指令集是 ARM 指令集的一个

子集，允许指令编码的长度为 16 位。与等价的 32 位代码相比较，Thumb 指令集在保留了 32 位代码优势的同时，大大节省了系统的存储空间。

所有的 Thumb 指令都有对应的 ARM 指令，而且 Thumb 的编程模型也对应于 ARM 的编程模型，在应用程序的编写过程中，只要遵循一定调用的规则，Thumb 子程序和 ARM 子程序就可以互相调用。当处理器在执行 ARM 程序段时，称 ARM 处理器处于 ARM 工作状态，当处理器在执行 Thumb 程序段时，称 ARM 处理器处于 Thumb 工作状态。

与 ARM 指令集相比，Thumb 指令集中的数据处理指令的操作数仍然是 32 位的，指令地址也为 32 位的，但 Thumb 指令集为实现 16 位的指令长度，舍弃了 ARM 指令集的一些特性，如大多数的 Thumb 指令是无条件执行的，而几乎所有的 ARM 指令都是有条件执行的；大多数的 Thumb 数据处理指令的目的寄存器与其中一个源寄存器相同。

由于 Thumb 指令的长度为 16 位，即只用 ARM 指令一半的位数来实现同样的功能，所以，要实现特定的程序功能，所需的 Thumb 指令条数比 ARM 指令多。在一般情况下，Thumb 指令与 ARM 指令的时间效率和空间效率的关系为：

（1）Thumb 代码所需的存储空间约为 ARM 代码的 60% ~ 70%；

（2）Thumb 代码使用的指令数比 ARM 代码多 30% ~ 40%；

（3）若使用 32 位的存储器，ARM 代码比 Thumb 代码快约 40%；

（4）若使用 16 位的存储器，Thumb 代码比 ARM 代码快约 40% ~ 50%；

（5）与 ARM 代码相比，使用 Thumb 代码时，存储器的功耗会降低约 30%。

显然，ARM 指令集和 Thumb 指令集各有其优点，若对系统的性能有较高要求，应使用 32 位的存储系统和 ARM 指令集；若对系统的成本及功耗有较高要求，则应使用 16 位的存储系统和 Thumb 指令集。当然，若两者结合使用，充分发挥其各自的优点，会取得更好的效果。

任务开发 1　基于 EMLINK 固化 DEMO 程序

1. 学习目标

（1）熟悉使用 Emlink 仿真器连接计算机和 S3C2410 芯片项目平台；

（2）安装 H – JTAG 软件并检测芯片状态并配合 MDK 调试或下载 DEMO 程序。

2. 任务内容

使用 Emlink 仿真器及 H – JTAG、H – FLASHR 等软件编译调试源程序，并烧录 DEMO2410 程序用于项目平台的演示及测试板载功能。

3. 准备工作

（1）将 Mini2410 核心板正确地插入项目箱核心板插槽。

（2）连接好 Emlink 仿真器、电源线（打开电源开关，给项目箱上电）。

（3）在 Mini2410 核心板菜单栏中选择 Control→Detect Target 命令，如图 3.1 所示。

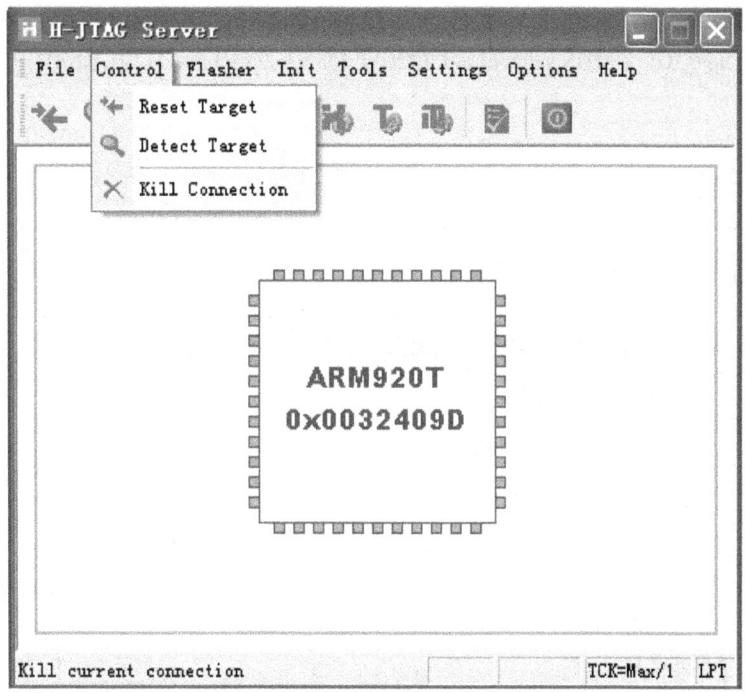

图 3.1 H - JTAG 探测芯片

4. 探测系统芯片内核

探测系统芯片内核如图 3.2 所示。

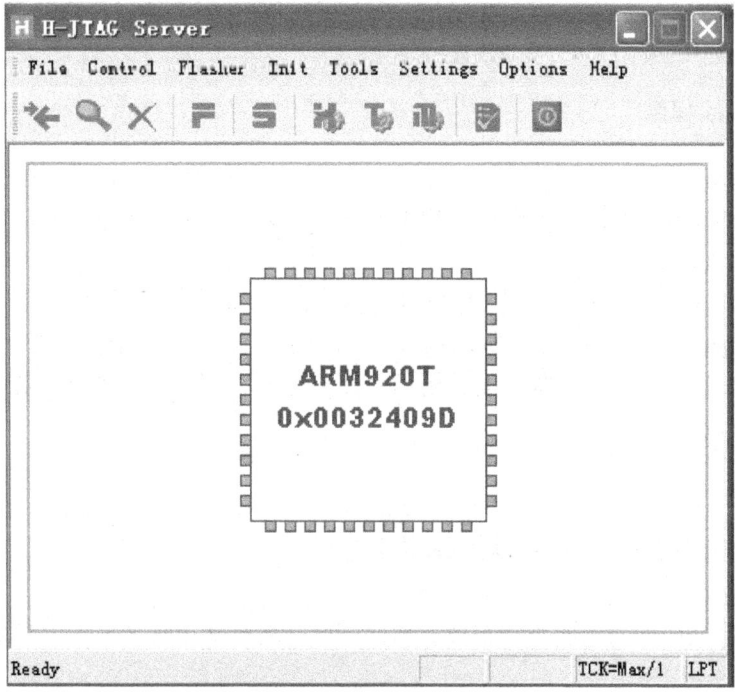

图 3.2 H - JTAG 芯片内核

探测到内核后打开 H – Flasher 软件，选择 Load 命令，在弹出的对话框中选择 DISK3_S3C2410\02 – Images\01 – MDK\download 目录下的 S3C2410 + AM29LV160DB. hfc 配置文件，如图 3.3 所示。

图 3.3　H – Flasher 加载配置文件

5. 烧写 demo 程序

在左侧 Program Wizard 栏中选择 4Program 项，然后在右侧的 type 下拉列表框中选中 Intel Hex Format，在 Src File 下拉列表框中选择 DISK3_S3C2410\02 – Images\01 – MDK\download\Demo2410. hex，如图 3.4 所示。

然后单击 Program 按钮，可以弹出烧写进度对话框，如图 3.5 所示。

提示 Programmed and Verified x1successfully 后单击 Close 按钮关闭对话框，然后给项目平台断电，去掉 Emlink – W 仿真器，重新给项目平台上电，液晶屏上显示 MDK 出厂的 Demo 画面，说明烧写成功。

6. 想一想

（1）H – JTAG 软件的主要作用和功能是什么？
（2）Toolconf 软件主要起何作用？
（3）若 H – JTAG 显示无法检测到核心芯片，试分析可能出现的原因及解决方案。

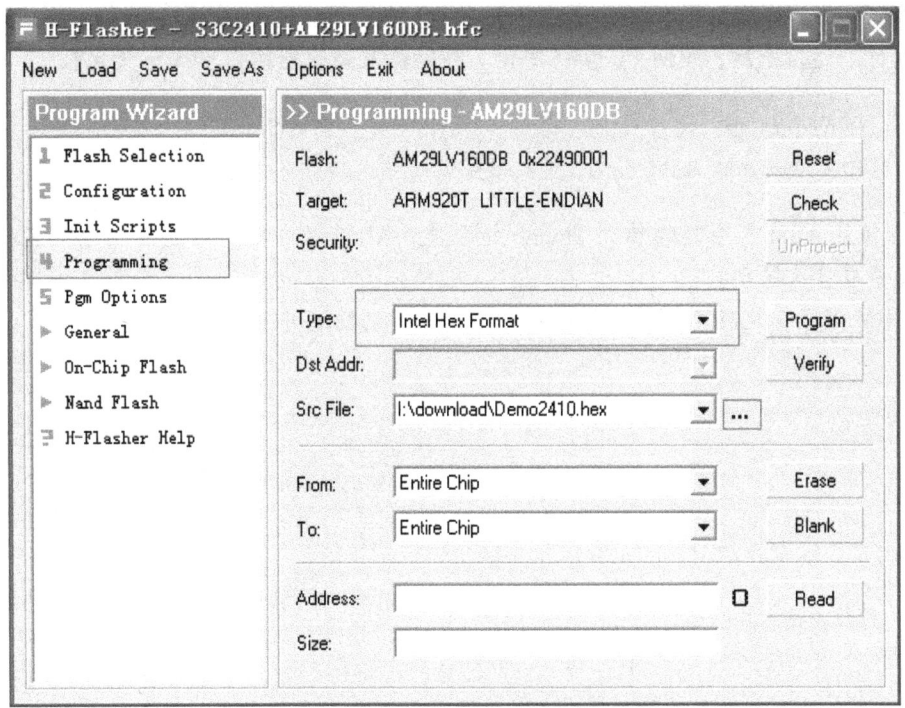

图 3.4 H – Flasher 选择烧写源文件

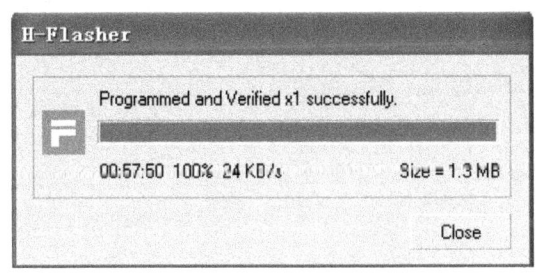

图 3.5 H – Flasher 烧写完成

本章小结

本章详细介绍了 ARM 指令系统中的指令格式、寻址方式、基本指令及各指令的应用场合及方法。与常见的如 X86 体系结构的汇编指令相比，ARM 指令系统无论是从指令集本身还是从寻址方式上都相对复杂一些。

Thumb 指令集作为 ARM 指令集的一个子集，其使用方法与 ARM 指令集类似。

思考与习题3

1. 简述 ARM 指令集的分类。
2. ARM 指令有哪几种寻址方式？试分别叙述其各自的特点并举例说明。

3. 假设 R0 的内容为 0x8000，寄存器 R1、R2 的内容分别为 0x01 和 0x10，存储器的内容为空。执行下述指令后，说明 PC 如何变化。存储器及寄存器的内容如何变化？

```
STMIB  R0!,{R1,R2}
LDMIA  R0!,{R1,R2}
```

4. 如何从 ARM 指令集跳转到 Thumb 指令集？ARM 指令集中的跳转指令与汇编语言中的跳转指令有什么区别？

5. ARM 指令集支持哪几种协处理器指令？试分别简述并列举其特点。

第4章

S3C2410A处理器的功能及应用

学习目标

1. 了解 S3C2410A 处理器的片上功能；

2. 了解 S3C2410A 处理器内部主要模块，包括时钟与电源管理模块、内存控制器模块、基本 I/O 接口模块、中断控制模块等。

教学建议

1. 通过当场演示等现场操作让学生加深理解，同时要求学生解决和经典案例相关的新任务。

2. 通过案例引导和任务驱动，建构专业知识和技能，开展同步学习。

4.1　S3C2410A 处理器的功能与特性

4.1.1　S3C2410A 处理器片上功能

Samsung 公司推出的 16/32 位 RISC 处理器 S3C2410A 为手持设备和一般类型应用提供了低价格、低功耗、高性能小型微控制器的解决方案。为了降低整个系统的成本，S3C2410A 提供了以下丰富的内部设备：分开的 16KB 的指令 Cache 和 16KB 数据 Cache、MMU 虚拟存储器管理、LCD 控制器（支持 STN&TFT）、支持 NAND Flash 系统引导、系统管理器（片选逻辑和 SDRAM 控制器）、3 通道 UART、4 通道 DMA、4 通道 PWM 定时器、I/O 端口、RTC、8 通道 10 位 ADC 和触摸屏接口、IIC - BUS 接口、IIC - BUS 接口、USB 主机、USB 设备、SD 主卡 &MMC 卡接口、2 通道的 SPI 及内部 PLL 时钟倍频器。

S3C2410A 采用了 ARM920T 内核、0.18μm 工艺的 CMOS 标准宏单元和存储器单元。其低功耗及精简和出色的全静态设计特别适用于对成本和功耗敏感的应用。另外，它还采用了一种名为 Advanced Microcontroller Bus Architecture（AMBA）的新型总线结构。S3C2410A 内部结构如图 4.1 所示。

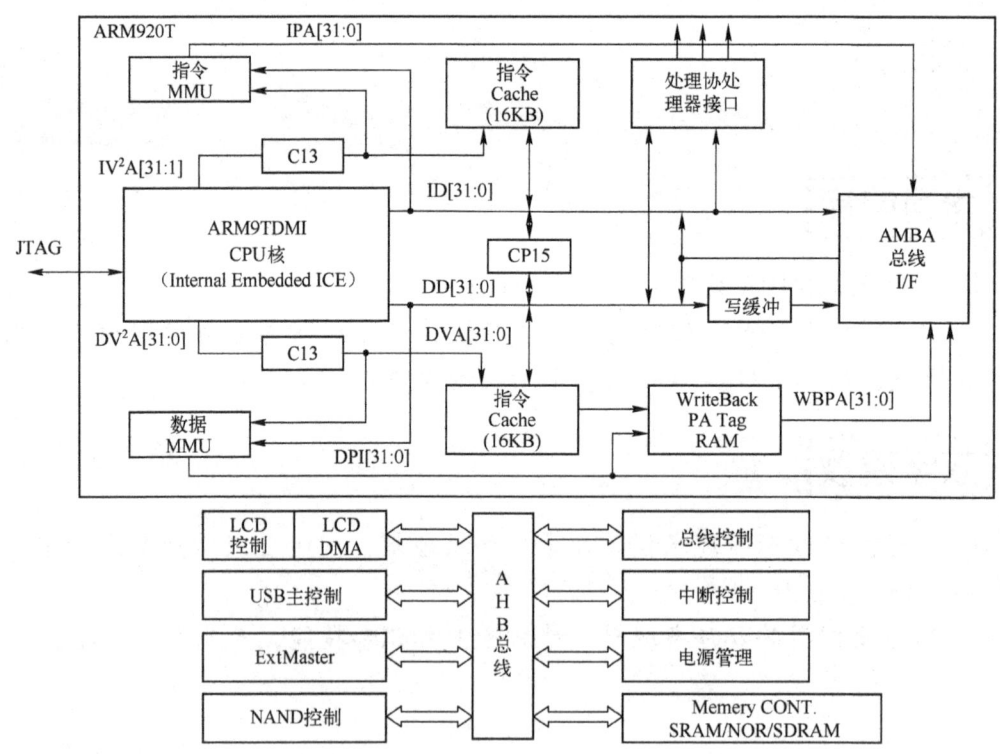

图 4.1　S3C2410A 内部结构

S3C2410A 的显著特性是它的 CPU 内核是一个由 ARM 公司设计的 16/32 位 ARM920T RISC 处理器。ARM920T 实现了 MMU、AMBA BUS 和 Harvard 高速缓冲体系结构。这一结构具有独立的 16KB 指令 Cache 和 16KB 数据 Cache，每个都是由 8 字长的行（line）构成的。

通过提供一系列完整的系统外围设备，S3C2410A 大大降低了整个系统的成本，消除了为系统配置额外器件的需要。S3C2410A 中集成的片上功能如下：

（1）微处理器具有 16KB 的 I – Cache 和 16KB 的 D – Cache/MMU；1.8V/2.0V 内核供电，3.3V 存储器供电，3.3V 外部 I/O 供电；

（2）外部存储控制器（SDRAM 控制和片选逻辑）；

（3）LCD 控制器（最大支持 4K 色 STN 和 256K 色 TFT）提供 1 通道 LCD 专用 DMA；

（4）4 通道 DMA 并有外部请求引脚；

（5）3 通道 UART（IrDA1.0、16 字节 Tx FIFO 和 16 字节 Rx FIFO)/2 通道 SPI；

（6）1 通道多主 IIC – BUS/1 通道 IIS – BUS；

（7）兼容 SD 主接口协议 1.0 版和 MMC 卡协议 2.11 版；

（8）2 端口 USB 主机/1 端口 USB 设备（1.1 版）；

（9）4 通道 PWM 定时器和 1 通道内部定时器；

（10）看门狗定时器；

（11）117 个通用 I/O 口和 24 通道外部中断源；

（12）功耗控制模式，具有普通、慢速、空闲和掉电模式；

（13）8 通道 10 比特 ADC 和触摸屏接口；

（14）具有日历功能的 RTC；

（15）具有 PLL 片上时钟发生器。

4.1.2 S3C2410A 处理器的特性

1. 体系结构

（1）为手持设备和通用嵌入式应用提供片上集成系统解决方案；

（2）16/32 位 RISC 体系结构和 ARM920T 内核强大的指令集；

（3）加强的 ARM 体系结构 MMU 用于支持 WinCE、EPOC32 和 Linux；

（4）指令高速存储缓冲器（I – Cache），数据高速存储缓冲器（D – Cache），写缓冲器和物理地址 TAG RAM 减少主存带宽和响应性带来的影响；

（5）采用 ARM920T CPU 内核支持 ARM 调试体系结构；

（6）内部高级微控制总线（AMBA）体系结构（AMBA2.0，AHB/APB）。

2. 系统管理器

（1）支持大/小端方式；

（2）寻址空间：每 bank 128MB（总共 1GB）；

（3）支持可编程的每 bank 8/16/32 位数据总线带宽；

（4）bank0 ～ bank6 都采用固定的 bank 起始寻址；

（5）bank7 具有可编程的 bank 的起始地址和大小；

（6）8 个存储器 bank，其中 6 个适用于 ROM、SRAM 和其他，另外两个适用于 ROM/SRAM 和同步 DRAM；

（7）所有的存储器 bank 都具有可编程的操作周期；

（8）支持外部等待信号延长总线周期；

（9）支持掉电时的 SDRAM 自刷新模式；

（10）支持各种型号的 ROM 引导（NOR/NAND Flash、EEPROM 或其他）。

3. NAND Flash 启动引导

（1）支持从 NAND flash 存储器的启动；

（2）采用 4KB 内部缓冲器进行启动引导；

（3）支持启动之后 NAND 存储器仍然作为外部存储器使用。

4. Cache 存储器

（1）64 项全相连模式，采用 I – Cache（16KB）和 D – Cache（16KB）；

（2）每行 8 字长度，其中每行带有一个有效位和两个 dirty 位；

（3）伪随机数或轮转循环替换算法；

（4）采用写穿式（write – through）或写回式（write – back）Cache 操作来更新主存储器；

（5）写缓冲器可以保存 16 个字的数据和 4 个地址。

5. 时钟和电源管理

（1）片上 MPLL 和 UPLL；

（2）采用 UPLL 产生操作 USB 主机/设备的时钟；

（3）MPLL 产生最大 266MHz（在 2.0V 内核电压下）操作 MCU 所需要的时钟；

（4）通过软件可以有选择性地为每个功能模块提供时钟；

（5）电源模式有正常（正常运行模式）、慢速（不加 PLL 的低时钟频率模式）、空闲（只停止 CPU 的时钟）和掉电模式（所有外设和内核的电源都切断）；

（6）可以通过 EINT［15：0］或 RTC 报警中断，从掉电模式中唤醒处理器。

6. 中断控制器

（1）55 个中断源（1 个看门狗定时器、5 个定时器、9 个 UARTs、24 个外部中断、4 个 DMA、2 个 RTC、2 个 ADC、1 个 IIC、2 个 SPI、1 个 SDI、2 个 USB、1 个 LCD 和 1 个电池故障）；

（2）电平/边沿触发模式的外部中断源；

（3）可编程的边沿/电平触发极性；

（4）支持为紧急中断请求提供快速中断服务。

7. 具有脉冲带宽调制功能的定时器

（1）4 通道 16 位具有 PWM 功能的定时器、1 通道 16 位内部定时器，可基于 DMA 或中断工作；

（2）可编程的占空比周期、频率和极性；

（3）能产生死区；

（4）支持外部时钟源。

8. RTC（实时时钟）

（1）全面的时钟特性：秒、分、时、日期、星期、月和年；

（2）32.768kHz 的工作频率；

（3）具有报警中断功能；

（4）具有节拍中断功能。

9. 通用 I/O 端口

（1）24 个外部中断端口；

（2）多功能输入/输出端口。

10. UART

（1）3 通道 UART，可以基于 DMA 模式或中断模式工作；

（2）支持 5 位、6 位、7 位或 8 位串行数据发送/接收；

（3）支持外部时钟作为 UART 的运行时钟（UEXTCLK）；

（4）可编程的波特率；

（5）支持 IrDA1.0；

（6）具有测试用的回环模式；

（7）每个通道都具有内部 16 字节的发送 FIFO 和 16 字节的接收 FIFO。

11. DMA 控制器

（1）4 通道的 DMA 控制器；

（2）支持存储器到存储器、IO 到存储器、存储器到 IO 和 IO 到 IO 的传输；

（3）采用猝发传输模式加快数据传输速率。

12. A/D 转换和触摸屏接口

（1）8 通道多路复用 ADC；

（2）最大 500Kbps/10 位精度。

13. LCD 控制器 STN LCD 显示特性

（1）支持 3 种类型的 STN LCD 显示屏，4 位双扫描、4 位单扫描、8 位单扫描显示类型；

（2）支持单色模式、4 级/16 级灰度 STN LCD、256 色和 4096 色 STN LCD；

（3）支持多种不同尺寸的液晶屏；

（4）LCD 实际尺寸的典型值是 640×480、320×240、160×160 及其他；

（5）最大虚拟屏幕大小是 4MB；

（6）256 色模式下支持的最大虚拟屏是 4096×1024、2048×2048、1024×4096 等。

14. TFT 彩色显示屏

（1）支持彩色 TFT 的 1、2、4 或 8ppb（像素每位）调色显示；

(2) 支持 16ppb 无调色真彩显示；

(3) 在 24ppb 模式下支持最大 16M 色 TFT；

(4) 支持多种不同尺寸的液晶屏；

(5) 典型实屏尺寸为 640×480、320×240、160×160 及其他；

(6) 最大虚拟屏大小为 4MB；

(7) 64K 色彩模式下最大的虚拟屏尺寸为 2048×1024 及其他。

15. 看门狗定时器

(1) 16 位看门狗定时器；

(2) 在定时器溢出时发生中断请求或系统复位。

16. IIC 总线接口

(1) 1 通道多主 IIC 总线；

(2) 可串行，8 位，双向数据传输，标准模式下数据传输速度可达 100Kbps，快速模式下可达 400Kbps。

17. IIS 总线接口

(1) 1 通道音频 IIS 总线接口，可基于 DMA 方式工作；

(2) 串行，每通道 8/16 位数据传输；

(3) 发送和接收具备 128 字节（64 字节加 64 字节）FIFO；

(4) 支持 IIS 格式和 MSB – justified 数据格式。

18. USB 主设备

(1) 两个 USB 主设备接口；

(2) 遵从 OHCI Rev. 1. 0 标准；

(3) 兼容 USB ver1. 1 标准。

19. USB 从设备

(1) 1 个 USB 从设备接口；

(2) 具备 5 个 Endpoint；

(3) 兼容 USB ver1. 1 标准。

20. SD 主机接口

(1) 兼容 SD 存储卡协议 1. 0 版；

(2) 兼容 SDIO 卡协议 1. 0 版；

(3) 发送和接收具有 FIFO；

(4) 基于 DMA 或中断模式工作；

(5) 兼容 MMC 卡协议 2. 11 版。

21. SPI 接口

（1）兼容 2 通道 SPI 协议 2.11 版；

（2）发送和接收具有 2×8 位的移位寄存器；

（3）可以基于 DMA 或中断模式工作。

22. 工作电压

（1）内核：1.8V，最高 200MHz（S3C2410A－20）；2.0V，最高 266MHz（S3C2410A－26）；

（2）存储器和 IO 口：3.3V。

23. 操作频率

操作频率最高达 266MHz。

24. 封装

采用 272 触点 FBGA 封装。

4.2　S3C2410A 处理器内部各模块

4.2.1　时钟与电源管理模块

时钟与电源控制主要包括三部分：时钟控制、USB 控制及电源控制。

S3C2410A 的时钟控制逻辑能够产生需要的时钟信号，包括向 CPU 提供的 FCLK、向 AHB 总线外设提供的 HCLK 及向 APB 总线外设提供的 PCLK。S3C2410A 拥有两个锁相环（PLLs）：一个提供给 FCLK、HCLK 及 PCLK 使用，另一个提供给 USB（48MHz）。在不需要 PLL 的情况下，时钟控制逻辑可产生较慢的时钟并可通过软件来控制相应外设时钟的开关，这样可以减少电源的消耗。

在电源控制逻辑的帮助下，S3C2410A 采取了多种电源管理方法来保证最优的电源消耗，并可工作于四种模式下：正常模式（Normal Mode）、慢速模式（Slow Mode）、空闲模式（Idle Mode）和断电模式（Power－Off Mode）。

1. 时钟控制

图 4.2 是时钟模块结构图。由图可看出，主时钟源来自外部晶振（XTlpll）或外部时钟（EXTCLK）。时钟产生器包括一个连接到外部晶振的振荡器及两个可产生高频时钟的锁相环（Phase－Locked－Loop）。PLL 模块图如图 4.3 所示。

时钟控制逻辑可决定所用的时钟源，如可采用通过 PLL 产生的时钟或直接引用外部时钟（XTlpll 或 EXTCLK），当 PLL 配置出一个新的频率值时，时钟控制逻辑会暂时停止 FCLK 直到 PLL 的输出稳定后再开启，时钟控制逻辑可在上电重启及从断电模式中唤醒时激活。

在正常模式下，用户可通过写 PMS 值来改变频率，此时 PLL 锁存的时间会自动插入。在锁存期间，不会向 S3C2410A 内部功能模块提供时钟。PMS 值对频率的改变遵循下面的式子：

$$Mp11 = (m \times Fin)/(p \times 2s)$$

$$m = M(\text{the value for divider M}) + 8, p = p(\text{the value for divider P}) + 2$$

相应的时序图如图 4.4 所示。

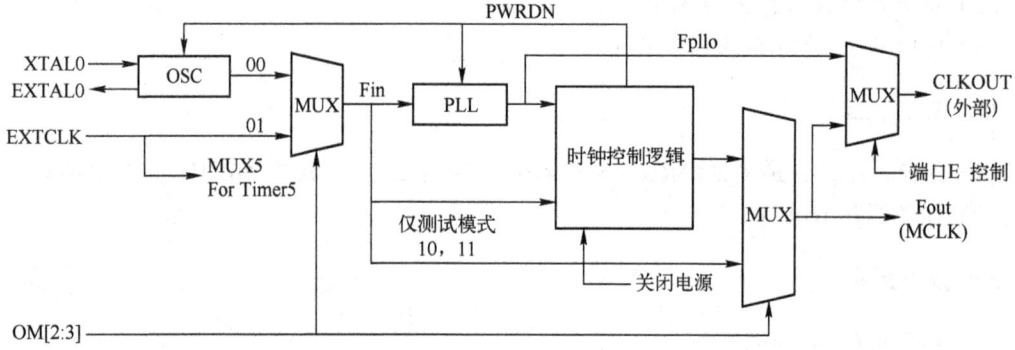

图 4.2　时钟模块结构图

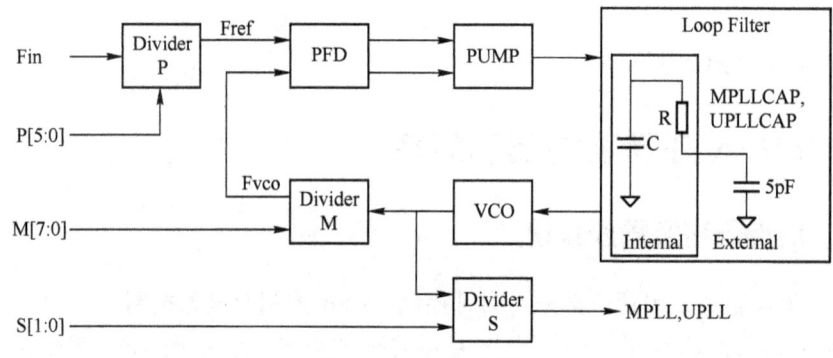

图 4.3　PLL 模块图

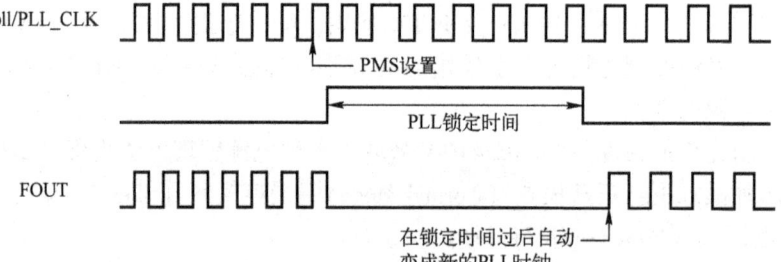

图 4.4　时序图

2. 时钟使用

（1）USB 主机及 USB 设备接口需要 48MHz 时钟，S3C2410A 中通过 PLL（UPLL）产生 48MHz 的时钟频率提供给 USB 使用；

（2）FCLK 提供给 ARM920T 核使用；

（3）HCLK 提供给 AHB 总线使用，包括存储控制器（Memory Controller）、中断控制器（Interrupt Controller）、LCD 控制器和 DMA；

（4）PCLK 提供给 APB 总线上的外设使用，包括 WDT、IIS、IIC、PWM Timer、MMC In-

terface、ADC、UART、GPIO、RTC 和 SPI。

　　S3C2410A 支持 FCLK、HLCK 和 PCLK 之间的比率可选，比率值可通过设置 HDIVN、PDIVN 和 CLKDIVN 控制寄存器来设定。时钟频率对应转换表如表 4.1 所示。

表 4.1　时钟频率对应转换表

HDVIN	PDVIN	FCLK	HCLK	PCLK	分　频　比
0	0	FCLK	FCLK	FCLK	1:1:1（默认）
0	1	FCLK	FCLK	FCLK/2	1:1:2
1	0	FCLK	FCLK/2	FCLK/2	1:2:2
1	1	FCLK	FCLK/2	FCLK/4	1:2:4（推荐）

3. 电源管理

　　电源管理可通过软件来控制系统时钟，从而减少 S3C2410A 的电源消耗。图 4.5 为 S3C2410A 的时钟分配图。

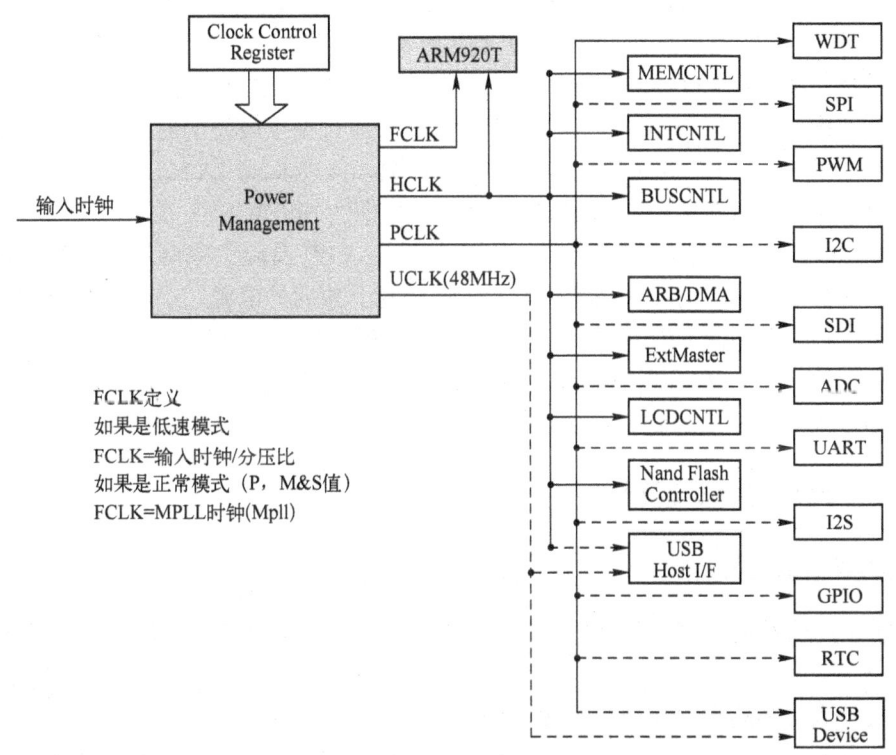

图 4.5　时钟分配图

　　S3C2410A 有四种电源模式。接下来将对每一种模式进行简单介绍。各模式之间的转换需要一定的条件，图 4.6 为电源模式转换图。

　　（1）普通模式（Normal Mode）。在普通模式下，所有的外设及一些基本的功能模块，包括电源管理模块、CPU 核、总线控制器、存储控制器、中断控制器、DMA 及外部主控器都将全部工作。但是，除去那些基本的功能模块，其他的每一外设时钟都可通过软件来停止以达到减少电源消耗的目的。

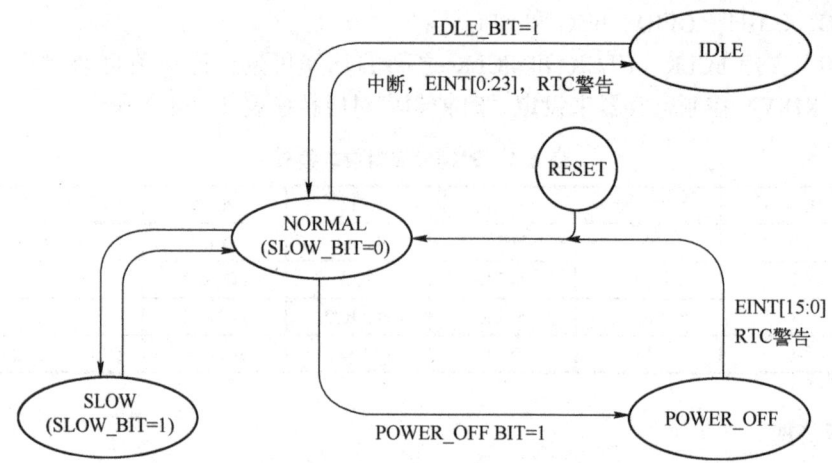

图 4.6　电源管理状态图

（2）空闲模式（Idle Mode）。在空闲模式下，为 CPU 核提供的时钟会停止，但总线控制器、存储控制器、中断控制器及电源管理模块的时钟不会停止。离开空闲模式，可通过外部中断、RTC 警报中断或其他可被激活的中断来实现（外部中断只在相应的 GPIO 打开时才可用）。

（3）低速模式（Slow Mode）。在低速模式下，可通过提供较慢的时钟频率及不使用 PLL 来减少电源的消耗。FCLK 的时钟频率通过输入时钟（XTlpll 或 EXTCLK）分频提供。分频率由 CLKSLOW 控制寄存器和 CLKDIVN 控制寄存器中的 SLOW_VAL 决定。

（4）断电模式（Power_OFF Mode）。在该模式下，CPU 及除去唤醒逻辑功能模块的其他内部逻辑模块都没有电源消耗，激活断电模式需要两个独立的电源。一个向唤醒逻辑功能模块提供电源，另一个则向 CPU 及其他逻辑功能模块提供电源。在断电模式下，上面所说的第 2 个电源则关闭向 CPU 及相应内部逻辑功能模块提供的电源，但可通过外部中断（EINT［15:0］）及 RTC 报警中断将其从断电模式下唤醒。

4.2.2　内存控制器模块

1. 内存控制器的特点

S3C2410 处理器的存储控制器可为片外存储器访问提供必要的控制信号，它主要有以下特点：

（1）支持大、小端模式（通过软件选择）；

（2）包含 8 个地址空间，每个地址空间的大小为 128MB，总共有 1GB 的地址空间；

（3）除 Bank0 以外的所有地址空间都可以通过编程设置为 8 位、16 位或 32 位对准访问，Bank0 可以设置为 16 位、32 位访问；

（4）8 个地址空间中，6 个地址空间可以用于 ROM、SRAM 等存储器，两个用于 ROM、SRAM、SDRAM 等存储器；

（5）7 个地址空间的起始地址及空间大小是固定的；

（6）一个地址空间的起始地址和空间大小是可变的；

（7）所有存储器空间的访问周期都可以通过编程配置；

（8）提供外部扩展总线的等待周期；

（9）SDRAM 支持自动刷新和掉电模式。

图 4.7 为 S3C2410 复位后的存储器地址分配图。从图中可以看出，特殊功能寄存器位于 0X48000000 ~ 0X60000000 的空间内。Bank0 ~ Bank5 的起始地址和空间大小都是固定的，Bank6 的起始地址是固定的，但是空间大小和 Bank7 一样是可变的，可以配置为 2MB/4MB/8MB/16MB/ 32MB/64MB/128MB。Bank6 和 Bank7 的详细地址和空间大小的关系可以参考表 4.2。

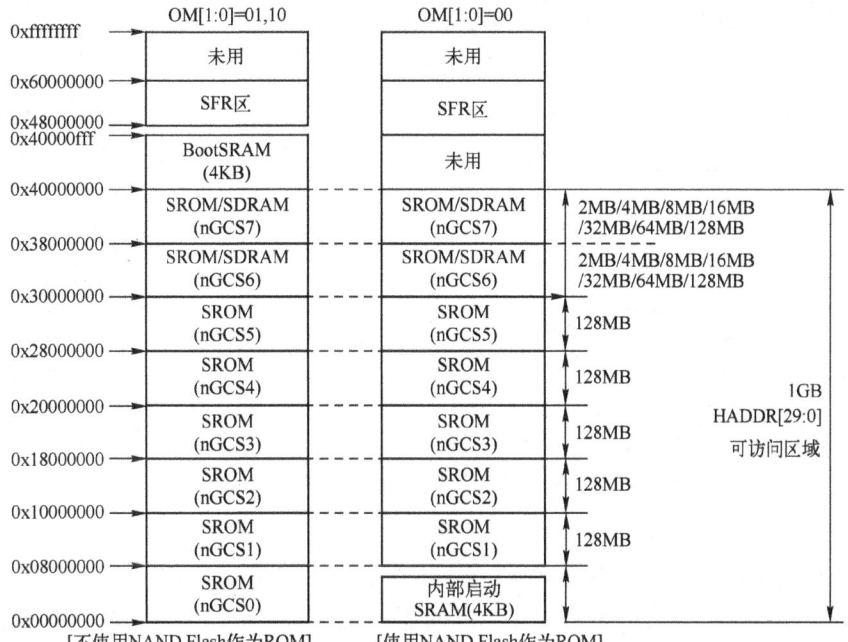

图 4.7　S3C2410 复位后的存储器地址分配图

表 4.2　Bank6 和 Bank7 地址

地址	2MB	4MB	8MB	16MB	32MB
Bank6					
起始地址	0x00_0000	0x00_0000	0x00_0000	0x00_0000	0x00_0000
终止地址	0x1f_ffff	0x3f_ffff	0x7f_ffff	0xcf_ffff	0xff_ffff
Bank7					
起始地址	0xc20_0000	0xc40_0000	0xc80_0001	0xcd0_0001	0xce0_0002
终止地址	0xc3f_ffff	0xc7f_ffff	0xcff_ffff	0xdff_ffff	0xfff_ffff

注意：Bank6/Bank7 的空间大小必须相同。

2. 内存控制器的功能

1）Bank0 总线宽度

Bank0（nGCS0）的数据总线宽度可以配置为 16 位或 32 位。因为 Bank0 为启动 ROM（映射地址为 0X00000000）所在的空间，所以必须在第一次访问 ROM 前设置 Bank0 的数据宽度，该数据宽度是由复位后 OM[1:0] 的逻辑电平决定的。

2）nWAIT 引脚功能

如果和每个地址空间相关联的 WAIT 被允许，则某个地址空间处于激活状态的时候应该通过外部 nWAIT 引脚来延长 nOE 的持续时间。根据 tacc − 1 核对 nWAIT，在采样 nWAIT 为高电平的后一个时钟周期使 nOE 变为高电平，nWE 信号和 nOE 信号相同。S3C2410A 的外部 nWAIT 时序图（tacc = 4）如图 4.8 所示。

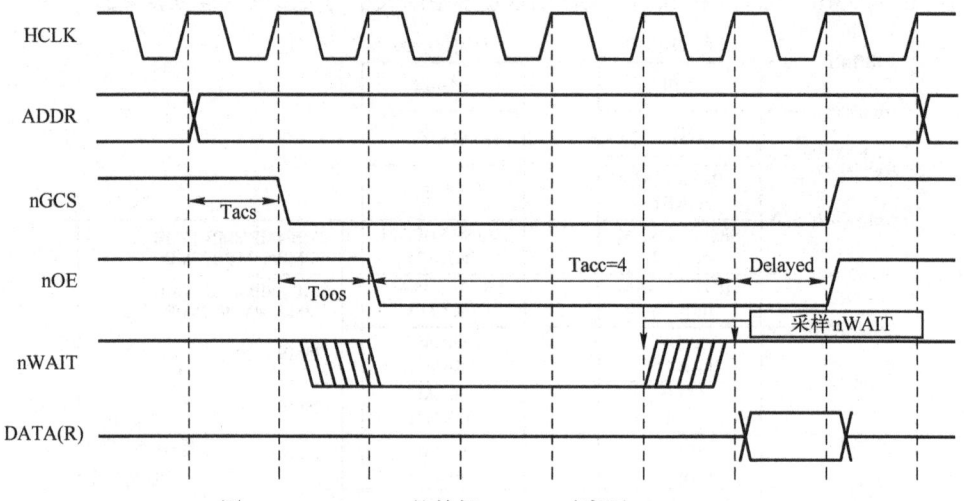

图 4.8　S3C2410A 的外部 nWAIT 时序图（tacc = 4）

3）nXBREQ/nXBACK 引脚操作

如果 nXBREQ 被允许，处理器会在 nXBACK 引脚输出低电平作为应答信号；如果 nX-BACK 引脚输出低电平，地址/数据总线和存储器控制信号会处于高阻状态，如图 4.9 所示。如果 nXBREQ 没有被允许，nXBACK 也无效。

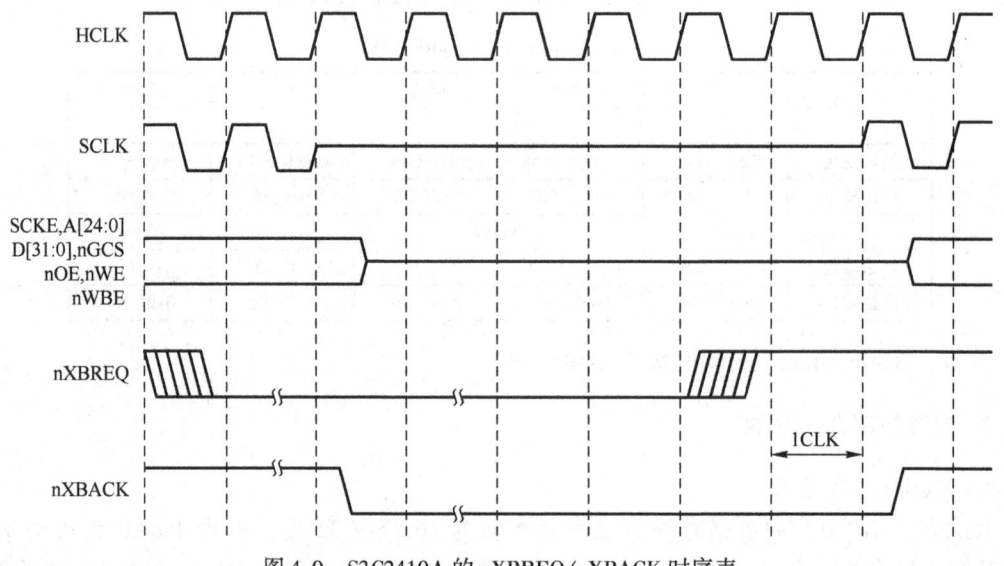

图 4.9　S3C2410A 的 nXBREQ/nXBACK 时序表

4）可编程访问周期

S3C2410A nGCS 时序图如图 4.10 所示，S3C2410A SDRAM 时序图如图 4.11 所示。

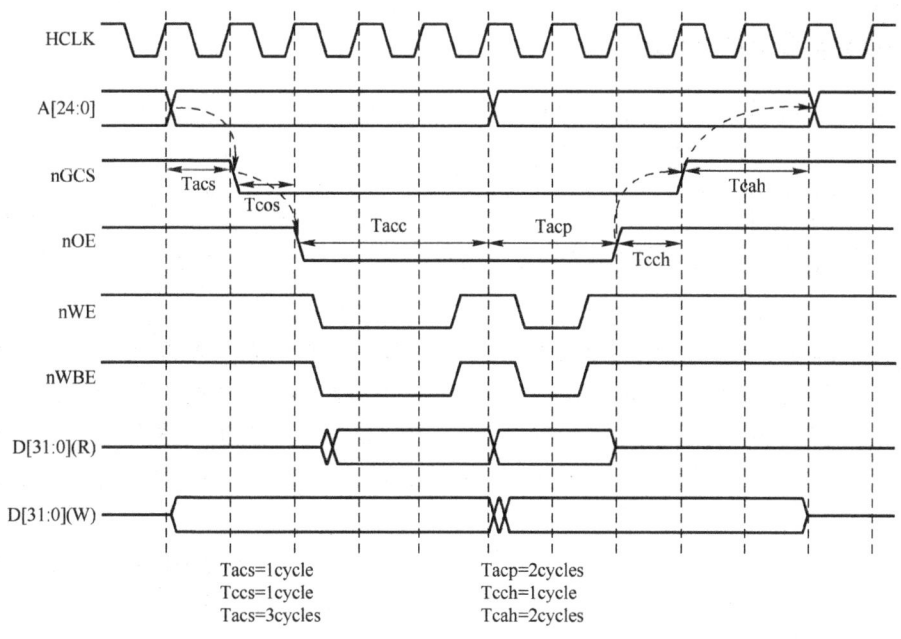

图 4.10　S3C2410A nGCS 时序图

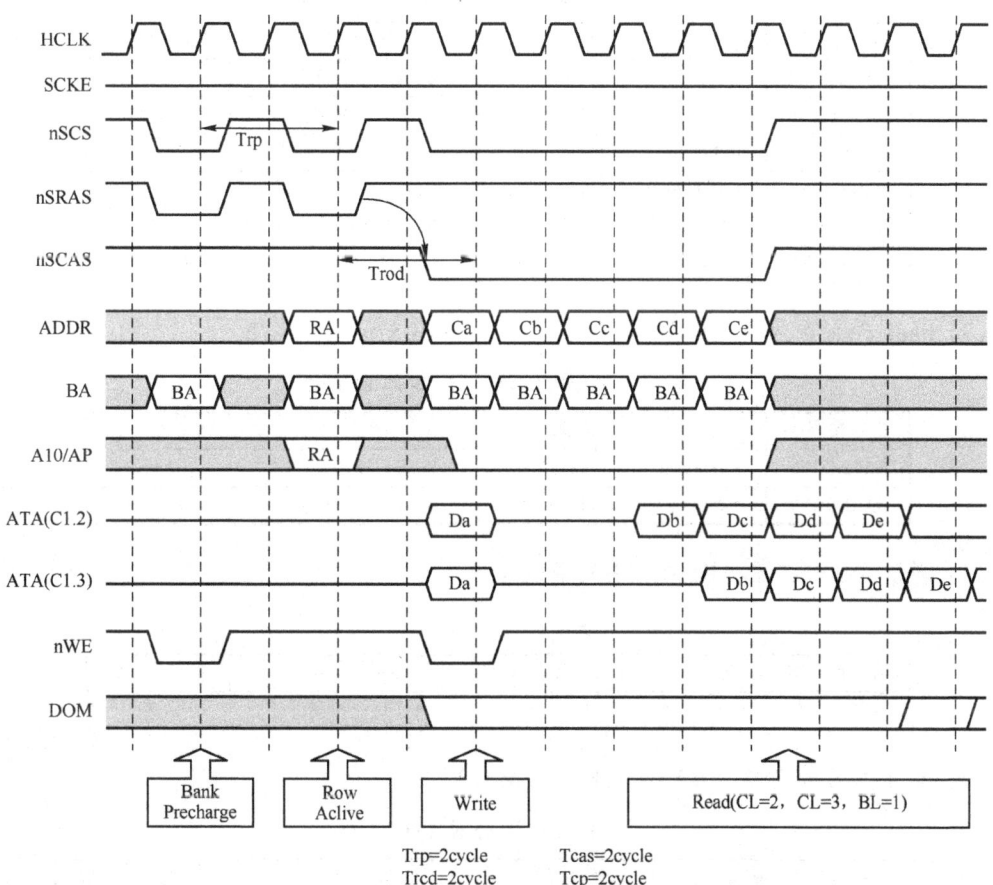

图 4.11　S3C2410A SDRAM 时序图

3. 存储器控制专用寄存器

（1）总线宽度/等待控制寄存器（BWSCON）见表4.3。

表4.3　BWSCON

寄 存 器	地　　址	可读/可写	描　　述	复 位 值
BWSCON	0x48000000	可读/可写	总线宽度、等待状态控制寄存器	0x000000

寄存器各位功能如下所述。

［DWi］：i＝0～7，其中 DW0 为只读，因为 Bank0 数据总线宽度在复位后已经由 OM［1：0］的电平决定。DW1～DW7 可写，用于配置 Bank1～Bank7 的数据总线宽度，00 表示8 位数据总线宽度，01 表示 16 位数据总线宽度，10 表示 32 位数据总线宽度，11 保留。

［WSi］：i＝1～7，写入 0 则对应的 Banki 等待状态不使用，写入 1 则对应的 Banki 等待状态使能。

［STi］：i＝1～7，决定 SRAM 是否使用 UB/LB。0 表示不使用 UB/LB，引脚［14：11］定义为 nWBE［3:0］；1 表示使用 UB/LB，引脚［14：11］定义为 nBE［3:0］。

（2）Bank 控制寄存器（BANKCONn：nGCS0－nGCS5）见表4.4。

表4.4　BANKCONn：nGCS0－nGCS5

寄 存 器	地　　址	可读/可写	描　　述	复 位 值
BANKCON0	0x48000004	可读/可写	Bank 0 控制寄存器	0x0700
BANKCON1	0x48000008	可读/可写	Bank 1 控制寄存器	0x0700
BANKCON2	0x4800000C	可读/可写	Bank 2 控制寄存器	0x0700
BANKCON3	0x48000010	可读/可写	Bank 3 控制寄存器	0x0700
BANKCON4	0x48000014	可读/可写	Bank 4 控制寄存器	0x0700
BANKCON5	0x48000018	可读/可写	Bank 5 控制寄存器	0x0700

（3）Bank 控制寄存器（BANKCONn：nGCS6－nGCS7）见表4.5。

表4.5　BANKCONn：GCS6－nGCS7

寄 存 器	地　　址	可读/可写	描　　述	复 位 值
BANKCON6	0x4800001C	可读/可写	Bank 6 控制寄存器	0x18008
BANKCON7	0x48000020	可读/可写	Bank 7 控制寄存器	0x18008

（4）刷新控制寄存器（REFRESH）见表4.6。

表4.6　REFRESH

寄 存 器	地　　址	可读/可写	描　　述	复 位 值
刷新控制	0x48000024	可读/可写	SDRAM 刷新控制寄存器	0xac0000

（5）Bank 大小寄存器（BANKSIZE）见表4.7。

表4.7　BANKSIZE

寄 存 器	地　　址	可读/可写	描　　述	复 位 值
Bank 大小	0x48000028	可读/可写	Bank 大小寄存器	0x0

（6）SDRAM 模式设置寄存器（MRSR）见表4.8。

表 4.8　MRSR

寄　存　器	地　　址	可读/可写	描　　　　述	复　位　值
MRSRB6	0x4800002C	可读/可写	模式寄存器设置寄存器 bank6	xxx
MRSRB7	0x48000030	可读/可写	模式寄存器设置寄存器 bank7	xxx

以上所提到的寄存器的详细解释及设置请参考 S3C2410 数据手册。

4.2.3　基本 I/O 接口模块

1. 端口及功能配置

S3C2410A 有 117 个多功能输入/输出端口，端口如下所列。

端口 A（GPA）：23 – 输出端口。

端口 B（GPB）：11 – 输入/输出端口。

端口 C（GPC）：16 – 输入/输出端口。

端口 D（GPD）：16 – 输入/输出端口。

端口 E（GPE）：16 – 输入/输出端口。

端口 F（GPF）：8 – 输入/输出端口。

端口 G（GPG）：16 – 输入/输出端口。

端口 H（GPH）：11 – 输入/输出端口。

每个端口都可以通过软件配置来满足不同的系统配置和设计要求。在启动主程序之前一定要先定义使用端口的哪种功能。如果一个端口不用于多功能用途，则可以配置为 I/O 端口。

端口初始状态必须无缝配置，以避免发生问题。

更多端口配置信息请查阅 S3C2410 技术手册中的 S3C2410A 端口配置。

2. 端口控制

1）端口控制寄存器（GPACON – GPHCON）

在 S3C2410A 中，大多数的端口都是多功能的。所以，需要决定使用端口的哪种功能。端口控制寄存器（PnCON）决定了每个端口的功能。

如果 GPF0 ～ GPF7 和 GPG0 ～ GPG7 被用作掉电（Power – OFF）模式下的唤醒信号，这些端口必须配置为中断模式。

端口控制寄存器的具体内容请查看 S3C2410 手册。

2）端口数据寄存器（GPADAT – GPHDAT）

如果端口被配置为输出端口，数据可以写到数据寄存器（PnDAT）的对应位中；如果端口配置为输入端口，数据可以从数据寄存器对应位中读出。

端口数据寄存器的具体内容请查看 S3C2410 手册。

3）端口上拉寄存器（GPBUP – GPHUP）

端口上拉寄存器控制着每组端口上拉电阻的使能和禁能。当对应位为 0 时，端口的上拉

电阻是使能的；当对应位为 1 时，上拉电阻是禁能的。

如果端口上拉电阻是使能的，那么不管端口设置为何种功能（输入、输出、数据、外部中断等），上拉电阻都是工作的。

端口上拉寄存器的具体内容请查看 S3C2410 手册。

4）混合控制寄存器（MISCCR）

这个寄存器控制着数据端口的上拉电阻、高阻态、USB 端口和输出时钟的选择。

混合控制寄存器的具体内容请查看 S3C2410 手册。

5）DCLK 控制寄存器（DCLKCON）

该寄存器定义向外部提供时钟的 DCLK 信号，只有在 CLKOUT[1:0]设置为发送 DCLK 信号时这个寄存器才会工作。

DCLK 控制寄存器的具体内容请查看 S3C2410 手册。

6）外部中断控制寄存器（EXTINTN）

24 个外部中断可以通过以下各种触发方式被请求。外部中断寄存器配置外部中断信号触发的方式、低电平触发还是高电平触发、下降沿触发还是上升沿触发或双沿触发，并且可以配置触发信号的极性。

为了识别出电平中断，EXTINTn 引脚上的有效逻辑电平至少要持续 40ns。8 个外部中断（EINT[23:16]）端口有一个滤波器（参考 EINTFLTn），只有 16 个外部中断端口（EINT[15:0]）用作唤醒源。

外部中断控制寄存器的具体内容请查看 S3C2410 手册。

7）外部中断滤波控制寄存器（EINTFLTn）

外部中断滤波控制寄存器控制着 8 个外部中断（EINT[23:16]）的时钟选择，包括 PCLK 、EXTCLK/OSC_CLK 及频带宽度。

外部中断过滤寄存器的具体内容请查看 S3C2410 手册。

8）外部中断屏蔽寄存器（EXTINTMASK）

外部中断屏蔽寄存器控制 20 个外部中断（EINT[23:4]）的屏蔽状态。外部中断控制寄存器的具体内容请查看 S3C2410 手册。

9）外部中断挂起寄存器（EINTPENDn）

外部中断挂起寄存器控制 20 个外部中断（EINT[23:4]）的状态。可以通过向寄存器的某一位写 1 来清零该位。

外部中断挂起寄存器的具体内容请查看 S3C2410 手册。

10）通用状态寄存器（GSTATUSn）

通用状态寄存器用于记录外部引脚状态、芯片 ID、复位状态和其他信息。

通用状态寄存器的具体内容请查看 S3C2410 手册。

11）掉电（POWER_OFF）模式和 I/O 端口

所有的通用输入/输出端口（GPIO）寄存器值在掉电（Power_OFF）模式下都会被保存。

外部中断屏蔽可以防止处理器从掉电（Power_OFF）模式中被唤醒，如果外部中断屏蔽寄存器屏蔽了 EINT[15:4] 中的一个，则处理器可以被唤醒，但是在唤醒后，中断源挂起寄存器的 EINT4_7 位和 EINT8_23 位不会被置 1。

4.2.4　中断控制模块

1. 中断控制器的中断处理

S3C2410A 的中断控制器可以接受多达 56 个中断源的中断请求。S3C2410A 的中断源可以由片内外设提供，如 DMA、UART、IIC 等，其中 UARTn 中断和 EINTn 中断是逻辑或的关系，它们公用一条中断请求线。

当 S3C2410A 收到来自片内外设和外部中断请求引脚的多个中断请求时，S3C2410A 的中断控制器在中断仲裁过程后向 S3C2410A 内核请求 FIQ 或 IRQ 中断。中断仲裁过程依靠处理器的硬件优先级逻辑工作，处理器在仲裁过程结束后将仲裁结果记录到 INTPND 寄存器，以告知用户中断由哪个中断源产生。S3C2410A 的中断控制器的处理过程如图 4.12 所示。

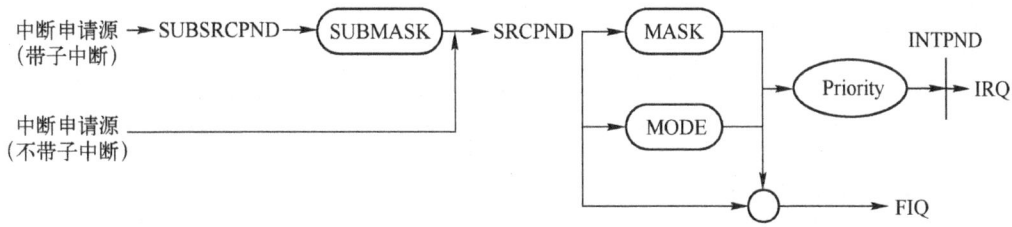

图 4.12　中断处理图

2. 中断控制操作

1）程序状态寄存器的 F 位和 I 位

如果 CPSR 程序状态寄存器的 F 位被设置为 1，那么 CPU 将不接受来自中断控制器的快速中断请求（FIQ）；如果 CPSR 程序状态寄存器的 I 位被设置为 1，那么 CPU 将不接受来自中断控制器的中断请求（IRQ）。因此，为了使能 FIQ 和 IRQ，必须先将 CPSR 程序状态寄存器的 F 位和 I 位清零，并且中断屏蔽寄存器 INTMSK 中相应的位也要清零。

2）中断模式（INTMOD）

ARM920T 提供了两种中断模式：FIQ 模式和 IRQ 模式。所有的中断源在中断请求时都要确定使用哪一种中断模式。

3）中断挂起寄存器（INTPND）

S3C2410A 有两个中断挂起寄存器：源中断挂起寄存器（SRCPND）和中断挂起寄存器（INTPND），用于指示对应的中断是否被激活。当中断源请求中断时，SRCPND 寄存器的相应位被置 1，同时 INTPND 寄存器中也有唯一的一位在仲裁程序后被自动置 1。如果屏蔽位被设置为 1，相应的 SRCPND 位会被置 1，但是 INTPND 寄存器不会有变化；如果 INTPND 被置

位，只要标志 I 或标志 F 被清零，就会执行相应的中断服务程序。在中断服务子程序中要先向 SRCPND 中的相应位写 1 来清除源挂起状态，再用同样的方法来清除 INTPND 的相应位的挂起状态。

可以通过 INTPND = INTPND 来实现清零，以避免写入不正确的数据而引起错误。

4）中断屏蔽寄存器（INTMSK）

当 INTMSK 寄存器的屏蔽位为 1 时，则对应的中断被禁止；当 INTMSK 寄存器的屏蔽位为 0 时，则对应的中断正常执行。如果一个中断的屏蔽位为 1，在该中断发出请求时挂起位还是会被设置为 1，但中断请求都不被受理。

3. S3C2410 中断源

在 56 个中断源中，有 30 个中断源提供给中断控制器，其中外部中断 EINT4 ～ 7 通过逻辑"或"的形式提供给中断控制器 EINT8 ～ EINT23，也通过逻辑"或"的形式提供给中断控制器，如表 4.9 所示。

表 4.9　S3C2410A 的中断源

中　断　源	描　　述	仲裁组	中　断　源	描　　述	仲裁组
INT_ADC	ADC EOC 和触摸屏中断	ARB5	INT_UART2	UART2 中断	ARB2
INT_RTC	RTC 告警中断	ARB5	INT_TIMER4	定时器 4 中断	ARB2
INT_SPI1	SPI1 中断	ARB5	INT_TIMER3	定时器 3 中断	ARB2
INT_UART0	UART0 中断	ARB5	INT_TIMER2	定时器 2 中断	ARB2
INT_IIC	IIC 中断	ARB4	INT_TIMER1	定时器 1 中断	ARB2
INT_USBH	USB 主机中断	ARB4	INT_TIMER0	定时器 0 中断	ARB2
INT_USBD	USB 设备中断	ARB4	INT_WDT	看门狗定时器中断	ARB1
保留	保留	ARB4	INT_TICK	RTC 时间滴答中断	ARB1
INT_UART1	UART1 中断	ARB4	nBATT_FLT	电池错误中断	ARB1
INT_SPI0	SPI0 中断	ARB4	保留	保留	ARB1
INT_SDI	SDI 中断	ARB3	EINT8_23	外中断 8_23	ARB1
INT_DMA3	DMA 通道 3 中断	ARB3	EINT4_7	外中断 4_7	iARB1
INT_DMA2	DMA 通道 2 中断	ARB3	EINT3	外中断 3	ARB0
INT_DMA1	DMA 通道 1 中断	ARB3	EINT2	外中断 2	ARB0
INT_DMA0	DMA 通道 0 中断	ARB3	EINT1	外中断 1	ARB0
INT_LCD	LCD 中断	ARB3	EINT0	外中断 0	ARB0

4. 中断优先级产生模块

支持 32 个中断请求的优先级逻辑由 7 个旋转仲裁器组成：6 个一级优先等级的仲裁器和 1 个二级优先等级的仲裁器，如图 4.13 所示。

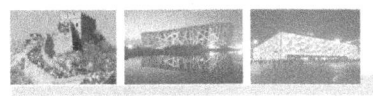
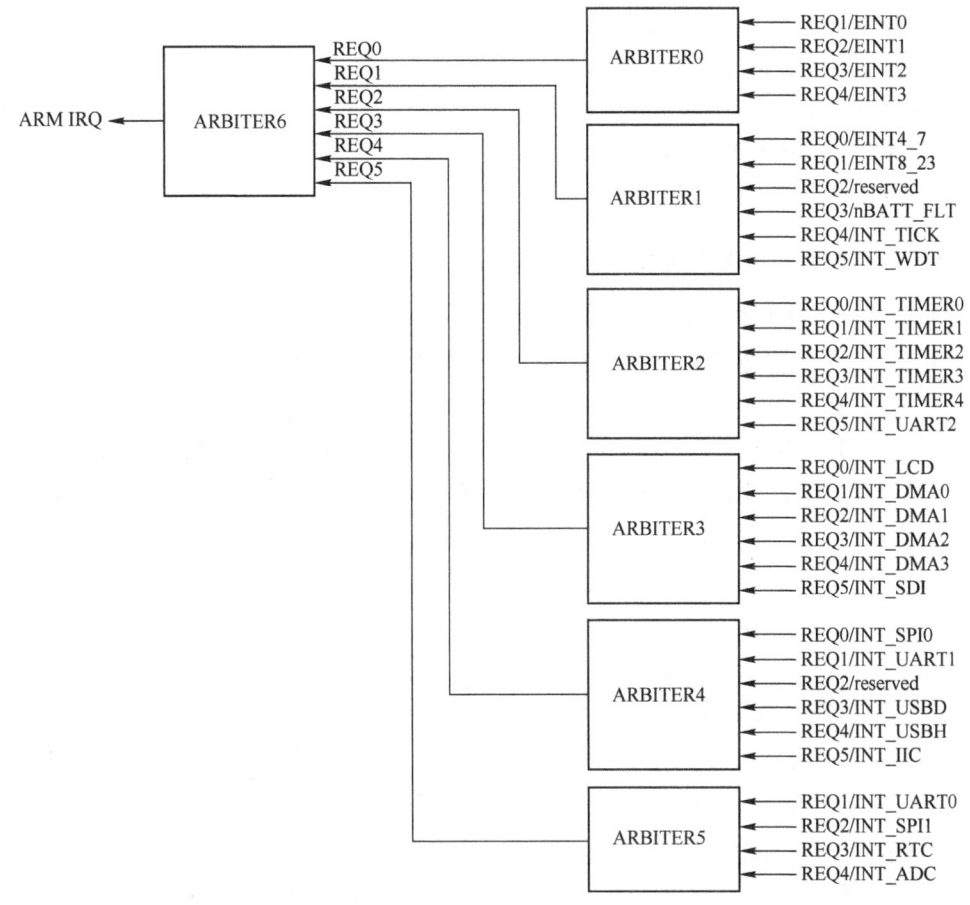

图 4.13　优先级产生模块

　　每一个仲裁器可以处理 6 个中断请求，基于一位的仲裁模式控制位（ARB_MODE）和两位的选择控制信号位（ARB_SEL），其中断优先级如下：

　　（1）如果 ARB_SEL 位为 00b，则优先级顺序为 REQ0、REQ1、REQ2、REQ3、REQ4 和 REQ5；

　　（2）如果 ARB_SEL 位为 01b，则优先级顺序为 REQ0、REQ2、REQ3、REQ4、REQ1 和 REQ5；

　　（3）如果 ARB_SEL 位为 10b，则优先级顺序为 REQ0、REQ3、REQ4、REQ1、REQ2 和 REQ5；

　　（4）如果 ARB_SEL 位为 11b，则优先级顺序为 REQ0、REQ4、REQ1、REQ2、REQ3 和 REQ5。

　　注意每个仲裁器的 REQ0 一直有最高的优先级，而 REQ5 一直是优先级最低的。通过改变 ARB_SEL 位，可以旋转 REQ1 到 REQ4 的优先级。如果 ARB_MODE 位被置 0，ARB_SEL 位将不会自动地改变，这时仲裁器以固定的优先级模式来操作（注意，即使是在这个模式下，也可以通过手动改变 ARB_SEL 位来配置优先级）。另外，如果 ARB_MODE 位为 1，当优先级旋转时，ARB_SEL 位将被改变。例如，如果 REQ1 的中断被服务，ARB_SEL 位将自动地变为 01b，以将 REQ1 置为最低的优先级。ARB_SEL 改变的详细规则如下：

（1）如果 REQ0 或 REQ5 被服务，则 ARB_SEL 位将不会改变；

（2）如果 REQ1 被服务，则 ARB_SEL 位变为 01b；

（3）如果 REQ2 被服务，则 ARB_SEL 位变为 10b；

（4）如果 REQ3 被服务，则 ARB_SEL 位变为 11b；

（5）如果 REQ4 被服务，则 ARB_SEL 位变为 00b。

5. S3C2410A 的中断控制寄存器

S3C2410A 的中断控制器有 5 个控制寄存器：源挂起寄存器（SRCPND）、中断模式寄存器（INTMOD）、中断屏蔽寄存器（INTMSK）、中断优先权寄存器（PRIORITY）、中断挂起寄存器（INTPND）。

中断源发出的中断请求首先被寄存在中断源挂起寄存器（SRCPND）中，INTMOD 把中断请求分为两组：快速中断请求（FIQ）和中断请求（IRQ）。PRIORITY 处理中断的优先级。

1）源挂起寄存器（SRCPND）

SRCPND 如表 4.10 所示。

表 4.10 SRCPND

寄 存 器	地 址	可读/可写	描 述	复 位 值
SRCPND	0x4A000000	可读/可写	0 = 中断没有发出请求 1 = 中断源发出中断请求	0x00000000

中断控制寄存器 INTCON 共有 32 位，每一位对应着一个中断源，当中断源发出中断请求时，就会置位源挂起寄存器的相应位。反之，中断的挂起寄存器的值为 0。

2）中断模式寄存器（INTMOD）

中断模式寄存器 INTMOD 共有 32 位（见表 4.11），每一位对应着一个中断源，当中断源的模式位设置为 1 时，对应的中断会由 ARM920T 内核以 FIQ 模式来处理；相反，当模式位设置为 0 时，中断会以 IRQ 模式来处理。

表 4.11 INTMOD

寄 存 器	地 址	可读/可写	描 述	复 位 值
INTMOD	0x4A000004	可读/可写	0 = IRQ 模式 1 = FIQ 模式	0x00000000

注意，中断控制寄存器中只有一个中断源可以被设置为 FIQ 模式，因此只能在紧急情况下使用 FIQ。如果 INTMOD 寄存器把某个中断设为 FIQ 模式，FIQ 中断不影响 INTPND 和 INTOFFSET 寄存器，因此这两个寄存器只对 IRQ 模式中断有效。

3）中断屏蔽寄存器（INTMSK）

中断屏蔽寄存器有 32 位（见表 4.12），分别对应一个中断源。当中断源的屏蔽位设置为 1 时，CPU 不响应该中断源的中断请求；反之，设置为 0 时 CPU 能响应该中断源的中断请求。

表 4.12　INTMSK

寄 存 器	地　址	可读/可写	描　　述	复 位 值
INTMSK	0x4A000008	可读/可写	0 = 允许响应中断请求 1 = 中断请求被屏蔽	0xFFFFFFFF

4）中断挂起寄存器（INTPND）

中断挂起寄存器 INTPND 共有 32 位（见表 4.13），每一位对应着一个中断源，当中断请求被响应的时候，相应的位会被设置为 1。在某一时刻只有一个位能为 1，因此在中断服务子程序中可以通过判断 INTPND 来判断哪个中断正在被响应，在中断服务子程序中必须在清零 SRCPND 中相应位后清零相应的中断挂起位，清零方法和 SRCPND 相同。

表 4.13　INTPND

寄 存 器	地　址	可读/可写	描　　述	复 位 值
INTPND	0x4A000010	可读/可写	0 = 允许响应中断请求 1 = 中断源发出中断请求	0x00000000

注意:

(1) FIQ 响应的时候不会影响 INTPND 相应的标志位；

(2) 向 INTPND 等于 1 的位写入 0 时，INTPND 寄存器和 INTOFFSET 寄存器会有无法预知的结果，因此，千万不要向 INTPND 等于 1 的位写入 0，推荐的清零方法是把 INTPND 的值重新写入 INTPND。

5）IRQ 偏移寄存器（INTOFFSET）

中断偏移寄存器给出 INTPND 寄存器（见表 4.14）中哪个是 IRQ 模式的中断请求。

表 4.14　INTOFFSET

寄 存 器	地　址	可读/可写	描　　述	复 位 值
INTOFFSET	0x4A000014	可读	指示中断请求源的 IRQ 模式	0x00000000

S3C2410A 中的优先级产生模块包含 7 个单元，1 个主优先级产生单元和 6 个从优先级产生单元。两个从优先级产生单元管理 4 个中断源，4 个从优先级产生单元管理 6 个中断源。主优先级产生单元管理 6 个从单元。

每一个从优先级产生单元有 4 个可编程优先级中断源和两个固定优先级中断源。这 4 个中断源的优先级是由 ARB_SEL 和 ARM_MODE 决定的。另外两个固定优先级中断源在 6 个中断源中的优先级最低。

6）外部中断控制寄存器（EXTINTn）

S3C2410A 的 24 个外部中断有几种中断触发方式，EXTINTn 配置外部中断的触发类型是电平触发、边沿触发及触发的极性。EXTINT0/1/2/3 的具体配置参考数据手册。

7）外部中断屏蔽寄存器（EXTMASK）

EXTMASK 如表 4.15 所示。

表 4.15 EXTMASK

寄 存 器	地 址	可读/可写	描 述	复 位 值
EXTMASK	0x560000A4	可读/可写	外部中断屏蔽标志	0x00FFFFF0

EXTMASK[23:4]分别对应外部中断 23 ～ 4。等于 1 时对应的中断被屏蔽；等于 0 时允许外部中断；EXTMASK[3:0]保留。

任务开发2 基于 S3C2410A 的 LED 显示控制

1. 学习目标

（1）掌握利用 S3C2410A 芯片地址总线扩展的 I/O 来驱动 LED 显示；
（2）了解 ARM 芯片中利用总线扩展 I/O 口的使用方法。

2. 任务内容

编写程序，控制项目平台的发光二极管 LED1、LED2、LED3、LED4，使它们有规律地点亮和熄灭，具体顺序如下：LED1 亮→LED2 亮→LED3 亮→LED4 亮→LED1 灭→LED2 灭→LED3 灭→LED4 灭→全亮→全灭，如此反复。

3. 开发原理

在开发 LED 驱动之前，首先了解本项目的原理图。EduKit – IV 设计了 5 个 LED（D1 ～ D5）用于指示和控制系统的状态，其中 D2 指示电源的状态，其他 4 个 LED 是用户可编程的（SYSLED1 ～ SYSLED4），在 EduKit – IV 中，这 4 个 LED 的状态通过扩展 I/O 接口进行控制。

EduKit – IV LED 所用到的扩展 I/O 如图 4.14 所示。

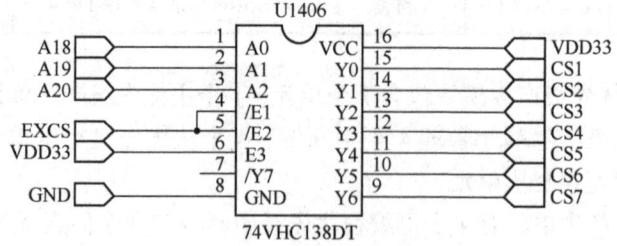

图 4.14 片选信号的产生

利用 3/8 译码器将 A18 – A20 扩展 7 个外设片选信号 CS1 ～ CS7。CS1 和 CS2 引出到外部扩展接口 EXCON_B3，CS3 和 CS4 为总线扩展输入的芯片 74VHC541 的片选。CS5、CS6、和 CS7 为总线扩展输出的芯片 74VHC573 的片选。

片选信号在接入 74VHC573 前经过了如图 4.15 所示的处理。

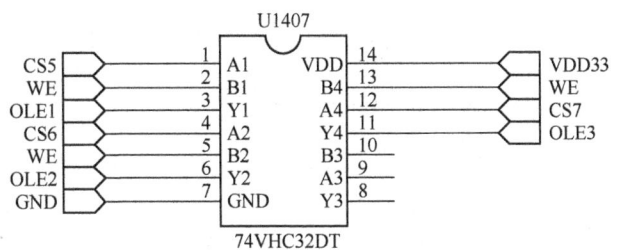

图 4.15　OLE 信号的产生

其中 CS5、CS6、CS7 这 3 个片选信号和写使能信号通过 74VHC32 或门输出的一个选通信号 LE 为低电平（见图 4.16）。

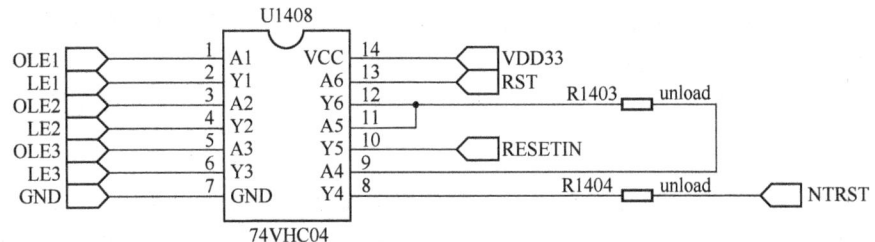

图 4.16　LE 信号的产生

前面所述的或门输出的 LE 选通信号经过 74VHC04 反相得到高电平后再连接到扩展输出芯片 74VHC573。EduKit - IV LED 接口电路如图 4.17 和图 4.18 所示。在本项目平台上，如图 4.17 所示芯片 74VHC573DT 的选通物理地址为 0x21180000，当访问这个物理地址的时候，就可以访问其上的硬件资源了。这里可以把其理解为一个寄存器，寄存器地址是 0x21180000，它的低 4 位控制了 4 个 LED 灯，通过访问地址为 0x21180000 的寄存器，往其低 4 位置高/低电平，从而控制相应的 4 个 LED 灯的亮/灭。（注意：寄存器 0x21180000 是只写的，在软件编程时只能写数据，不能读数据。）

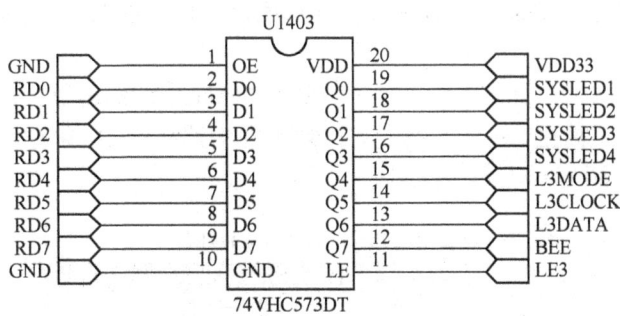

图 4.17　向 LED 写入数据

如图 4.18 所示，LED1 ～ 4 这 4 个 LED 采用了共阳极的接法，分别与 SYSLED1 ～ 4 相连，通过 SYSLED1 ～ 4 引脚的高低电平来控制发光二极管的亮与灭。当这几个引脚输出高电平的时候，发光二极管熄灭；反之，发光二极管点亮。

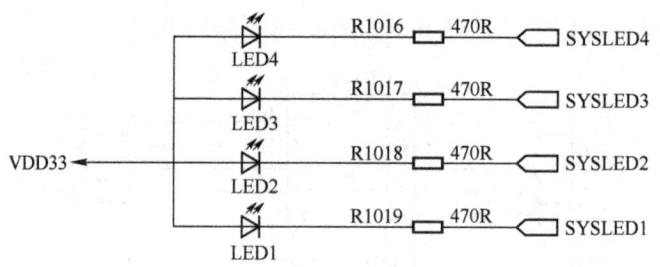

图 4.18　LED1 - 4 连接图

4. 开发步骤

1）准备项目环境

使用 ULINK2 仿真器连接 Embest EduKit - IV 项目平台的主板 JTAG 接口；使用 Embest EduKit - IV 项目平台附带的交叉串口线连接项目平台主板上的 COM2 和 PC 的串口（一般 PC 只有一个串口，如果有多个请自行选择，没有串口设备的可购买 USB 转串口适配器扩充）；使用 Embest EduKit - IV 项目平台附带的电源适配器连接项目平台主板上的电源接口。

2）串口接收设置

在 PC 上运行 Windows 自带的超级终端串口通信程序，或者使用项目平台附带光盘内设置好了的超级终端（设置超级终端：波特率 115200，1 位停止位，无校验位，无硬件流控制），或者使用其他串口通信程序。（注：超级终端串口可根据用户的 PC 串口硬件自行选择，如果 PC 只有一个串口，一般是 COM1）。

3）打开项目例程

（1）复制项目平台附带光盘 DISK3_S3C2410\03 - Codes\01 - MDK\Mini2410 - IV 文件夹到 MDK 的安装路径：Keil\ARM\Boards\Embest\（如果本项目之前已经复制，可以跳过这一步）。（注：用户也可复制工程到任意目录，本项目为了便于教学，统一项目路径。）

（2）运行 μVision IDE for ARM 软件，单击菜单 Project，选择 Open Project…命令，在弹出的对话框中选择项目例程目录 LED_Test 子目录下的 LED_Test. Uv2 工程。

（3）默认打开的工程在源码编辑窗口会显示项目例程的说明文件 readme. txt，详细阅读并了解项目内容。

（4）工程提供了两种运行方式：一是下载到 SDRAM 中调试运行；二是固化到 Nor Flash 中运行。用户可以在工具栏 Select Target 下拉列表框中选择在 RAM 中调试运行还是固化到 Nor Flash 中运行，如图 4. 19 所示。

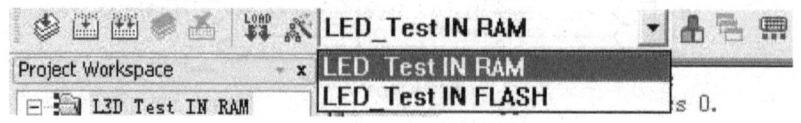

图 4.19　选择运行方式

下面项目将介绍下载到 SDRAM 中调试运行，所以在 Select Target 下拉列表框中选择 LED_Test IN RAM。

（5）接下来开始编译链接工程，在菜单 Project 中选择 Build target 命令或 Rebuild all target files 命令编译整个工程，用户也可以在工具栏中单击▣或者▣按钮进行编译。

（6）编译完成后，在输出窗口中可以看到编译提示信息，如 ". \SDRAM\LED_Test. axf" −0Error(s) ,1Warning(s). "，如果显示 "0Error(s)" 则表示编译成功。

（7）拨动项目平台电源开关，给项目平台上电，选择 Debug→Start/Stop Debug Session 命令，将编译出来的映象文件下载到 SDRAM 中，或者单击工具栏中的▣按钮来下载。

（8）下载完成后，选择 Debug→Run 命令运行程序，或者单击工具栏中的▣按钮来全速运行程序。用户也可以进行单步调试程序。

（9）全速运行后，用户可以在超级终端看到程序运行的信息。

（10）用户可以停止程序运行，使用 μVision IDE for ARM 的一些调试窗口跟踪查看程序运行的信息。

注：如果在第（4）步用户选择固化到 Nor Flash 中运行，则编译链接成功后，选择Flash→Download 命令，将程序固化到 Nor Flash 中，或者单击工具栏中的按钮▣固化程序，从项目平台的主板拔出 JTAG 线，重新给项目平台上电，程序将自动运行。

5. 参考程序

```
* File: led_test.c
* Author: embest
* Desc: Led_Test
* History:
#include "2410lib.h"
#define LEDADDR (* (volatile unsigned char *)0x21180000)   //LED Address
* name:  led_on
* func:  turn on the leds one by one
* para:  none
* ret:  none
* modify:
* comment:
void led_on(void)
{
    int i,nOut;
    nOut =0xFF;
    LEDADDR = nOut &0xFE;
    for(i =0; i <100000; i++);
    LEDADDR = nOut &0xFC;
    for(i =0; i <100000; i++);
    LEDADDR = nOut &0xF8;
    for(i =0; i <100000; i++);
    LEDADDR = nOut &0xF0;
    for(i =0; i <100000; i++);
```

```
    }
 * name:  led_off
 * func:  turn off the leds one by one
 * para:  none
 * ret:  none
 * modify:
 * comment:
void led_off(void)
{
    int i,nOut;
    nOut = 0xF0;
    LEDADDR = nOut | 0x01;
    for(i=0; i<100000; i++);
    LEDADDR = nOut | 0x03;
    for(i=0; i<100000; i++);
    LEDADDR = nOut | 0x07;
    for(i=0; i<100000; i++);
    LEDADDR = nOut | 0x0F;
    for(i=0; i<100000; i++);
}
 * name:  led_on_off
 * func:  turn on the 4 leds and then turn off the 4 leds
 * para:  none
 * ret:  none
 * modify:
 * comment:
void led_on_off(void)
{
    int i;
    LEDADDR = 0xF0;
    for(i=0; i<100000; i++);
    LEDADDR = 0xFF;
    for(i=0; i<100000; i++);
}
 * name:  led_test
 * func:  i/o control test(led)
 * para:  none
 * ret:  none
 * modify:
 * comment:
void led_test(void)
{
```

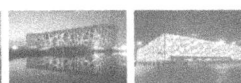

```
uart_printf(" Expand I/O (Diode Led) Test Example \n");
uart_printf(" Please Look At The LEDS \n");
led_on();
led_off();
led_on_off();
delay(2000);
uart_printf(" end. \n");
}
```

6. 想一想

（1）本项目中 LED 的连接方式为共阳还是共阴连接？0 和 1 分别表示如何控制 LED？

（2）若要使 LED 的显示规律为 1 - 2 - 3 - 4 亮，4 - 3 - 2 - 1 灭，试写出修改代码段。

（3）如何修改 LED 每个灯之间的显示时间，如何修改一组循环后的延迟停留时间？

任务开发3 基于 UART 串口通信控制

1. 学习目标

（1）了解 S3C2410A 处理器 UART 相关控制寄存器的使用；

（2）熟悉 ARM 处理器系统硬件电路中 UART 接口的设计方法；

（3）掌握 ARM 处理器串行通信的软件编程方法。

2. 任务内容

（1）编写 S3C2410A 处理器的串口通信程序；

（2）监视串行口 UART1 动作；

（3）将从 UART1 接收到的字符串回送显示。

3. 开发原理

1）S3C2410A 串行通信（UART）单元

S3C2410A 的 UART 单元提供三个独立的异步串行通信接口，皆可工作于中断和 DMA 模式。使用系统时钟最高波特率达 230.4Kbps，如果使用外部设备提供的时钟，可以达到更高的波特率。每一个 UART 单元包含一个 16B 的 FIFO，用于数据的接收和发送。

S3C2410A UART 支持可编程波特率，红外发送/接收，一个或两个停止位，5bit/6bit/7bit/8bit 数据宽度和奇偶校验。

2）波特率的产生

波特率由一个专用的 UART 波特率分频寄存器（UBRDIVn）控制，计算公式如下：

$$UBRDIVn = (int)(ULK/(bps \times 16)) - 1$$

或者　　　　　　　　　$$UBRDIVn = (int)(PLK/(bps \times 16)) - 1$$

其中，时钟选用 ULK 还是 PLK 由 UART 控制寄存器 UCONn[10] 的状态决定。如果 UCONn[10]=0，则用 PLK 作为波特率发生，否则选用 ULK 作为波特率发生。UBRDIVn 的值必须在 1 ～ 216 之间。

例如：ULK 或 PLK 等于 40MHz，当波特率为 115200 时，有

$$UBRDIVn = (int)(40000000/(115200 \times 16) - 1 = (int)(21.7) - 1 = 21 - 1 = 20$$

3）UART 通信操作

下面简略介绍 UART 操作。关于数据发送、数据接收、中断产生、波特率产生、轮流检测模式、红外模式和自动流控制的详细介绍，请参照相关教材和数据手册。

发送数据帧是可编程的。一个数据帧包含 1 个起始位、5 ～ 8 个数据位、1 个可选的奇偶校验位和 1 ～ 2 个停止位，停止位通过行控制寄存器 ULCONn 配置。

与发送类似，接收帧也是可编程的。接收帧由 1 个起始位、5 ～ 8 个数据位、1 个可选的奇偶校验和 1 ～ 2 个行控制寄存器 ULCONn 里的停止位组成。接收器还可以检测溢出错误、奇偶校验错误、帧错误和传输中断，每一个错误均可以设置一个错误标志。

溢出错误（Overrun Error）指已接收到的数据在读取之前被新接收的数据覆盖。

奇偶校验错误指接收器检测到的校验和与设置的不符。

帧错误指没有接收到有效的停止位。

传输中断表示接收数据 RxDn 保持逻辑 0 超过一帧的传输时间。

在 FIFO 模式下，如果 RxFIFO 非空，而在 3 个字节的传输时间内没有接收到数据，则产生超时。

4）UART 控制寄存器

（1）UART 行控制寄存器 ULCONn

ULCONn 寄存器的位 6 决定是否使用红外模式，位 5 ～ 3 决定校验方式，位 2 决定停止位长度，位 1 和 0 决定每帧的数据位数。

（2）UART 控制寄存器 UCONn

UCONn 寄存器决定 UART 的各种模式。

① UCONn[10]：1 时为 ULK 做比特率发生；0 时为 PLK 做比特率发生。

② UCONn[9]：1 时为 Tx 中断电平触发；0 时为 Tx 中断脉冲触发。

③ UCONn[8]：1 时为 Rx 中断电平触发；0 时为 Rx 中断脉冲触发。

④ UCONn[7]：1 时为接收超时中断允许；0 时为接收超时中断不允许。

⑤ UCONn[6]：1 时为产生接收错误中断；0 时为不产生接收错误中断。

⑥ UCONn[5]：1 时为发送直接传给接收方式（Loopback）；0 时为正常模式。

⑦ UCONn[4]：1 时为发送间断信号；0 时为正常模式发送。

⑧ UCONn[3:2]：发送模式选择。

00：不允许发送；

01：中断或查询模式；

10：DMA0 请求（UART0），DMA3 请求（UART2）；

11：DMA1 请求（UART1）。

⑨ UCONn[1:0]：接收模式选择。

00：不允许接收；

01：中断或查询模式；

10：DMA0 请求（UART0），DMA3 请求（UART2）；

11：DMA1 请求（UART1）。

（3）UART FIFO 控制寄存器 UFCONn

① UFCONn[7:6]。

00：Tx FIFO 寄存器中有 0 字节就触发中断；

01：Tx FIFO 寄存器中有 4 字节就触发中断；

10：Tx FIFO 寄存器中有 8 字节就触发中断；

11：Tx FIFO 寄存器中有 12 字节就触发中断。

② UFCONn[5:4]。

00：Rx FIFO 寄存器中有 4 字节就触发中断；

01：Rx FIFO 寄存器中有 8 字节就触发中断；

10：Rx FIFO 寄存器中有 12 字节就触发中断；

11：Rx FIFO 寄存器中有 16 字节就触发中断。

③ UFCONn[3]：保留。

④ UFCONn[2]：1 时为 FIFO 复位清零 Tx FIFO；0 时为 FIFO 复位不清零 Tx FIFO。

⑤ UFCONn[1]：1 时为 FIFO 复位清零 Rx FIFO；0 时为 FIFO 复位不清零 Rx FIFO。

（4）UART MODEM 控制寄存器 UMCONn（n = 0 或 1）

① UMCONn[7:5]：保留，必须全为 0。

② UMCONn[4]：1 时为允许使用 AFC 模式；0 时为不允许使用 AFC。

③ UMCONn[3:1]：保留，必须全为 0。

④ UMCONn[0]：1 时为激活 nRTS；0 时为不激活 nRTS。

（5）发送寄存器 UTXH 和接收寄存器 URXH

这两个寄存器存放着发送和接收的数据，当然只有一字节的数据。需要注意的是，在发生溢出错误时，接收的数据必须被读出来，否则会引发下一次溢出错误。

（6）波特率分频寄存器 UBRDIV

在例程目录下的 Common\Inc\2410addr.h 文件中有 UART 单元各寄存器的定义。

```
//UART
#define rULCON0    (* (volatile unsigned * )0x50000000) //UART0Line control
#define rUCON0     (* (volatile unsigned * )0x50000004) //UART0Control
#define rUFCON0    (* (volatile unsigned * )0x50000008) //UART0FIFO control
#define rUMCON0    (* (volatile unsigned * )0x5000000c) //UART0Modem control
#define rUTRSTAT0  (* (volatile unsigned * )0x50000010) //UART0Tx/Rx status
#define rUERSTAT0  (* (volatile unsigned * )0x50000014) //UART0Rx error status
#define rUFSTAT0   (* (volatile unsigned * )0x50000018) //UART0FIFO status
```

```
#define rUMSTAT0    (* (volatile unsigned *)0x5000001c) //UART0Modem status
#define rUBRDIV0    (* (volatile unsigned *)0x50000028) //UART0Baud rate divisor

#define rULCON1     (* (volatile unsigned *)0x50004000) //UART1Line control
#define rUCON1      (* (volatile unsigned *)0x50004004) //UART1Control
#define rUFCON1     (* (volatile unsigned *)0x50004008) //UART1FIFO control
#define rUMCON1     (* (volatile unsigned *)0x5000400c) //UART1Modem control
#define rUTRSTAT1   (* (volatile unsigned *)0x50004010) //UART1Tx/Rx status
#define rUERSTAT1   (* (volatile unsigned *)0x50004014) //UART1Rx error status
#define rUFSTAT1    (* (volatile unsigned *)0x50004018) //UART1FIFO status
#define rUMSTAT1    (* (volatile unsigned *)0x5000401c) //UART1Modem status
#define rUBRDIV1    (* (volatile unsigned *)0x50004028) //UART1Baud rate divisor

#define rULCON2     (* (volatile unsigned *)0x50008000) //UART2Line control
#define rUCON2      (* (volatile unsigned *)0x50008004) //UART2Control
#define rUFCON2     (* (volatile unsigned *)0x50008008) //UART2FIFO control
#define rUMCON2     (* (volatile unsigned *)0x5000800c) //UART2Modem control
#define rUTRSTAT2   (* (volatile unsigned *)0x50008010) //UART2Tx/Rx status
#define rUERSTAT2   (* (volatile unsigned *)0x50008014) //UART2Rx error status
#define rUFSTAT2    (* (volatile unsigned *)0x50008018) //UART2FIFO status
#define rUMSTAT2    (* (volatile unsigned *)0x5000801c) //UART2Modem status
#define rUBRDIV2    (* (volatile unsigned *)0x50008028) //UART2Baud rate divisor

#ifdef __BIG_ENDIAN
#define rUTXH0(* (volatile unsigned char *)0x50000023) //UART0Transmission Hold
#define rURXH0(* (volatile unsigned char *)0x50000027) //UART0Receive //buffer
#define rUTXH1(* (volatile unsigned char *)0x50004023) //UART1Transmission Hold
#define rURXH1(* (volatile unsigned char *)0x50004027) //UART1Receive //buffer
#define rUTXH2(* (volatile unsigned char *)0x50008023) //UART2Transmission Hold
#define rURXH2 (* (volatile unsigned char *)0x50008027) //UART2Receive //buffer
#define WrUTXH0(ch) (* (volatile unsigned char *)0x50000023) = (unsigned char)(ch)
#define RdURXH0()   (* (volatile unsigned char *)0x50000027)
#define WrUTXH1(ch) (* (volatile unsigned char *)0x50004023) = (unsigned char)(ch)
#define RdURXH1()   (* (volatile unsigned char *)0x50004027)
#define WrUTXH2(ch) (* (volatile unsigned char *)0x50008023) = (unsigned char)(ch)
#define RdURXH2()   (* (volatile unsigned char *)0x50008027)

#define UTXH0    (0x50000020 +3)   //Byte_access address by DMA
#define URXH0    (0x50000024 +3)
#define UTXH1    (0x50004020 +3)
#define URXH1    (0x50004024 +3)
#define UTXH2    (0x50008020 +3)
```

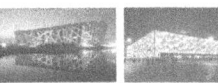

```
#define URXH2          (0x50008024 +3)


#else //小端格式
#define rUTXH0 (* (volatile unsigned char *)0x50000020) //UART0Transmission //Hold
#define rURXH0 (* (volatile unsigned char *)0x50000024)//UART0Receive buffer
#define rUTXH1 (* (volatile unsigned char *)0x50004020)//UART1Transmission //Hold
#define rURXH1 (* (volatile unsigned char *)0x50004024)//UART1Receive buffer
#define rUTXH2 (* (volatile unsigned char *)0x50008020)//UART2Transmission //Hold
#define rURXH2 (* (volatile unsigned char *)0x50008024)//UART2Receive buffer
#define WrUTXH0 (ch) (* (volatile unsigned char *)0x50000020) = (unsigned char)(ch)
#define RdURXH0 ()    (* (volatile unsigned char *)0x50000024)
#define WrUTXH1 (ch) (* (volatile unsigned char *)0x50004020) = (unsigned char)(ch)
#define RdURXH1 ()    (* (volatile unsigned char *)0x50004024)
#define WrUTXH2 (ch) (* (volatile unsigned char *)0x50008020) = (unsigned char)(ch)
#define RdURXH2 ()    (* (volatile unsigned char *)0x50008024)


#define UTXH0          (0x50000020)      //Byte_access address by DMA
#define URXH0          (0x50000024)
#define UTXH1          (0x50004020)
#define URXH1          (0x50004024)
#define UTXH2          (0x50008020)
#define URXH2          (0x50008024)
#endif
```

5）UART 初始化代码

下面列出的两个函数是本项目用到的两个主要函数，包括 UART 初始化、字符的接收函数。这几个函数可以在例程目录下的 Common\Src\2410lib. c 文件内找到。

```
void uart_init(int nMainClk,int nBaud,int nChannel)
{
   int i;

   if(nMainClk ==0)
   nMainClk    = PCLK;

   switch (nChannel)
   {
    case UART0:
   rUFCON0 = 0x0;   //UART channel0FIFO control register,FIFO disable
   rUMCON0 = 0x0;   //UART chaneel0MODEM control register,AFC disable
   rULCON0 = 0x3;   //Line control register :Normal,No parity,1stop,8bits
   rUCON0 = 0x245;       //Control register
```

```
        rUBRDIV0 = ((int)(nMainClk/16./nBaud+0.5)-1); //Baud rate divisior
//register0
    break;
        case UART1:
    rUFCON1=0x0;    //UART channel1FIFO control register,FIFO disable
    rUMCON1=0x0;    //UART chaneel1MODEM control register,AFC disable
    rULCON1=0x3;
    rUCON1=0x245;
    rUBRDIV1=((int)(nMainClk/16./nBaud)-1);
    break;

        case UART2:
    rULCON2=0x3;
    rUCON2=0x245;
    rUBRDIV2=((int)(nMainClk/16./nBaud)-1);
    rUFCON2=0x0;    //UART channel2FIFO control register,FIFO disable
    break;

    default:
    break;
}

    for(i=0;i<100;i++);
    delay(0);
}
```

下面是接收字符的实现函数：

```
* name:  uart_getch
* func:  Get a character from the uart
* para:  none
* ret:  get a char from uart channel
* modify:
* comment:
char uart_getch(void)
{
    if(f_nWhichUart==0)
    {
        while(!(rUTRSTAT0&0x1)); //Receive data ready
        return RdURXH0();
    }
    else if(f_nWhichUart==1)
```

```
        {
            while(!(rUTRSTAT1&0x1)); // Receive data ready
            return RdURXH1();
        }
        else if(f_nWhichUart ==2)
        {
            while(!(rUTRSTAT2&0x1)); // Receive data ready
            return RdURXH2();
        }
    }
```

6）RS232 接口电路

本教学项目平台的电路中，UART1 串口电路如图 4.20 所示，UART1 只采用两根接线 RXD1 和 TXD1，因此只能实现简单的数据传输及接收功能。UART1 采用 MAX232 作为电平转换器。

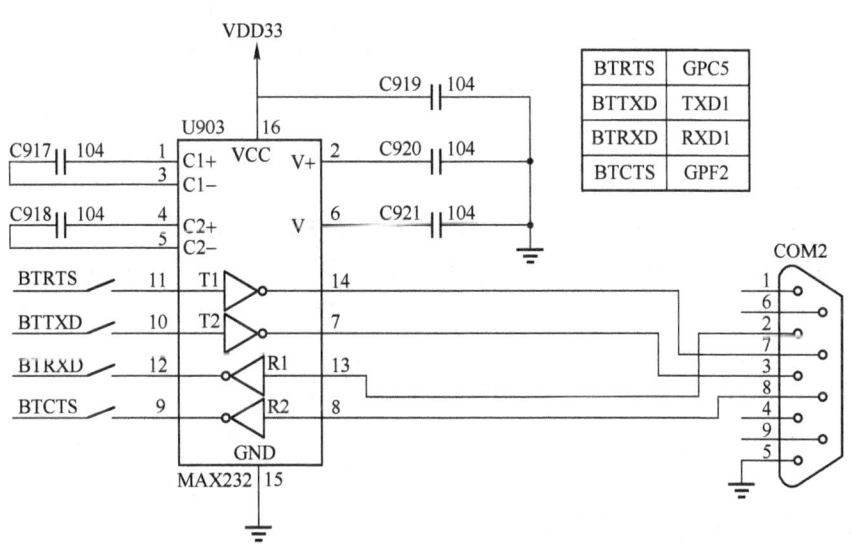

图 4.20　UART1 与 S3C2410 的连接图

4. 开发步骤

1）准备项目环境

使用 ULINK2 仿真器连接 Embest EduKit‑IV 项目平台的主板 JTAG 接口；使用 Embest EduKit‑IV 项目平台附带的交叉串口线连接项目平台主板上的 COM2 和 PC 的串口（一般 PC 只有一个串口，如果有多个请自行选择，没有串口设备的可购买 USB 转串口适配器扩充）；使用 Embest EduKit‑IV 项目平台附带的电源适配器连接项目平台主板上的电源接口。

2）串口接收设置

在 PC 上运行 Windows 自带的超级终端串口通信程序，或者使用项目平台附带光盘内设置好了的超级终端（设置超级终端：波特率 115200，1 位停止位，无校验位，无硬件流控

制），或者使用其他串口通信程序。（注：超级终端串口可根据用户的 PC 串口硬件自行选择，如果 PC 只有一个串口，一般是 COM1）。

3）打开项目例程

（1）复制项目平台附带光盘 DISK3_S3C2410\03 – Codes\01 – MDK\Mini2410 – IV 文件夹到 MDK 的安装路径：Keil\ARM\Boards\Embest\（如果本项目之前已经复制，可以跳过这一步）。（注：用户也可复制工程到任意目录，本项目为了便于教学，故统一项目路径。）

（2）运行 μVision IDE for ARM 软件，单击菜单 Project，选择 Open Project…命令，在弹出的对话框中选择项目例程目录_Uart_Test 子目录下的 Uart_Test. Uv2 工程。

（3）默认打开的工程在源码编辑窗口会显示项目例程的说明文件 readme. txt，详细阅读并了解项目内容。

（4）工程提供了两种运行方式：一是下载到 SDRAM 中调试运行；二是固化到 Nor Flash 中运行。用户可以在工具栏 Select Target 下拉列表框中选择在 RAM 中调试运行还是固化到 Nor Flash 中运行，如图 4. 21 所示。

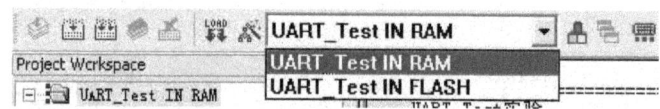

图 4. 21　选择运行方式

下面项目将介绍下载到 SDRAM 中调试运行，所以在 Select Target 下拉列表框中选择 UART_Test IN RAM。

（5）接下来开始编译链接工程，在菜单 Project 选择 Build target 命令或 Rebuild all target files 命令编译整个工程，用户也可以在工具栏中单击 或 按钮进行编译。

（6）编译完成后，在输出窗口可以看到编译提示信息，如 "". \SDRAM\UART_Test. axf" –0Error(s),1Warning(s). "，如果显示 "0Error(s)" 则表示编译成功。

（7）拨动项目平台电源开关，给项目平台上电，选择 Debug→Start/Stop Debug Session 命令，将编译出来的映象文件下载到 SDRAM 中，或者单击工具栏中的 按钮来下载。

（8）下载完成后，选择 Debug→Run 命令运行程序，或者单击工具栏中的 按钮来全速运行程序。用户也可以进行单步调试程序。

（9）全速运行后，用户可以在超级终端看到程序运行的信息，出现 "Please input words, then press Enter" 提示后输入想要发送的数据，并以回车作为发送字符串的结尾标志。

（10）用户可以停止程序的运行，使用 μVision IDE for ARM 的一些调试窗口跟踪查看程序运行的信息。

注：如果在第（4）步用户选择固化到 Nor Flash 中运行，则编译链接成功后，选择 Flash→Download 命令将程序固化到 Nor Flash 中，或者单击工具栏中的按钮 固化程序，从项目平台的主板拔出 JTAG 线，给项目平台重新上电，程序将自动运行。

5. 参考程序

```
* File: uart_test.c
* Author: embest
```

```
* Desc: Uart_Test
* History:
#include "uart_test.h"
* name: uart1_test
* func: uart test function
* para: none
* ret: none
* modify:
* comment:
void uart1_test(void)
{
  char cInput[256];
  UINT8T ucInNo = 0;
  UINT32T g_nKeyPress;
  char c;
  uart_printf("\n UART1Communication Test Example \n");
  uart_printf(" Please input words,then press Enter:\n");
  uart_printf(" />");
  uart_printf(" ");
  g_nKeyPress = 1;
  while(g_nKeyPress == 1)    //only for board test to exit
  {
    c = uart_getch();
    //uart_sendbyte(c);

    uart_printf("% c",c);
    if(c! = \r )
     cInput[ucInNo ++] = c;
    else
    {
     cInput[ucInNo] = \0 ;
     break;
    }
  }
  delay(1000);

  uart_printf("\nThe words that you input are:%s \n",cInput);
  uart_printf(" end. \n");
}
```

6. 想一想

（1）超级终端在本项目中的作用是什么？

（2）编写程序实现在 LCD 上显示从串口接收到的字符。

（3）如何实现增加错误检测功能？

本章小结

本章主要介绍 S3C2410A 的基本结构和工作原理，同时介绍了基于 S3C2410A 的时钟模块、电源模块、内存控制模块、基本 I/O 接口、中断控制模块的详细特点及实现细节等内容。

思考与习题 4

1. 简单介绍 S3C2410A 微处理器的特点和功能。

2. S3C2410A 芯片内部有哪些主要模块？其主要功能是什么？

第5章
嵌入式操作系统

学习目标

1. 理解与嵌入式操作系统管理相关的基本概念；
2. 掌握嵌入式操作系统的最小系统组成；
3. 了解嵌入式 Linux 操作系统。

教学建议

1. 通过讨论经典案例，先提出问题，探讨各种解决方案，加深认识的拓展与升华。

2. 总结新任务的完成情况，提高学生的认识水平，从而启发学生的思考能力，加强实践动手的能力，培养团队合作精神。

5.1 嵌入式操作系统管理基础

5.1.1 嵌入式操作系统的基本概念

1. 前后台系统

对于基于分级处理器的开发来说，应用程序一般是一个无限的循环，可称为前后台系统或超循环系统。循环中调用相应的函数来完成相应的操作，这部分可以看成后台行为。中断服务程序处理异步事件可以看成前台行为。后台可称为任务级，前台可称为中断级。

时间相关性很强的关键操作一定是靠中断服务程序来保证的，因为中断服务提供的信息一直要等到后台程序走到该处理这个信息这一步时才能得到进一步处理，所以这种系统在处理的及时性上比实际可以做到的要差。这个指标称作任务级响应时间，最坏情况下的任务级响应时间取决于整个循环的执行时间。因为循环的执行时间不是常数，程序经过某一特定部分的准确时间也不能确定。进而，如果程序修改了，循环的时序也会受到影响。

很多基于微处理器的产品采用前后台系统设计，如微波炉、电话机、玩具等。在另外一些基于微处理器的应用中，从省电的角度出发，平时微处理器处于停机状态，所有事都靠中断服务来完成。

2. 操作系统

操作系统是计算机中最基本的程序。操作系统负责计算机系统中全部软/硬资源的分配与回收、控制与协调等并发的活动；操作系统提供用户接口，使用户获得良好的工作环境；操作系统为用户扩展新的系统功能提供软件平台。

实时操作系统（RTOS）是一段在嵌入式系统启动后首先执行的背景程序，用户的应用程序是运行于 RTOS 之上的各个任务，RTOS 根据各个任务的要求进行资源（包括存储器、外设等）管理、消息管理、任务调度、异常处理等工作。在 RTOS 支持的系统中，每个任务均有一个优先级，RTOS 根据各个任务的优先级动态地切换各个任务，保证对实时性的要求。工程师在编写程序时，可以分别编写各个任务，不必同时将所有任务运行的各种可能情况记在心中，从而大大减少了程序编写的工作量，而且减少了出错的可能，保证最终程序具有高可靠性。

实时多任务操作系统以分时方式运行多个任务，看上去像是多个任务"同时"运行。任务之间的切换应当以优先级为根据，只有优先服务方式的 RTOS 才是真正的实时操作系统，时间分片方式和协作方式的 RTOS 并不是真正的"实时"。

3. 代码的临界区

代码的临界区也称为临界区，指处理时不可分割的代码，运行这些代码时不允许被打断。

一旦这部分代码开始执行，则不允许任何中断出现（这不是绝对的，如果中断不调用任何包含临界区的代码，也不访问任何临界区使用的共享资源，这个中断可能可以执行）。为确保临界区代码的执行，在进入临界区之前要关中断，而临界区代码执行完成以后要立即开中断。

4. 资源

程序运行时可使用的软/硬件环境统称为资源。资源可以是输入/输出设备，如打印机、键盘、显示器，资源也可以是一个变量、一个结构或一个数组等。

5. 共享资源

可以被一个以上任务使用的资源称为共享资源。为了防止数据被破坏，每个任务在与共享资源打交道时，必须独占该资源，这称为互斥。至于在技术上如何保证互斥条件，本章会做进一步讨论。

6. 进程

进程是表示资源分配的基本单位，又是调度运行的基本单位。例如，用户运行自己的程序，系统就创建一个进程，并为它分配资源，包括各种内存空间、磁盘空间、I/O 设备等。然后，把该进程放入进程的就绪队列。进程调度程序选中它，为它分配 CPU 及其他有关资源，该进程才真正运行。所以，进程是系统中的并发执行的单位。

7. 线程

线程是进程中执行运算的最小单位，即执行处理机调度的基本单位。如果把进程理解为在逻辑上操作系统所完成的任务，那么线程表示完成该任务的许多可能的子任务之一。线程可以在处理器上独立调度执行，这样，在多处理器环境下就允许几个线程各自在微处理器上进行。操作系统提供线程的目的就是方便而有效地实现这种并发性。

8. 任务

任务是最抽象的，是一个一般性的术语，指由软件完成的一个活动。一个任务既可以是一个进程，也可以是一个线程。简而言之，它指的是一系列共同达到某一目的的操作。例如，读取数据并将数据放入内存中。这个任务可以作为一个进程来实现，也可以作为一个线程（或作为一个中断任务）来实现。

9. 任务切换

当多任务内核决定运行另外的任务时，它保存正在运行任务的当前状态，即 CPU 寄存器中的全部内容。这些内容保存在任务的当前状态保存区，也就是任务的栈区之中。入栈工作完成后，把下一个将要运行的任务的当前状态从任务的栈中重新装入 CPU 的寄存器，并开始下一个任务的运行。这个过程称为任务切换。这个过程增加了应用程序的额外负荷，CPU 的内部寄存器越多，额外负荷越重。任务切换所需要的时间取决于 CPU 有多少寄存器要入栈。实时内核的性能不应该以每秒钟能做多少次任务切换来评价。

在内核多任务系统中，内核负责管理各个任务，或者说为每个任务分配 CPU 时间，并且负责任务之间的通信。内核提供的基本服务是任务切换。之所以使用实时内核可以大大简化应用系统的设计，是因为实时内核允许将应用系统分成若干个任务，由实时内核来管理。内核本身也增加了应用程序的额外负荷，代码空间增加 ROM 的用量，内核本身的数据结构增加 RAM 的用量，但更主要的是，每个任务要有自己的栈空间，这一块占内存空间相当大。

内核本身对 CPU 的占用时间一般在 2% ～ 5%。

通过提供必不可缺少的系统服务，如信号量管理、消息队列、延时等，实时内核使得 CPU 的利用更为有效。

10. 调度

调度是内核的主要职责之一。调度即为决定该轮到哪个任务运行。多数实时内核基于优先级调度法，每个任务根据其重要程序的不同被赋予一定的优先级。基于优先级的调度法指 CPU 总是让处在就绪状态的优先级最高的任务先运行。然而究竟何时让高优先级任务掌握 CPU 的使用权，有两种不同的情况，这要看用的是什么类型的内核，是非占先式内核还是占先式内核。

11. 非占先式内核

非占先式内核要求每个任务自我放弃 CPU 的所有权。非占先式调度法也称作合作型多任务，各个任务彼此合作共享一个 CPU。异步事件还是由中断服务来处理，中断服务可以使一个高优先级的任务由挂起状态变为就绪状态。但中断服务过后控制权还回到原来被中断了的那个任务，直到该任务主动放弃 CPU 的使用权时，那个高优先级的任务才能获得 CPU 的使用权。

12. 占先式内核

当系统响应时间很重要时，要使用占先式内核。因此绝大多数商业上销售的实时内核都是占先式内核。最高优先级的任务一旦就绪，总能得到 CPU 的控制权。当一个比运行着的任务优先级高的任务进入了就绪状态时，当前任务的 CPU 使用权就被剥夺，或者说被挂起，那个高优先级的任务立刻得到了 CPU 的控制权。如果是中断服务子程序使一个高优先级的任务进入就绪状态，中断完成时，中断了的任务被挂起，优先级高的那个任务开始运行。

13. 任务优先级

任务的优先级用来表示任务被调度的优先程度。每个任务都具有优先级，任务越重要，赋予的优先级应越高，越容易被调度而进入运行状态。

14. 中断

中断是一种硬件机制，用于通知 CPU 有个异步事件发生了。中断一旦被识别，CPU 保存部分（或全部）上下文即部分或全部寄存器的值，跳转到专门的子程序，称为中断服务子程序（ISR）。中断服务子程序进行事件处理，处理完成后，程序回到：

（1）在前后台系统中，程序回到后台程序；

（2）对非占先式内核而言，程序回到被中断了的任务；

（3）对占先式内核而言，让进入就绪状态的优先级最高的任务开始运行。

中断使得 CPU 可以在事件发生时才予以处理，而不必让微处理器连续不断地查询是否有事件发生。通过两条特殊指令（关中断和开中断）可以让微处理器不响应或响应中断。在实时环境中，关中断的时间应尽量短。

关中断影响中断延迟时间，关中断时间太长可能会引起中断丢失。微处理器一般允许中断嵌套，也就是在中断服务期间，微处理器可以识别另一个更重要的中断，并服务于那个更重要、优先级更高的中断。

15. 时钟节拍

时钟节拍是特定的周期性中断，这个中断可以看作系统心脏的脉动。中断之间的时间间隔取决于不同应用，一般在 10 ~ 200ms 之间。时钟的节拍式中断使得内核可以将任务延时若干个整数时钟节拍，以及当任务等待事件发生时，提供等待超时的依据。时钟节拍率越快，系统的额外开销就越大。

5.1.2　嵌入式最小系统

单个嵌入式处理器是不能独立工作的，必须给它供电、加上时钟信号、提供复位信号，如果芯片没有片内程序存储器，则还要加上存储器系统，嵌入式处理器芯片才可能工作。这些提供嵌入式处理器运行所必需的条件的电路与嵌入式处理器共同构成了这个嵌入式处理器的最小系统。而大多数基于 ARM7 处理器核的微控制器都有调试接口，这部分在芯片实际工作时不是必需的，但是因为这部分在开发时很重要，所以把这部分也归入最小系统中。嵌入式最小系统框图如图 5.1 所示。

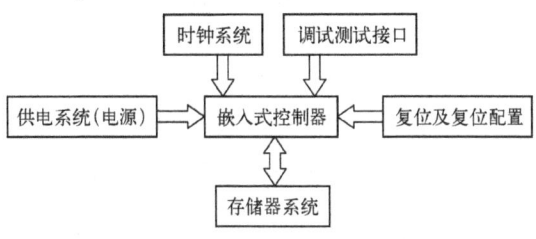

图 5.1　嵌入式最小系统框图

5.2　常见嵌入式操作系统

1. 嵌入式 Linux（uClinux）

uClinux 是一个完全符合 GNU/GPL 公约的操作系统，完全开放代码，现在由 Lineo 公司支持维护。uClinux 的发音是 "you - see - linux"，它的名字来自于希腊字母 "mu" 和英文大写字母 "C"。"mu" 代表 "微小" 之意，字母 "C" 代表 "控制器"，所以从字面上就可以看出它的含义，即 "微控制领域中的 Linux 系统"。

为了降低硬件成本及减少运行功耗，很多嵌入式 CPU 没有设计内存管理单元（Memory Management Unit，MMU）功能模块。最初，运行于这类没有 MMU 的 CPU 之上的都是一些很简单的单任务操作系统，或者更简单的控制程序，甚至根本就没有操作系统而直接运行应用程序。在这种情况下，系统无法运行复杂的应用程序，或者效率很低，而且所有的应用程序需要重写，并要求程序员十分了解硬件特性。这些因素都阻碍了应用于这类 CPU 之上的嵌入式产品开发的速度。

uClinux 从 Linux 2.0/2.4 内核派生而来，沿袭了主流 Linux 的绝大部分特性。它是专门针对没有 MMU 的 CPU，并且为嵌入式系统做了许多小型化的工作，适用于没有虚拟内存或内存管理单元（MMU）的处理器，如 ARM7TDMI。它通常用于具有很少内存或 Flash 的嵌入

式系统。uClinux 是为了支持没有 MMU 的处理器而对标准 Linux 作出的修正。它保留了操作系统的所有特性，为硬件平台更好地运行各种程序提供了保证。在 GNU 通用公共许可证（GNU GPL）的保证下，运行 uClinux 操作系统的用户可以使用几乎所有的 Linux API 函数，不会因为没有 MMU 而受到影响。由于 uClinux 在标准的 Linux 基础上进行了适当的裁剪和优化，从而形成了一个高度优化的、代码紧凑的嵌入式 Linux。虽然 uClinux 的体积很小，但它仍然保留了 Linux 的大多数优点：稳定、良好的移植性、优秀的网络功能、完备的对各种文件系统的支持及标准丰富的 API 等。

2. Windows CE

Windows CE 是微软开发的一个开放的、可升级的 32 位嵌入式操作系统，是基于掌上型电脑类的电子设备的操作系统。Windows CE 是精简的 Windows 95，它的图形用户界面相当出色。

其中 CE 中的 C 代表袖珍（Compact）、消费（Consumer）、通信能力（Connectivity）和伴侣（Companion）；E 代表电子产品（Electronics）。与 Windows 95/98、Windows NT 不同的是，Windows CE 是所有源代码全部由微软自行开发的嵌入式新型操作系统，其操作界面虽来源于 Windows 95/98，但 Windows CE 是基于 Win32 API 重新开发的、新型的信息设备平台。

Windows CE 具有模块化、结构化、基于 Win32 应用程序接口及与处理器无关等特点。

Windows CE 不仅继承了传统的 Windows 图形界面，并且在 Windows CE 平台上可以使用 Windows 95/98 上的编程工具（如 Visual Basic、Visual C ++ 等）、使用同样的函数、使用同样的界面网格，使绝大多数的应用软件只需简单地修改和移植就可以在 Windows CE 平台上继续使用。

3. VxWorks

VxWorks 操作系统是美国 WindRiver 公司于 1983 年设计开发的一种嵌入式实时操作系统（RTOS），是嵌入式开发环境的关键组成部分。VxWorks 具有良好的持续发展能力、高性能的内核及友好的用户开发环境，它在嵌入式实时操作系统领域占据一席之地。它以其良好的可靠性和卓越的实时性被广泛地应用在通信、军事、航空、航天等高精尖技术及实时性要求极高的领域中，如卫星通信、军事演习、弹道制导、飞机导航等。在美国的 F－16 战斗机、FA－18 战斗机、B－2 隐形轰炸机和爱国者导弹上，甚至连 1997 年 4 月在火星表面登陆的火星探测器上也使用了 VxWorks。

VxWorks 具有以下几个特点。

1）可靠性

操作系统的用户希望在一个工作稳定、可以信赖的环境中工作，所以操作系统的可靠性是用户首先要考虑的问题。而稳定、可靠一直是 VxWorks 的一个突出优点。

2）实时性

实时性指能够在限定时间内执行完规定的功能并对外部的异步事件做出响应的能力。实时性的强弱是以完成规定功能和做出响应时间的长短来衡量的。

VxWorks 的实时性非常好，其系统本身的开销很小，进程调度、进程间通信、中断处理等系统公用程序精练而有效，这些程序造成的延迟很短。VxWorks 提供的多任务机制中对任务的控制采用了优先级抢占（Preemptive Priority Scheduling）和轮转调度（Round－Robin

Scheduling）机制，也充分保证了可靠的实时性，使同样的硬件配置能满足更强的实时性要求，为应用的开发留出更大的余地。

3）可裁减性

用户在使用操作系统时，并不是操作系统中的每一个部件都要用到，如图形显示、文件系统及一些设备驱动在某些嵌入系统中往往并不使用。

VxWorks 由一个体积很小的内核及一些可以根据需要进行定制的系统模块组成。

VxWorks 内核最小为 8kB，即便加上其他必要模块，所占用的空间也很小，且不失其实时、多任务的系统特征。由于它的高度灵活性，用户可以很容易地对这一操作系统进行定制或进行适当开发，来满足自己的实际应用需要。

4. OSE

OSE 主要是由 ENEA Data AB 下属的 ENEA OSE Systems AB 负责开发和技术服务，一直以来都充当着实时操作系统及分布式和容错性应用的先锋。公司成立于 1968 年，有大约 600 名雇员专门从事实时应用的技术支持工作。ENEA OSE Systems AB 是现今市场上一个飞速发展的 RTOS 供应商，在过去三年中，该公司的税收以每年 70% 的速度递增。

该公司开发的 OSE 支持容错，适用于可从硬件和软件错误中恢复的应用，它独特的消息传输方式使它能方便地支持多处理机之间的通信。OSE 的客户深入到电信、数据、工控、航空等领域，尤其在电信方面，该公司已经有了十余年的开发经验，ENEA Data AB 现在已经成为日趋成熟、功能强大、经营灵活的 RTOS 供应商，也同诸如爱立信、诺基亚、西门子等知名公司确定了良好的关系。

OSE 操作系统的特点有以下几个。

1）高处理能力

内核中实时性严格的部分都由优化的汇编来实现，特别是使用信号量指针，使得数据处理速度非常快。

2）真正适合开发复杂（包括多 CPU 和多 DSP）的分布式系统

OSE 为解决不间断运行和多 CPU 的分布式系统的需求进行了专门设计，为开发商开发不同种处理器组成的分布式系统提供了最快捷的方式。对于复杂的并行系统来说，OSE 提供了一种简单的通信方式，简化了多 CPU 的处理。

3）广泛的应用

已经在电信、无线通信、数据通信、工业、航空、汽车工业、石油化工、医疗和消费类电子等领域获得了广泛应用。

4）认证

OSE 获得了 IEC 61508、SIL3、DO – 178B（levels A – D）、EN60601 –4 等认证。

5）第三方

ENEA 有强大的第三方，可以为嵌入式系统的用户提供基于完整和有效的解决方案，包括：ARM、Green Hill Software、Harris & Jeffries、Lucent Technologies、Motorola、RationalSoftware、Sun Microsystems、Telelogic、Texas Instruments、Trillium Digital System 等。

5. Nucleus

Nucleus PLUS 是为实时嵌入式应用而设计的一个抢先式多任务操作系统内核，其 95% 的代码是用 ANSIC 写成的，因此非常便于移植并能够支持大多数类型的处理器。从实现角度来看，Nucleus PLUS 是一组 C 语言函数库，应用程序代码与核心函数库连接在一起，生成一个目标代码，下载到目标机的 RAM 中或直接烧录到目标机的 ROM 中执行。在典型的目标环境中，Nucleus PLUS 核心代码区一般不超过 20kB 大小。

Nucleus PLUS 采用了软件组件的方法。每个组件具有单一而明确的目的，通常由几个 C 语言及汇编语言模块构成，提供清晰的外部接口，对组件的引用就是通过这些接口完成的。除了少数特殊情况外，一般不允许从外部对组件内的全局进行访问。由于采用了软件组件的方法，Nucleus PLUS 各个组件非常易于替换和复用。

Nucleus PLUS 的组件包括任务控制、内存管理、任务间通信、任务的同步与互斥、中断管理、定时器及 I/O 驱动等。

Nucleus 具有以下几个特点。

1）提供源代码

Nucleus PLUS 提供注释严格的 C 源级代码给每一个用户。从而，用户能够深入地了解底层内核的运作方式，并可根据自己的特殊要求删减或改动系统软件，这对软件的规范化管理及系统软件的测试都有极大的帮助。另外，由于提供了 RTOS 的源级代码，用户不但可以进行 RTOS 的学习和研究，而且产品在量产时也不必支付 License，可以省去大量的费用。对于军方来说，由于提供了源代码，用户完全可以控制内核而不必担心操作系统中可能会存在异常任务而导致系统崩溃。

2）性价比高

Nucleus PLUS 由于采用了先进的微内核（Micro – kernel）技术，因而在优先级安排、任务调度、任务切换等各个方面都有相当大的优势。另外，对 C ++ 语言的全面支持又使得 Nucleus PLUS 的 Kernel 成为名副其实的面向对象的实时操作系统内核。然而其价格却比较合理，所以容易被广大的研发单位接受。

3）易学易用

Nucleus PLUS 能够结合 Paradigm、SDS 及 ATI 自己的多任务调试器组成功能强大的集成开发环境，配合相应的编译器和动态链接库及各类底层驱动软件，用户可以轻松地进行 RTOS 的开发和调试。另外，由于这些集成开发环境（IDE）为所有的开发工程师所熟悉，因而容易学习和使用。

4）功能模块丰富

Nucleus PLUS 除提供功能强大的内核操作系统外，还提供种类丰富的功能模块。例如，用于通信系统的局域和广域网络模块、支持图形应用的实时化 Windows 模块、支持 Internet 网的 Web 产品模块、工控机实时 BIOS 模块、图形化用户接口及应用软件性能分析模块等。用户可以根据自己的应用来选择不同的应用模块。

5）Nucleus PLUS 支持的 CPU 类型

Nucleus PLUS 的 RTOS 内核可支持如下类型的 CPU：x86、68xxx、68HCxx、NEC V25、

ColdFire、29K、i960、MIPS、SPARClite、TI DSP、ARM6/7、StrongARM、H8/300H、SH1/2/3、PowerPC、V8xx、Tricore、Mcore、Panasonic MN10200、Tricore、Mcore 等。可以说 Nucleus 是支持 CPU 类型最丰富的实时多任务操作系统。

针对各种嵌入式应用，Nucleus PLUS 还提供相应的网络协议（如 TCP/IP，SNMP 等），以满足用户对通信系统的开发要求。另外，可重入的文件系统、可重入的 C 函数库及图形化界面等也给开发者提供了方便。

值得提出的是，ATI 公司最近还推出了基于 Microsoft Developers Studio 的嵌入式集成开发环境——Nucleus EDE。从而率先将嵌入式开发工具与 Microsoft 的强大开发环境结合起来，提供给工程师们强大的开发手段。

6. eCos

eCos 是 RedHat 公司开发的源代码开放的嵌入式 RTOS 产品，是一个可配置、可移植的嵌入式实时操作系统，设计的运行环境为 RedHat 的 GNUPro 和 GNU 开发环境。eCos 的所有部分都开放源代码，可以按照需要自由修改和添加。eCos 的关键技术是操作系统可配置性，允许用户组和自己的实时组件和函数以及实现方式，特别允许 eCos 的开发则定制自己的面向应用的操作系统，使 eCos 能有更广泛的应用范围。

eCos 本身可以运行在 16、32 和 64 位的体系结构、微处理器（MPU）、微控制器（MCU）及 DSP 上，其内核、库是建立在硬件抽象层（Hardware Abstraction Layer，HAL）上的，只要将 HAL 移植到目标硬件上，整个 eCos 就可以运行在目标系统之上了。目前 eCos 支持的系统包括 ARM、Hitachi SH3、Intel X86、MIPS、PowerPC 和 SPARC 等。eCos 提供了应用程序所需的实时要求，包括可抢占性、短的中断延时、必要的同步机制、调度规则、中断机制等。eCos 还提供了必要的一般嵌入式应用程序所需的驱动程序、内存管理、异常管理、C 语言库和数学库等。

7. μC/OS－II

μC/OS－II 是一个源码公开、可移植、可固化、可裁剪、占先式的实时多任务操作系统。其绝大部分源码是用 ANSIC 写的，世界著名嵌入式专家 Jean J. Labrosse（μC/OS－II 的作者）出版的多本图书详细分析了该内核的几个版本。μC/OS－II 通过了联邦航空局（FAA）商用航行器认证，符合 RTCA（航空无线电技术委员会）DO－178B 标准，该标准是为航空电子设备所使用软件的性能要求而制定的。自 1992 年问世以来，μC/OS－II 已经被应用到数以百计的产品中。

uC/OS－II 在高校教学中使用是不需要申请许可证的，但若想将 μC/OS－II 的目标代码嵌入到产品中去，应购买目标代码销售许可证。

μC/OS－II 有如下几个特点。

1）提供源代码

购买《嵌入式实时操作系统 μC/OS－II（第 2 版）》可以获得 μC/OS－II V2.52 版本的所有源代码，购买此书的其他版本可以获得相应版本的全部源代码。

2）可移植性（portable）

μC/OS－II 的源代码绝大部分是使用移植性很强的 ANSIC 编写的，与微处理器硬件

相关的部分使用汇编语言编写。用汇编语言编写的部分已经压缩到最低的限度，以使 μC/OS – II 便于移植到其他微处理器上。目前，μC/OS – II 已经被移植到多种不同架构 的微处理器上。

3）可固化（ROMmable）

只要具备合适的软/硬件工具，就可以将 μC/OS – II 嵌入到产品中，使之成为产品的一部分。

4）可剪裁（scalable）

μC/OS – II 使用条件编译实现可剪裁，用户程序可以只编译自己需要的（μC/OS – II 的）功能，而不编译不需要的功能，以减少 μC/OS – II 对代码空间和数据空间的占用。

5）可剥夺（preemptive）

μC/OS – II 是完全可剥夺型的实时内核，μC/OS – II 总是运行就绪条件下优先级最高的任务。

6）多任务

μC/OS – II 可以管理 64 个任务。然而，μC/OS – II 的作者建议用户保留 8 个任务给 μC/ OS – II，这样，留给用户的应用程序最多可有 56 个任务。

7）可确定性

绝大多数 μC/OS – II 的函数调用和服务的执行时间具有确定性，也就是说，用户总是能 知道 μC/OS – II 的函数调用与服务执行了多长时间。

8）任务栈

μC/OS – II 的每个任务都有自己单独的栈，使用 μC/OS – II 的栈空间校验函数，可确定 每个任务到底需要多少栈空间。

9）系统服务

μC/OS – II 提供很多系统服务，如信号量、互斥信号量、时间标志、消息邮箱、消息队 列、块大小固定的内存的申请与释放及时间管理函数等。

10）中断管理

中断可以使正在执行的任务暂时挂起，如果优先级更高的任务被中断唤醒，则高优先级 的任务在中断嵌套全部退出后立即执行，中断嵌套层数可达 255 层。

11）稳定性与可靠性

μC/OS – II 是基于 μC/OS 的，μC/OS 自 1992 年以来已经有数百个商业应用。μC/OS – II 与 μC/OS 的内核是一样的，只是提供了更多的功能。另外，2000 年 7 月，μC/OS – II 在一个 航空项目中得到了美国联邦航空管理局对商用飞机的、符合 RTCADO – 178B 标准的认证。这一 结论表明，该操作系统的质量得到了认证，可以在任何应用中使用。

5.3 嵌入式 Linux 操作系统简介

Linux 是一套免费使用和自由传播的类 Unix 操作系统，借助于 Internet 网络及全世界各地计算 机爱好者的共同努力下，今天已经成为世界上使用最多的一种 Unix 类操作系统。Linux 操作系统 具有如下优点：完全免费，完全兼容 POSIX1.0 标准，支持多用户、多任务，良好的界面，支持多 种硬件平台。目前，Linux 系统主要应用在服务器、桌面系统和嵌入式应用三大领域。

嵌入式系统（Embedded system），是一种"完全嵌入受控器件内部，为特定应用而设计的

专用计算机系统"，根据英国电气工程师协会（U. K. Institution of Electrical Engineer）的定义，嵌入式系统为控制、监视或协助设备、机器或用于工厂运作的设备。嵌入式系统出现于 20 世纪 60 年代晚期，它最初被用于控制机电电话交换机，如今已被广泛地应用于工业制造、过程控制、通讯、仪器、仪表、汽车、船舶、航空、航天、军事装备、消费类产品等众多领域。

与通用计算机系统如个人计算机系统不同，嵌入式系统通常执行的是带有特定要求的预先定义的任务。因此，嵌入式应用对操作系统的主要要求是：功能高效、节约内存资源、启动速度快、技术支持好。目前，国内普遍认同的嵌入式系统定义为：以应用为中心，以计算机技术为基础，软硬件可裁剪，适应应用系统对功能、可靠性、成本、体积、功耗等严格要求的专用计算机系统。一般来说，凡是带有微处理器的专用软硬件系统都可以称为嵌入式系统。

嵌入式 linux 是将 Linux 操作系统进行裁剪修改，使之能在嵌入式计算机系统上运行的一种操作系统。嵌入式 Linux 既继承了 Internet 上无限的开放源代码资源，又具有嵌入式操作系统的特性。嵌入式 Linux 的特点是：版权费免费，性能优异，软件移植容易，代码开放，有许多应用软件支持，应用产品开发周期短，实时性、稳定性、安全性好。嵌入式 Linux 的应用领域非常广泛，主要的应用领域有信息家电、机顶盒、智能手机、触摸屏系统、应答设备、数据网络、以太网网关、路由设备、远程服务器、ATM 取款机、医疗电子、工业控制、航空航天领域等。

任务开发 4　基于 IIC 按键中断控制

1. 学习目标

（1）通过项目掌握 S3C2410A 的中断控制寄存器的使用；
（2）通过项目掌握 S3C2410A 处理器的中断响应过程；
（3）通过项目掌握 ARM 处理器的中断方式和中断处理过程；
（4）通过项目掌握 ARM 处理器中断处理的软件编程方法。

2. 任务内容

编写程序，当用户在项目箱上按下 KEY1 键或 KEY2 键时，在中断服务子程序中将相关信息打印到串口中，显示在超级终端上。

3. 开发原理

在本项目平台的主板上设计了两路外部按键，当键被按下时，会产生按键中断信号。按键产生的中断信号经过 CPLD 逻辑处理后连接到 CPU 的中断引脚。电路原理图如图 5.2、图 5.3 所示。

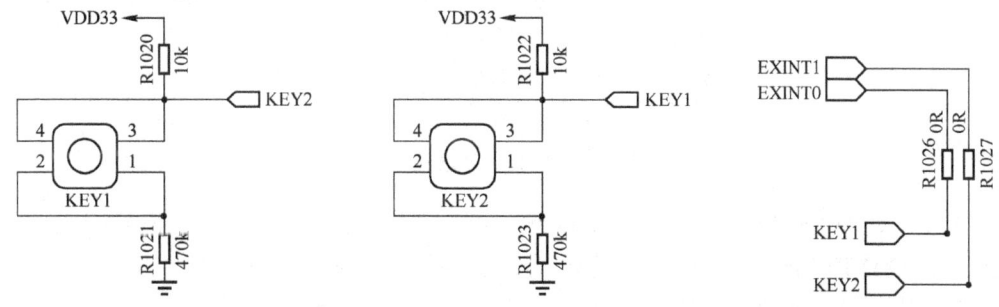

图 5.2　按键电路原理图一　　　　　　图 5.3　按键电路原理图二

电路原理图 5.2、图 5.3 是主板上设计的两路按键，分别输出两个按键信号：EXINT0 与 EXINT1。两路按键的原理是一样的，这里以主板上的按键 KEY2 为例说明。如图 5.3 右边的 KEY2 按键，其导出了一个输出信号 KEY1，信号 KEY1 对应了标号 EXINT0。在没有键按下时，EXINT0 信号为高电平，当有键按下时，EXINT0 变为低电平。EXINT0 信号作为 CPLD 芯片的输入信号。CPLD 扩展电路如图 5.4 所示。

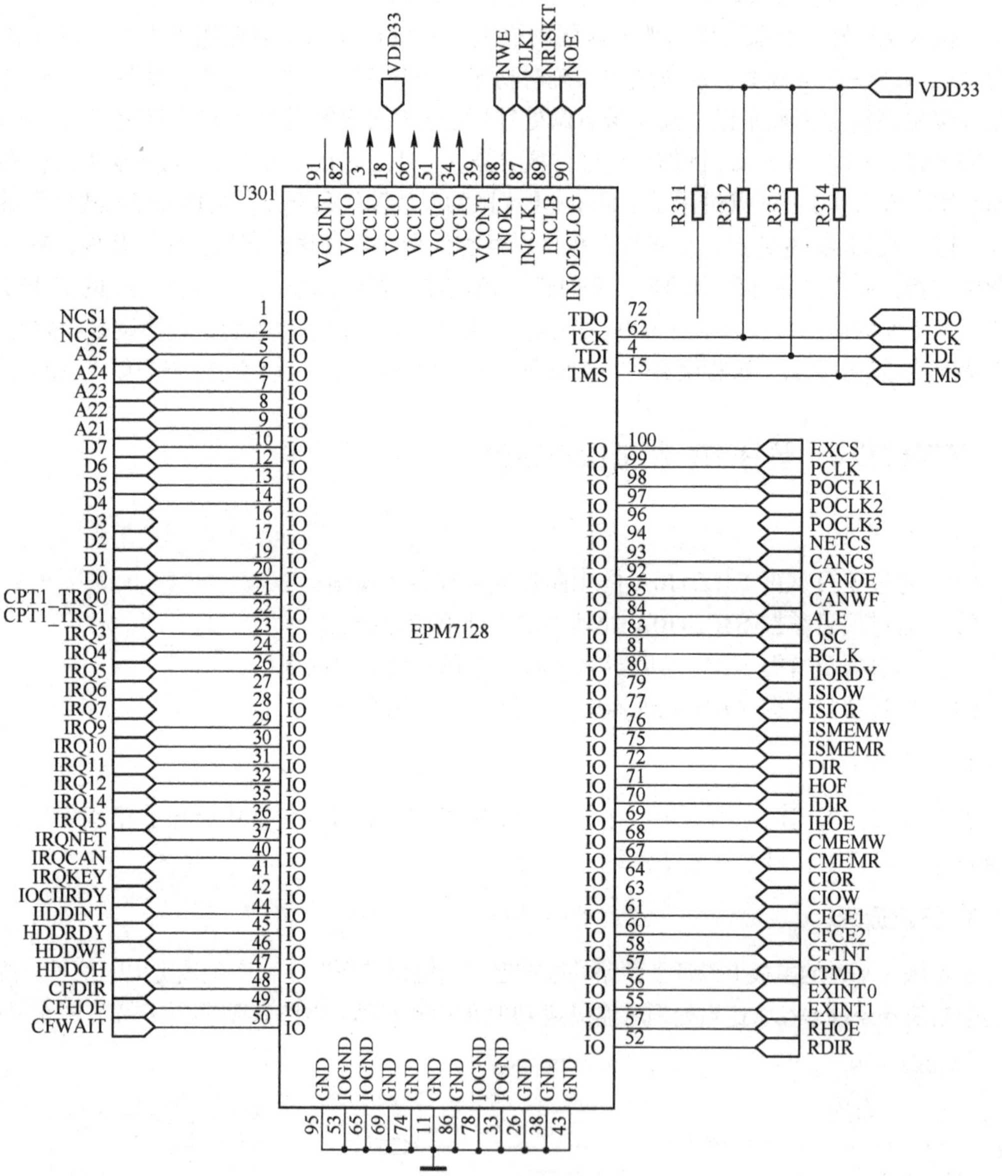

图 5.4　CPLD 扩展电路

在图 5.4 中，按键信号 EXINT0 直接输入到 CPLD 芯片。CPLD 是可编程逻辑芯片。在本项目平台中，EXINT0 信号经过 CPLD 逻辑处理后，最终连接到 CPU 的中断引脚上。本项目平台的 CPLD 内部逻辑如图 5.5 所示。

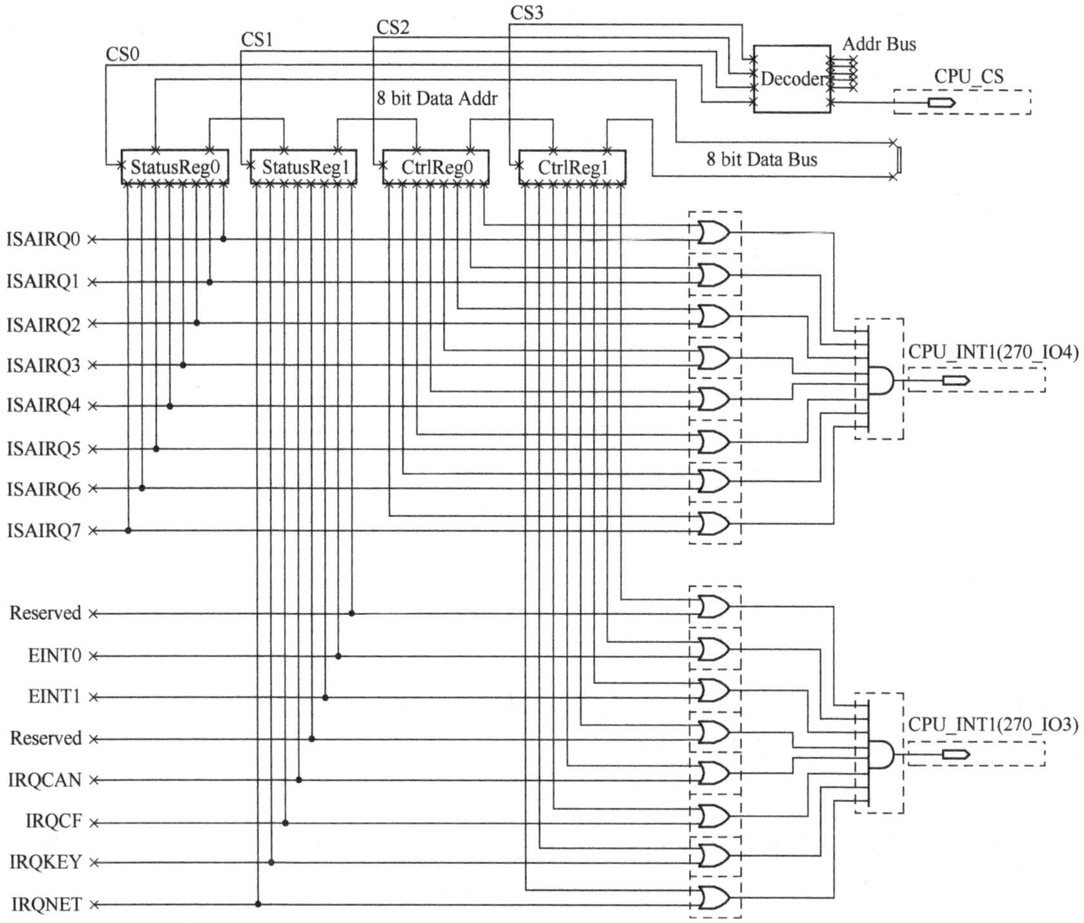

图 5.5 CPLD 内部逻辑

了解 CPLD 逻辑便于理解按键的中断机制。图 5.6 为 CPLD 扩展中断。ISAIRQ0 ～ ISAIRQ7、IRQNET、IRQKEY、EINT0、EINT1 等信号是外部设备的中断信号，它们作为 CPLD 芯片的输入。CPLD 芯片上设计了两个中断控制器 CtrlReg0 与 CtrlReg1，设计了两个状态寄存器 StatusReg0 与 StatusReg1。从图 5.6 可以看出，按键中断 EINT0 是由状态寄存器 StatusReg1 与中断控制器 CtrlReg1 来控制的，并且按键中断 EINT0 与其他外部中断（如 IRQCF、IRQKEY 等）共享了一个 CPU 中断，在初始状态，这些引脚信号为高电平。

下面说明 CPLD 芯片上与按键中断相关的寄存器。

中断控制寄存器 CtrlReg1（见表 5.1）是 8 位只写寄存器，它的每个位分别控制了一个外部中断。其中按键中断 EINT0 位于 BIT1 位。往寄存器相应位写 1，则相应中断被屏蔽；相应位清零，则相应中断被打开。

表 5.1 中断控制寄存器 CtrlReg1（地址 0x06600000）

BIT7	BIT6	BIT5	BIT4	BIT3	BIT2	BIT1	BIT0
IRQNET	IRQKEY	IRQCF	IRQCAN	Reserved	EINT1	EINT0	Reserved

中断状态寄存器 StatusReg1（见表 5.2）是 8 位只读寄存器。它的每个位分别实时反映了一个外部中断信号的状态，其中 BIT1 位反映了按键中断 EINT0 的状态，如当前按键

KEY2 没有键按下时,则中断信号引脚 EINT0 为高电平,此时寄存器 StatusReg1 的 BIT1 位也为高电平;当有键按下时,中断信号引脚 EINT0 变为低电平,此时寄存器 StatusReg1 的 BIT1 位也变为低电平。

表 5.2 中断状态寄存器 StatusReg1 (地址 0x06200000)

BIT7	BIT6	BIT5	BIT4	BIT3	BIT2	BIT1	BIT0
IRQNET	IRQKEY	IRQCF	IRQCAN	Reserved	EINT1	EINT0	Reserved

4. 开发步骤

1) 准备项目环境

使用 ULINK2 仿真器连接 Embest EduKit – IV 项目平台主板的 JTAG 接口;使用 Embest EduKit – IV 项目平台附带的交叉串口线连接项目平台主板上的 COM2 和 PC 的串口(一般 PC 只有一个串口,如果有多个请自行选择,没有串口设备的可购买 USB 转串口适配器扩充);使用 Embest EduKit – IV 项目平台附带的电源适配器连接项目平台主板上的电源接口。

2) 串口接收设置

在 PC 上运行 Windows 自带的超级终端串口通信程序,或者使用项目平台附带光盘内设置好了的超级终端设置超级终端(波特率 115200、1 位停止位、无校验位、无硬件流控制),或者使用其他串口通信程序(注:超级终端串口根据用户的 PC 串口硬件不同自行选择,如果 PC 只有一个串口,一般是 COM1)。

3) 打开项目例程

(1) 复制项目平台附带光盘 DISK3_ S3C2410 \ 03 – Codes \ 01 – MDK \ Mini2410 – IV 文件夹到 MDK 的安装路径:Keil \ ARM \ Boards \ Embest \ (如果本项目之前已经复制,可以跳过这一步)(注:用户也可复制工程到任意目录,本项目为了便于教学,统一项目路径)。

(2) 运行 μVision IDE for ARM 软件,选择 Project→Open Project…命令,在弹出的对话框中选择项目例程目录 5.3_Button_Test 子目录下的 Button_Test. Uv2 工程。

(3) 默认打开的工程中,在源码编辑窗口会显示项目例程的说明文件 readme. txt,详细阅读并理解项目内容。

(4) 工程提供了两种运行方式:一是下载到 SDRAM 中调试运行;二是固化到 Nor Flash 中运行。用户可以在工具栏 Select Target 下拉列表框中选择在 RAM 中调试运行还是固化到 Nor Flash 中运行。

下面项目将介绍下载到 SDRAM 中调试运行,所以在 Select Target 下拉列表框中选择 Button_Test IN RAM。

(5) 接下来开始编译链接工程,在菜单栏 Project 中选择 Build target 命令或 Rebuild all target files 命令编译整个工程,用户也可以在工具栏中单击 按钮或 按钮进行编译。

(6) 编译完成后,在输出窗口中可以看到编译提示信息,如 " ". \ SDRAM \ Button_ Test. axf" – 0Error(s),1Warning(s). ",如果显示 "0Error(s)",即表示编译成功。

(7) 拨动项目平台电源开关,给项目平台上电,选择 Debug→Start/Stop Debug Session 命令将编译出来的映象文件下载到 SDRAM 中,或单击工具栏上的 按钮来下载。

(8) 下载完成后,选择 Debug→Run 命令运行程序,或者单击工具栏上的 按钮来全

速运行程序。用户也可以进行单步调试程序。

（9）全速运行后，用户可以在超级终端看到程序运行的信息，此时，用户可在项目箱上按下 KEY1 键或 KEY2 键，超级终端上将显示相应的信息。

（10）用户可以中止程序运行，使用 μVision IDE for ARM 的一些调试窗口跟踪查看程序运行的信息。

注：如果在第（4）步用户选择因此在 Nor Flash 中运行，则编译链接成功后，选择 Flash→Download 命令将程序固化到 Nor Flash 中，或者单击工具栏上的按钮 固化程序，从项目平台的主板拔出 JTAG 线，给项目平台重新上电，程序将自动运行。

5. 参考程序

```
* File:button_test.c
* Author:embest
* Descript:Button_Test
* History:
*    EINT0 ---KEY1   EINT1 - - - KEY2
#define rCPLDIntControl(*(volatile unsigned char *)0x22600000)
#define rCPLDIntStatus(*(volatile unsigned char *)0x22200000)
void __irQint_int(void);

void __irQint_int(void)
{
  unsigned char Status;

 Status = rCPLDIntStatus;
 Status =~ (Status &0x6);

   if(Status &0x2)
  {
  uart_printf(" Eint0 interrupt occurred. \n");
  rCPLDIntControl |= (1 << 1);
  rCPLDIntControl & =~ (1 << 1);
  }
  else if(Status &0x4)
  {
  uart_printf(" EINT1 interrupt occurred. \n");
  rCPLDIntControl |= (1 << 2);
  rCPLDIntControl & =~ (1 << 2);
  }

  rEINTPEND = (1 << 9);
```

```
        ClearPending(BIT_EINT8_23);
    }


    void int_init(void)
    {
        rSRCPND = rSRCPND;                          //Clear all interrupt
         rINTPND = rINTPND;                         //Clear all interrupt
        //nIntMode = 3 ;
        rGPGCON |= (0xf << 0);
            rGPGCON &= (0xa << 0);


        rCPLDIntControl = 0xFF;
        rCPLDIntControl = 0xF9;


        pISR_EINT8_23 = (UINT32T)int_int;


        rEINTPEND = 0xffffff;
        rSRCPND = BIT_EINT8_23;               //Clear the previous
                                              //pending states

        rINTPND = BIT_EINT8_23;


        rEXTINT1 &= ~((0x7 << 4) | (0x7 << 0));
        rEXTINT1 |= ((0x2 << 4) | (0x2 << 0));


        rEINTMASK &= ~(3 << 8);
        rINTMSK   &= ~(BIT_EINT8_23);
    }


    void int_test(void)
    {
    uart_printf("\n External Interrupt Test Example \n");


    int_init();


    while(1);
    }
```

6. 想一想

（1）写出如何设置 IIC 中断使能。

（2）编写程序实现双键同时按下时键盘的检测及处理程序。

任务开发5 开发模数转换（ADC）设计

1. 学习目标

（1）了解 S3C2410A 处理器 ADC 相关控制寄存器的使用；

（2）通过项目掌握模数转换（ADC）的原理；

（3）掌握 S3C2410A 处理器的 ADC 转换功能。

2. 任务内容

设计分压电路，利用 S3C2410A 集成的 ADC 模块，把分压值转换为数字信号，并通过超级终端和数码管观察转换结果。

3. 开发原理

1）A/D 转换器（ADC）

随着数字技术，特别是计算机技术的飞速发展与普及，在现代控制、通信及检测领域中，对信号的处理广泛采用了数字计算机技术。由于系统的实际处理对象往往是一些模拟量（如温度、压力、位移、图像等），要使计算机或数字仪表能识别和处理这些信号，必须首先将这些模拟信号转换成数字信号，这就要用到 A/D 转换器。

2）A/D 转换过程

模拟信号进行 A/D 转换的时候，从启动转换到转换结束输出数字量，需要一定的转换时间。在这个转换时间内，模拟信号要基本保持不变，否则转换精度没有保证，特别是当输入信号频率较高时，会造成很大的转换误差。要减少这些误差的产生，必须在 A/D 转换开始时将输入信号的电平保持住，而在 A/D 转换结束后，又能跟踪输入信号的变化。因此，一般的 A/D 转换过程包括取样、保持、量化和编码这四个步骤。一般取样和保持主要由采样保持器来完成，而量化编码就由 A/D 转换器完成。模拟量到数字量的转换过程如图 5.6 所示。

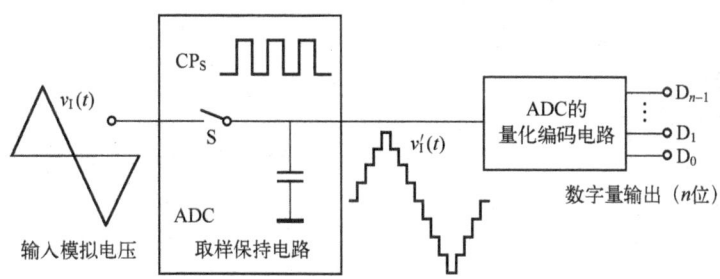

图 5.6 模拟量到数字量的转换过程

3）S3C2410A 处理器的 A/D 转换

S3C2410A 处理器内部集成了采用近似比较算法（计数式）的 8 路 10 位 ADC；集成零比较器；内部产生比较时钟信号；支持软件使能休眠模式，以减少电源损耗。其主要特性有如

下几个。

(1) 精度（Resolution）：10 – bit。

(2) 微分线性误差（Differential Linearity Error）：±1.5LSB。

(3) 积分线性误差（Integral Linearity Error）：±2.0LSB。

(4) 最大转换速率（Maximum Conversion Rate）：500ksps。

(5) 输入电压（Input voltage range）：0 ~ 3.3V。

(6) 片上采样保持电路。

(7) 正常模式。

(8) 单独 X，Y 坐标转换模式 。

(9) 自动 X，Y 坐标顺序转换模式。

(10) 等待中断模式。

4）S3C2410A 处理器 A/D 转换器的使用寄存器组

S3C2410A 处理器集成的 ADC 只使用到两个寄存器，即 ADC 控制寄存器（ADCCON）、ADC 数据寄存器（ADCDAT）。

ADC 控制寄存器（ADCCON）如表 5.3 所示。

表 5.3 ADC 控制寄存器（ADCCON）

寄 存 器	地 址	R/W	功 能 描 述	复 位 值
ADCCON	0x58000000	R/W	ADC 控制寄存器	0x3FC4

① ADCCON［15］：A/D 转换结束标志。

　0：A/D 转换正在进行。

　1：A/D 转换结束。

② ADCCON［14］：AD 转换预分频允许。

　0：不允许预分频 。

　1：允许预分频。

③ ADCCON[13:6]：预分频值 PRSCVL。

　PRSCVL 在 0 ~ 255 之间，实际的分频值为 PRSCVL +1。

④ ADCCON[5:3]：模拟信道输入选择。

　000 = AIN0；

　001 = AIN1；

　010 = AIN2；

　011 = AIN3；

　100 = AIN4；

　101 = AIN5；

　110 = AIN6；

　111 = AIN7；

⑤ ADCCON[2]：待机模式选择位。

　0：正常模式。

1：待机模式。

⑥ ADCCON[1]：A/D 转换读 – 启动选择位。

0：禁止 Start – by – read。

1：允许 Start – by – read。

⑦ ADCCON[0]：A/D 转换器启动。

0：A/D 转换器不工作。

1：A/D 转换器开始工作。

ADCDAT0 寄存器如表 5.4 所示。

表 5.4　ADCDAT0 寄存器

寄 存 器	地　　址	R/W	功 能 描 述	复 位 值
ADCDAT0	0x5800000C	R	ADC 数据寄存器	—

① ADCDAT0[15]：等待中断模式，Stylus 电平选择。

0：低电平。

1：高电平。

② ADCDAT0[14]：自动按照先后顺序转换 X，Y 坐标。

0：正常 ADC 顺序。

1：按照先后顺序转换。

③ ADCDAT0[13:12]：自定义 X，Y 位置。

00：无操作模式。

01：测量 X 位置。

10：测量 Y 位置。

11：等待中断模式。

④ ADCDAT0[11:10]：保留。

⑤ ADCDAT0[9:0]：X 坐标转换数据值。

ADCDAT1 寄存器如表 5.5 所示。

表 5.5　ADCDAT1 寄存器

寄 存 器	地　　址	R/W	功 能 描 述	复 位 值
ADCDAT1	0x58000010	R	ADC 数据寄存器	—

① ADCDAT1[15:10] 与 ADCDAT0[15:10] 功能相同；

② ADCDAT0[9:0]：Y 坐标转换数据值；

③ A/D 转换的转换时间计算；

例如，PCLK 为 50MHz，PRESCALER = 49；所有 10 位转换时间为：50MHz/(49 + 1) = 1MHz，转换时间为 1/(1M/5cycles) = 5μs。

注意，A/D 转换器的最大工作时钟为 2.5MHz，所以最大的采样率可以达到 500ksps。

4. 开发步骤

1）准备项目环境

使用 ULINK2 仿真器连接 Embest EduKit – IV 项目平台主板的 JTAG 接口；使用 Embest

EduKit – IV 项目平台附带的交叉串口线，连接项目平台主板上的 COM2 和 PC 的串口（一般 PC 只有一个串口，如果有多个请自行选择，没有串口设备的可购买 USB 转串口适配器扩充）；使用 Embest EduKit – IV 项目平台附带的电源适配器连接项目平台主板上的电源接口。

2）串口接收设置

在 PC 上运行 Windows 自带的超级终端串口通信程序，或者使用项目平台附带光盘内设置好了的超级终端，设置超级终端（波特率 115200、1 位停止位、无校验位、无硬件流控制），或者使用其他串口通信程序（注：超级终端串口可根据用户的 PC 串口硬件不同自行选择，如果 PC 只有一个串口，一般是 COM1）。

3）打开项目例程

（1）复制项目平台附带光盘 DISK3_S3C2410\03 – Codes\01 – MDK\Mini2410 – IV 文件夹到 MDK 的安装路径 Keil\ARM\Boards\Embest\（如果本项目之前已经复制，可以跳过这一步）（注：用户也可复制工程到任意目录，本项目为了便于教学，统一项目路径）。

（2）运行 μVision IDE for ARM 软件，选择 Project→Open Project…命令，在弹出的对话框中选择项目例程目录 8.2_ADC_Test 子目录下的 ADC_Test.Uv2 工程。

（3）默认打开的工程在源码编辑窗口会显示项目例程的说明文件 readme.txt，详细阅读并理解项目内容。

（4）工程提供了两种运行方式：一是下载到 SDRAM 中调试运行；二是固化到 Nor Flash 中运行。用户可以在工具栏 Select Target 下拉列表框中选择在 RAM 中调试运行还是固化到 Nor Flash 中运行。

下面项目将介绍下载到 SDRAM 中调试运行，所以在 Select Target 下拉列表框中选择 ADC_Test IN RAM。

（5）接下来开始编译链接工程，选择 Project→Build target 命令或 Rebuild all target files 命令编译整个工程，用户也可以在工具栏中单击 📖 或 📖 进行编译。

（6）编译完成后，在输出窗口可以看到编译提示信息，如 "". \SDRAM\ADC_Test.axf" – 0Error(s),1Warning(s)."，如果显示 "0Error(s)"，则表示编译成功。

（7）拨动项目平台电源开关，给项目平台上电，选择 Debug→Start/Stop Debug Session 命令，将编译出来的映象文件下载到 SDRAM 中，或者单击工具栏中的 🔍 按钮来下载。

（8）下载完成后，选择 Debug→Run 命令运行程序，或者单击工具栏中的 📄 按钮来全速运行程序。用户也可以单步调试程序。

（9）全速运行后，用户可以在超级终端看到程序运行的信息，调整 AIN0 的值（即箱子上的滑动变阻器），可看到输出对应的 AD 转换值。

（10）用户可以中止程序运行，使用 μVision IDE for ARM 的一些调试窗口跟踪查看程序运行的信息。

注：如果在第（4）步用户选择固化在 Nor Flash 中运行，则编译链接成功后，选择 Flash→Download 命令将程序固化到 Nor Flash 中，或者单击工具栏中的按钮 📄 固化程序，从项目平台的主板拔出 JTAG 线，给项目平台重新上电，程序将自动运行。

5. 参考程序

```c
#include "2410lib.h"

#define REQCNT100
#define ADC_FREQ2500000
#define LOOP10000
volatile UINT8T unPreScaler;
volatile char nEndTest;
void adc_test(void)
{
    int i,j;
    UINT16T usConData;
    float usEndData;
    uart_printf(" ADC_IN Test \n");
    uart_printf(" ADC conv. freq. = % dHz \n",ADC_FREQ);
    unPreScaler = PCLK/ADC_FREQ - 1;

    //Enable prescaler,ain0,normal,start by read
        rADCCON = (1 << 14) | (unPreScaler << 6) | (0 << 3) | (0 << 2) | (1 << 1);
    uart_printf(" Please adjust AIN0value! \n");
    uart_printf(" The results of ADC are: \n");
    usConData = rADCDAT0&0x3FF;

    //Sample and show data by UART
    for(j = 0; j < 20; j ++)
    {
    while(!(rADCCON &0x8000));
    usConData = rADCDAT0&0x3FF;
    usEndData = usConData * 3.3000 /0x3FF;
    uart_printf(" % 0.4f ",usEndData);
    usEndData = usEndData - (int)usEndData;
    for(i = 0; i < 4; i ++)
    {
     usEndData = usEndData * 10;
     usEndData = usEndData - (int)usEndData;
    }
    delay(10000);
    }
    uart_printf(" end. \n");

}
```

6. 想一想

（1）简要叙述 ADC 转换器的转换步骤。

（2）对通道四采样电压数据，电压输出范围为 0 ～ 5V，并输出电压平均值。

任务开发6　看门狗定时器（WDT）控制

1. 学习目标

（1）了解看门狗定时器的作用；

（2）掌握 S3C2410A 看门狗定时器的计时和中断的使用。

2. 任务内容

（1）掌握看门狗的控制和计数原理；

（2）对看门狗模块进行软件编程，实现看门狗定时器的计时和中断功能。

3. 开发原理

看门狗的作用是微控制器受到干扰进入错误状态后，使系统在一定时间间隔内复位。因此看门狗是保证系统长期、可靠和稳定运行的有效措施。目前大部分嵌入式芯片内都集成了看门狗定时器来提高系统运行的可靠性。

1）S3C2410A 处理器的看门狗

S3C2410A 处理器的看门狗是当系统被故障（如噪声或系统错误）干扰时，用于微处理器的复位操作的，也可以作为一个通用的 16 位定时器来请求中断操作。看门狗定时器产生 128 个 PCLK 周期的复位信号。主要特性如下：通用的中断方式的 16 位定时器；当计数器减到 0（发生溢出）时，产生 128 个 PCLK 周期的复位信号。

2）看门狗定时器的操作

看门狗模块包括一个预比例因子放大器、一个四分频的分频器、一个 16 位计数器。看门狗的时钟信号源来自 PCLK，为了得到宽范围的看门狗信号，PCLK 先被预分频，之后再经过分频器分频。预分频比例因子和分频器的分频值都可以由看门狗控制寄存器（WTCON）决定，预分频比例因子的范围为 0 ～ 255，分频器的分频比可以是 16、32、64 或 128。S3C2410A 看门狗的功能框图如图 5.7 所示。

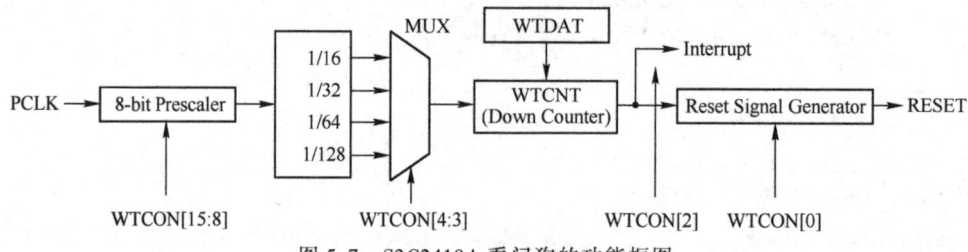

图 5.7　S3C2410A 看门狗的功能框图

3）看门狗定时器时钟周期的计算

计算公式

$$t\_watchdog = 1/(PCLK/(Prescalervalue + 1)/Division\_factor)$$

式中，SPrescaler value 为预分频比例放大器的值；Division_ factor 是四分频的分频比，可以是 16、32、64 或 128。

一旦看门狗定时器被允许，看门狗定时器数据寄存器（WTDAT）的值不能被自动地装载到看门狗计数器（WTCNT）中。因此，看门狗启动前要将一个初始值写入看门狗计数器（WTCNT）中。

4）看门狗定时器寄存器组

（1）看门狗定时器控制寄存器（WTCON）。WTCON 寄存器（见表 5.6）的内容包括：用户是否启用看门狗定时器、4 个分频比的选择、是否允许中断产生、是否允许复位操作等。如果用户想把看门狗定时器当作一般的定时器使用，应该中断使能，禁止看门狗定时器复位。WTCON 位描述如表 5.7 所示。

表 5.6　WTCON 寄存器

寄 存 器	地　　　址	读/写	描　　　述	复 位 值
WTCON	0x53000000	读/写	看门狗定控制寄存器	0x8021

表 5.7　WTCON 位描述

WTCON	位	描　　　述	复 位 值
预装比例因子	15:8	预装比例值，有效范围值 0～255	0x80
保留	7:2	保留	00
看门狗使能	5	使能和禁止看门狗定时器： 0 = 禁止看门狗定时器； 1 = 使能看门狗定时器	0
时钟选择	4:3	这两次决定时钟分频因素： 00：1/16　　01：1/32 10：1/64　　11：1/128	00
中断使能	2	中断的禁止和使能： 0 = 禁止中断产生； 1 = 使能中断产生	0
保留	1	保留	0
复位使能	0	禁止和使能看门狗复位信号的输出： 1 = 看门狗复位信号使能； 0 = 看门狗复位信号禁止	1

（2）看门狗定时器数据寄存器（WTDAT）。WTDAT 寄存器用于指定超时时间，在初始化看门狗操作后看门狗数据寄存器的值不能被自动装载到看门狗计数寄存器（WTCNT）中。然而，如果初始值为 0x8000，则可以自动装载 WTDAT 的值到 WTCNT 中。

（3）看门狗计数寄存器（WTCNT）。WTCNT 寄存器（见表 5.8）包含看门狗定时器工作时计数器的当前计数值。注意，在初始化看门狗操作后看门狗数据寄存器的值不能被自动装

载到看门狗计数寄存器（WTCNT）中，所以看门狗被允许之前应该初始化看门狗计数寄存器的值。

表 5.8　WTCNT 寄存器

寄　存　器	地　　址	读/写	描　　　述	复　位　值
WTCNT	0x53000008	读/写	看门狗计数器的当前值	0x8000

4. 开发步骤

1）准备项目环境

使用 ULINK2 仿真器连接 Embest EduKit – IV 项目平台主板的 JTAG 接口；使用 Embest EduKit – IV 项目平台附带的交叉串口线连接项目平台主板上的 COM2 和 PC 的串口（一般 PC 只有一个串口，如果有多个请自行选择，没有串口设备的可购买 USB 转串口适配器扩充）；使用 Embest EduKit – IV 项目平台附带的电源适配器连接项目平台主板上的电源接口。

2）串口接收设置

在 PC 上运行 Windows 自带的超级终端串口通信程序，或者使用项目平台附带光盘内设置好了的超级终端，设置超级终端（波特率 115200、1 位停止位、无校验位、无硬件流控制），或者使用其他串口通信程序（注：超级终端串口可根据用户的 PC 串口硬件不同自行选择，如果 PC 只有一个串口，一般是 COM1）。

3）打开项目例程

（1）复制项目平台附带光盘 DISK3_S3C2410\03 – Codes\01 – MDK\Mini2410 – IV 文件夹到 MDK 的安装路径 Keil\ARM\Boards\Embest\（如果本项目之前已经复制，可以跳过这一步）（注：用户也可复制工程到任意目录，本项目为了便于教学，统一项目路径）。

（2）运行 μVision IDE for ARM 软件，选择 Project→Open Project···命令，在弹出的对话框中选择项目例程目录 5.6_Timer_Test 子目录下的 Timer_Test. Uv2 工程。

（3）默认打开的工程中，在源码编辑窗口会显示项目例程的说明文件 readme. txt，详细阅读并理解项目内容。

（4）工程提供了两种运行方式：一是下载到 SDRAM 中调试运行；二是固化到 Nor Flash 中运行。用户可以在工具栏 Select Target 下拉列表框中选择在 RAM 中调试运行还是固化到 Nor Flash 中运行。

下面项目将介绍下载到 SDRAM 中调试运行，所以在 Select Target 下拉列表框中选择 Timer_Test IN RAM。

（5）接下来开始编译链接工程，选择 Project→Build target 命令或 Rebuild all target files 命令编译整个工程，用户也可以在工具栏中单击 ▦ 或者 ▦ 按钮进行编译。

（6）编译完成后，在输出窗口可以看到编译提示信息，如 "". \SDRAM\Timer_Test. axf" – 0Error(s),1Warning(s). "，如果显示 "0Error（s）"，则表示编译成功。

（7）拨动项目平台电源开关，给项目平台上电，选择 Debug→Start/Stop Debug Session 命令将编译出来的映象文件下载到 SDRAM 中，或者单击工具栏中的 ▦ 按钮来下载。

（8）下载完成后，选择 Debug→Run 命令运行程序，或者单击工具栏中的 ▦ 按钮来全速

运行程序。用户也可以单步调试程序。

（9）全速运行后，用户可以在超级终端看到程序运行的信息，出现 "WatchDog Timer Test Example10seconds："，显示定时器的计时信息，接着计时开始，终端上依次显示 1s，2s，…，10s，计时结束。

（10）用户可以中止程序运行，使用 μVision IDE for ARM 的一些调试窗口跟踪查看程序运行的信息。

注：如果在第（4）步用户选择固化在 Nor Flash 中运行，则编译链接成功后，选择 Flash→Download 命令将程序固化到 Nor Flash 中，或者单击工具栏中的按钮 固化程序，从项目平台的主板拔出 JTAG 线，给项目平台重新上电，程序将自动运行。

5. 参考程序

```
void timer_test(void)
{
 uart_printf("\n WatchDog Timer Test Example \n");
 uart_printf("10 seconds:\n");
 f_ucSecondNo = 0;
 ClearPending(BIT_WDT);        //clear interrupt pending bit
 pISR_WDT = (unsigned) watchdog_int;     // Initialize WDT interrupt
handler entry
 rWTCON = ((PCLK/1000000 -1)<<8)|(3<<3)|(1<<2);    //(0<<5)|   //1M,1/
128,enable interrupt
 rWTDAT = 7812;        //1M/128 = 7812
 rWTCNT = 7812;
 rWTCON |= (1<<5);

 rINTMOD &=~ (BIT_WDT);
 rINTMSK &=~ (BIT_WDT);
 while((f_ucSecondNo)<11);

 rINTMSK |= BIT_WDT;              //mask watchdog timer interrupt
 uart_printf(" end. \n");
 void __irQwatchdog_int(void)
 {
 ClearPending(BIT_WDT);
 f_ucSecondNo ++;
 if(f_ucSecondNo <11)
  uart_printf(" % ds ",f_ucSecondNo);
 else
  uart_printf("\n O.K. \n");
 }
```

6. 想一想

重新调整看门狗定时器的预分频值和分频器的分频值，让看门狗定时器每两秒发生一次中断，并在五秒后复位

本章小结

本章主要介绍了嵌入式最小系统硬件平台上嵌入式操作系统的基本概念，包括进程和线程的概念、调度和多任务机制等。同时介绍了常见嵌入式操作系统，其中对 Linux 操作系统的版本、架构和应用做了简要的阐述。

思考与习题 5

1. 嵌入式操作系统进程的定义是什么？
2. 一个比较完善的操作系统应包括哪几个模块？
3. 说明嵌入式操作系统进程调度的几种策略，并说出不同之处和优缺点。
4. 嵌入式系统中进程间通信主要采用哪几种形式？
5. Linux 操作系统的主要特点有哪些？简要说明。

第6章
ARM开发工具的使用

学习目标

1. 熟悉 RealView MDK 开发环境；
2. 熟练操作软件进行程序编写、编译、下载、调试等。

教学建议

1. 采用角色扮演方式，以嵌入式应用软件开发小组的形式组织教学，学生在学习小组中轮流担任不同角色，实现自主开发和互相协作的学习行动。

2. 在实际开发项目的过程中，综合应用操作演示、理论讲授、单独指导、协作查阅资料，小组讨论协作，交流调试经验，项目互评贯穿全程，理论和实践穿插融合，学习过程就是一个真实的企业开发过程。

6.1　RealView MDK 开发环境

6.1.1　μVision3 软件开发平台

　　μVision3 是一个基于窗口的软件开发平台，它集成了功能强大的编辑器、工程管理器及 make 工具。μVision3 IDE 集成的工具包括 C 编译器、宏汇编器、链接/定位器和十六进制文件生成器。μVision 有编译和调试两种工作模式，两种模式下设计人员都可查看并修改源文件。

　　图 6.1 所示是 μVision IED 开发环境软件界面，μVision IDE 由多个窗口、对话框、菜单栏、工具栏组成。其中菜单栏和工具栏用来实现快速的操作；工程工作区（Project Workspace）用于文件管理、寄存器调试、函数管理、手册管理等；输出窗口（Output Window）用于显示编译信息、搜索结果及调试命令交互等；内存窗口（Memory Window）可以不同格式显示内存中的内容；观测窗口（Watch & Call Stack Window）用于观察、修改程序中的变量及当前的函数调用关系；工作区（Workspace）用于文件编辑、反汇编输出和一些调试信息显示；外设对话框（Peripheral Dialogs）帮助设计者观察片内外围接口的工作状态。

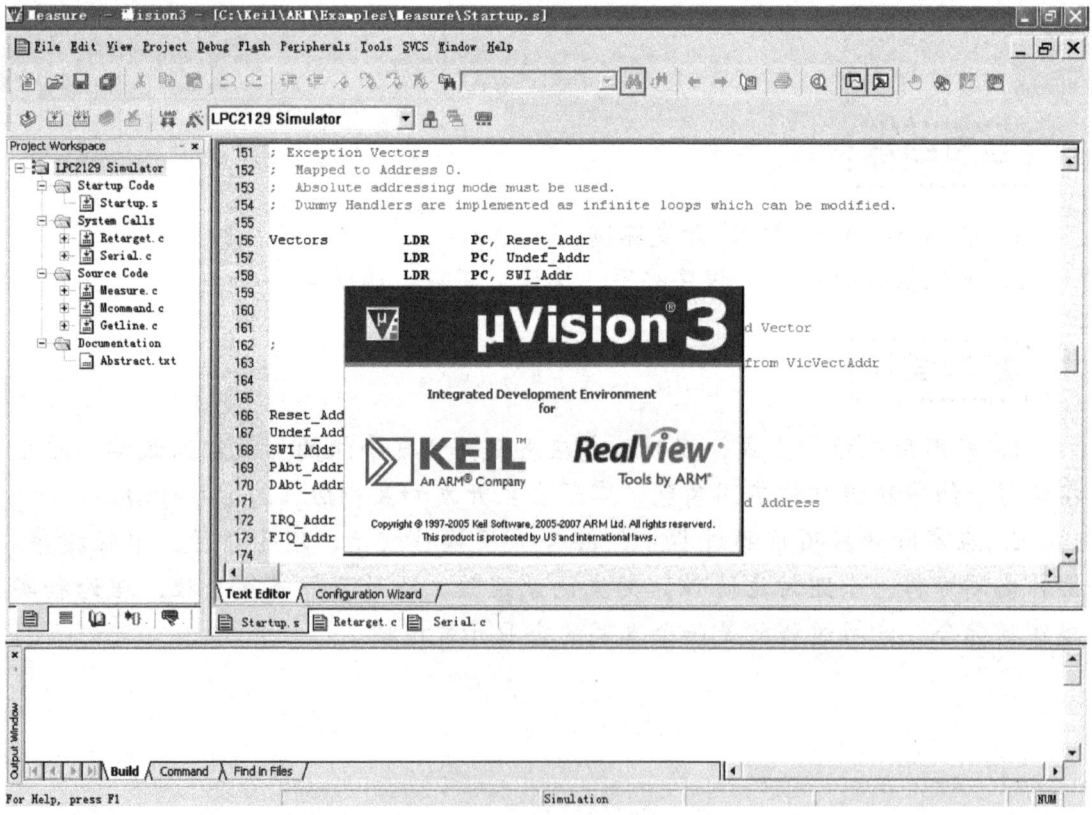

图 6.1　μVision IDE 开发环境软件界面

1. μVision IDE 主要功能、特点及组件

μVision IDE 可在 Windows XP 及 Windows 7 等操作系统上运行，主要支持 ARM7、ARM9、Cortex－M3 系列处理器，目前最新的版本为 μVision3，其主要特点如下。

（1）μVision3 集成了一个能自动配置工具选项的设备数据库。

（2）工业标准的 RealView C/C++ 编译器能产生代码容量小、运行速度快的高效应用程序，同时它包含了一个支持 C++ STL 的 ISO 运行库。

（3）集成在 μVision3 中的在线帮助系统提供了大量有价值的信息，可加速应用程序的开发。

（4）包含大量的例程，帮助开发者快速配置 ARM 设备，以及开始应用程序的开发。

（5）μVision3 集成开发环境能帮助工程人员开发稳健、功能强大的嵌入式应用程序。

（6）μVision3 调试器能精确地仿真整个微控制器，包括其片上外设，使得在没有目标硬件的情况下也能测试开发程序。

（7）包含标准的微控制器和外部 Flash 设备的 Flash 编程算法。

（8）ULINK USB－JTAG 仿真器可以实现 Flash 下载和片上调试。

（9）RealView RL－ARM 具有网络通信的库文件及实时软件。

（10）可使用第三方工具扩展 μVision3 的功能。

（11）μVision3 还支持 GNU 的编译器。

μVision IDE 包含以下功能组件，能加速嵌入式应用程序开发过程。

（1）功能强大的源代码编辑器。

（2）可根据开发工具配置的设备数据库。

（3）用于创建和维护工程的工程管理器。

（4）集汇编、编译和链接过程于一体的编译工具。

（5）用于设置开发工具配置的对话框。

（6）真正集成高速 CPU 及片上外设模拟器的源码级调试器。

（7）高级 GDI 接口，可用于目标硬件的软件调试和 Keil ULINK 仿真器的连接。

（8）用于下载应用程序到 Flash ROM 中的 Flash 编译器。

（9）完善的开发工具手册、设备数据手册和用户向导。

μVision IDE 使用简单，功能强大，是设计者完成设计任务的重要保证。

2. μVision IDE 编译和调试

μVision IDE 有编译和调试两种工作模式。编译模式用于维护工程文件和生成应用程序；在调试模式下，则可以用功能强大的 CPU 和外设仿真器来测试程序，也可以使用调试器经 Keil ULINK USB－JTAG 适配器（或其他 AGDI 驱动器）来连接目标系统测试应用程序。ULINK 仿真器能用于下载应用程序到目标系统的 Flash ROM 中。

在嵌入式软件开发时，完成设计和编码后，即可开始调试程序，这是软件开发的第三步。一个几千行的程序，其编译可达到没有一个警告，然而在运行时却可能达不到正常的设计需求，甚至系统崩溃，更难以面对的是系统运行只是在偶然的情况下出现问题或崩溃。当程序不能顺利运行，而又不能简单、直观地分析、知道问题的症结所在时，可使用调试器来

监视此程序的运行。μVision IDE 调试器提供程序装载、执行、运行控制和监视所需要的强大的窗口调试环境，支持源码显示和调试，同时可以观察各类调试信息。μVision IDE 具有功能强大的调试器，μVision3 调试器用于调试和测试应用程序，它提供了两种操作模式：仿真模式和 GDI 驱动器模式，可以在 Options for Target→Debug 对话框内进行选择，如图 6.2 所示。

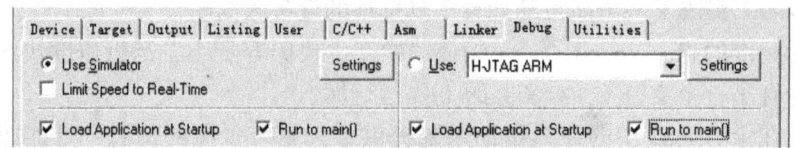

图 6.2　调试器操作模式的选择

1）仿真模式

仿真模式可在无目标系统硬件的情况下仿真微控器的许多特性。可在目标硬件准备好之前，把 μVision3 调试器配置为软件仿真，可以测试和调试所开发的嵌入式应用。μVision3 能仿真大量的外围设备，包括串口、外部 I/O 及时钟等。在为目标程序选择 CPU 时，相应外围接口从设备库中选定。

2）GDI 驱动器模式

GDI 驱动模式下，可使用高级 GDI 驱动器，如 ULINK ARM Debugger 来连接目标硬件。对 μVision3 来说，以下几种驱动器均可用于连接目标硬件。

（1）JTAG/OCDS 适配器：连接到片上的调试系统，如 AMR Embedded ICE。

（2）监视器：可以集成在用户硬件上，也可以安装在许多评估板上。

（3）仿真器：连接到目标硬件的 CPU 引脚上。

（4）测试硬件：如 Infineon SmartCard ROM 监视器或 Philips SmartMX DBox。

6.1.2　HJTAG 仿真器

（1）双击 H‑JTAGv2.0.exe 应用程序的图标，安装程序到 C 盘或 D 盘的 program files 目录下。安装成功后，在桌面上会出现 H‑JTAG 图标。连上 Wiggler 或 SDT 电缆，双击图标 H‑JTAG，打开 H‑JTAG 软件界面，如图 6.3 所示。

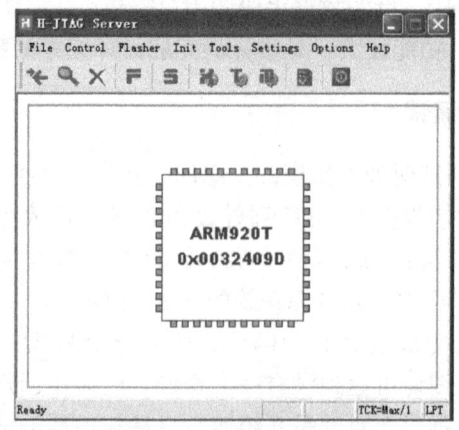

图 6.3　H‑JTAG 软件界面

（2）在菜单 Settings 中，选择 Jtag Setting 命令，如果使用的是 LPT 并口线，则选中 LPT Jtag Setting 单选按钮；若使用的是 USB 串口线，则选中 USB Jtag Setting 单选按钮即可。H – JTAG 设置如图 6.4 所示。

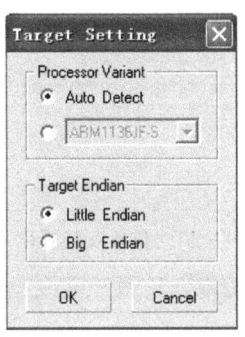

图 6.4　H – JTAG 设置

（3）若检测到 MCU 型号，则最小化该程序；若没有检测到，则使用放大镜按钮进行检测。

（4）若检测连接成功，最小化 H – JTAG。到开始/程序/ARM Developer Suite1.2 目录下打开 ADS1.2 的调试器 AXD。将弹出 ADS1.2 的调试器，单击深色处，之后单击 OK 按钮。（注意，在这步前，应该正确安装 H – JTAG V2.0.exe 程序。）

（5）在调试（即打开 AXD 调试器）时，通过右侧的 Add 按钮，把安装到 C 盘或 D 盘的 program file 目录下的 H – JTAGv2.0 目录内的 H – JTAG.dll 添加进来。

（6）当 H – JTAG.dll 添加进来后，选中它，即可以利用 AXD 中的 file→load image 命令下载可执行文件。

6.2　RealView MDK 的使用

6.2.1　RealView MDK 的安装

本节主要介绍如何安装项目系统的软件平台，如何搭建和进行软件平台与硬件平台的连接。在安装 μVision 3 IDE 集成开发环境之前，请首先阅读软件使用许可协议。

安装 μVision3 评估软件必须满足的最小的系统要求如下。

（1）操作系统：Windows 98、Windows NT4、Windows 2000、Windows XP、Windows 7。

（2）硬盘空间：30MB 以上。

（3）内存：128MB 以上。

μVision IDE 集成开发环境的安装步骤如下。

（1）购买 MDK 的安装程序，或从 http：// www.realview.com.cn/xz – down.asp 下载 MDK 的评估版。

（2）双击安装文件，弹出如图 6.5 所示的对话框。

建议在安装之前关闭所有的应用程序，单击 Next 按钮，弹出如图 6.6 所示的对话框。

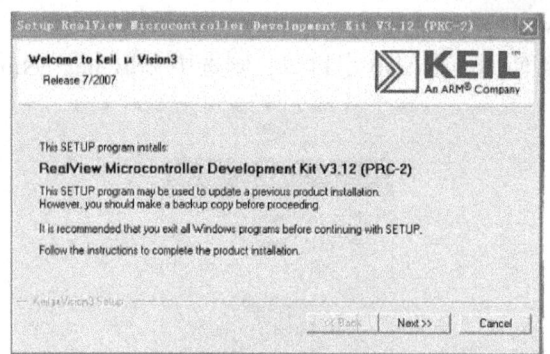

图 6.5　MDK 安装界面 1

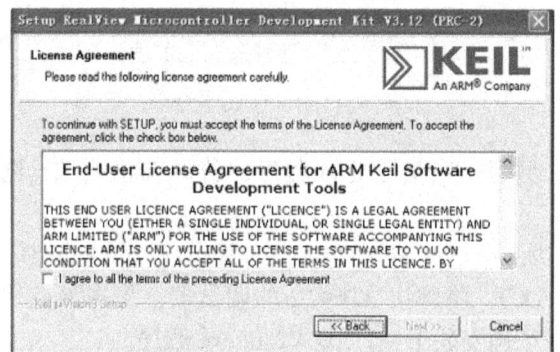

图 6.6　MDK 安装界面 2

（3）仔细阅读许可协议，勾选 I agree to all the terms of the preceding License Agreement 复选框，单击 Next 按钮，弹出如图 6.7 所示的对话框。

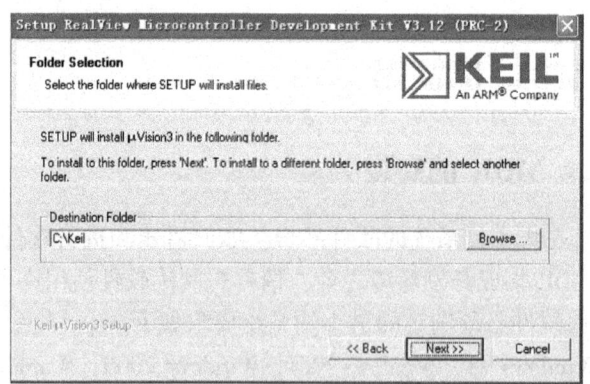

图 6.7　MDK 安装界面 3

（4）单击 Browse 按钮，选择安装路径，然后单击 Next 按钮，弹出如图 6.8 所示的对话框。

（5）输入 First Name、Last Name、Company Name 及 E-mail 地址后，单击 Next 按钮。安装程序将在计算机上安装 MDK，依据计算机性能的不同，安装程序大概耗时半分钟到两分钟不等，之后将会弹出如图 6.9 所示的对话框，单击 Finish 按钮，结束安装。至此，开发人员就可在计算机上使用 MDK 软件来开发应用程序了。

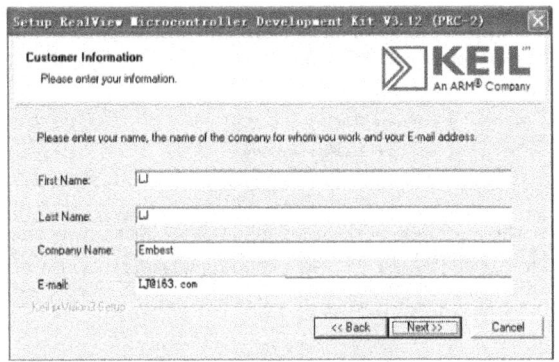

图 6.8　MDK 安装界面 4

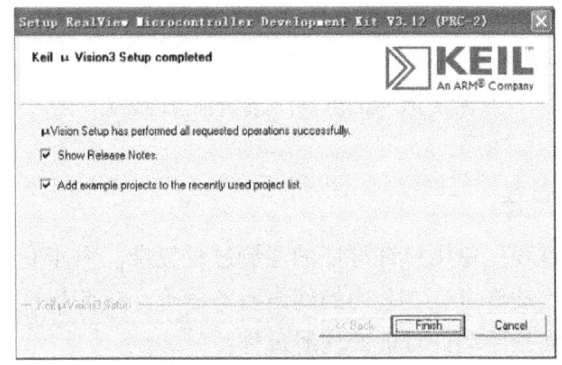

图 6.9　MDK 安装界面 5

6.2.2　μVision IDE 集成开发环境的运行

μVision IDE 集成开发环境安装完毕后，单击 μVision IDE 的图标 即可运行 μVision IDE。第一次使用 μVision IDE 正式版时，用户必须注册。μVision3 有两种许可证：单用户许可证和浮动许可证。单用户许可证只允许单用户最多在两台计算机上使用 MDK，而浮动许可证则允许局域网内多台计算机分时使用 MDK。目前，所有的 Keil 软件均可使用单用户许可证注册，绝大多数 Keil 软件可使用浮动许可证注册。下面分别介绍两种许可证注册过程。

1. 单用户许可证注册过程

（1）安装 μVision3。

（2）在 μVision IDE 中，选择 File→License Management 命令，弹出许可证管理对话框。

（3）打开 Single – User License 选项卡，在该选项卡右边的 CID（Computer ID）文本框中会自动产生 CID。

（4）用 CID 和 MDK 提供的 PSN（产品序列号）在 https：//www. keil. com/license/embest. htm 中注册，确保输入的电子邮箱地址的正确性。

（5）通过注册后，在所填写注册信息的电子邮箱将会收到许可证 ID 码 LIC（License ID Code）。

（6）将得到的许可证 ID 输入到 New License ID Code（LIC）文本框，然后单击右边的 Add LIC 按钮，此时注册成功，如图 6.10 所示。

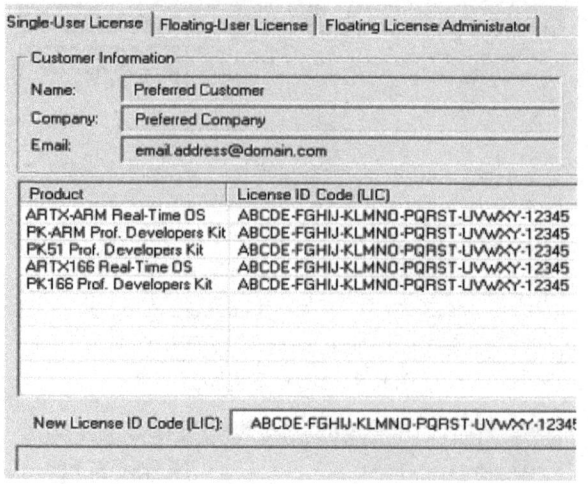

图 6.10　单用户许可证注册成功界面

2. 浮动许可证注册过程

浮动许可证的注册过程比单用户许可证的注册过程复杂。由于它是局域网上多用户分时复用的，所以必须保证浮动许可证在公用的网络服务器上，从而保证开发团队中的每一个人都能使用该许可证。下面是浮动许可证的注册过程。

（1）安装 μVision3。

（2）μVision IDE 中，选择 File→License Management 命令，弹出许可证管理对话框。

（3）选择 Floating License 选项卡，在该选项卡右边的 CID 文本框中会自动产生 Computer ID。

（4）单击"增加产品"按钮，选择浮动许可证文件（由浮动许可证管理员创建）的路径，然后单击"确认"按钮，它会自动打开 https：//www. keil. com/license/lic30floating. asp（浮动许可证注册页面）。

（5）在上述页面中输入 CID 和浮动许可证码 PSN 及其他相关信息，确保输入的电子邮箱地址的正确性。

（6）通过注册后，在所填写注册信息的电子邮箱将会收到许可证 ID 码。

（7）将得到的许可证 ID 输入到 New License ID Code（LIC）文本框，然后单击右边的 Add LIC 按钮，此时注册成功，如图 6. 14 所示。

使用浮动许可证注册的某个网络用户如果要使用 MDK，可单击图 6. 11 中右侧的 Check Out 按钮，该用户将获得许可证，此时开发小组的其他用户将只能使用 MDK 评估版的功能。该用户使用完之后，需及时单击 Check In 按钮，否则其他用户将无法正常使用 MDK。

3. 浮动许可证的管理

（1）安装 μVision3。

（2）在 μVision IDE 中，选择 File→License Management 命令，弹出许可证管理对话框。

（3）打开 Floating License Administrator 选项卡，在 Path 文本框中设置正确的服务器共享

文件夹的路径。

（4）在 PSN 文本框中输入正确的产品序列号。

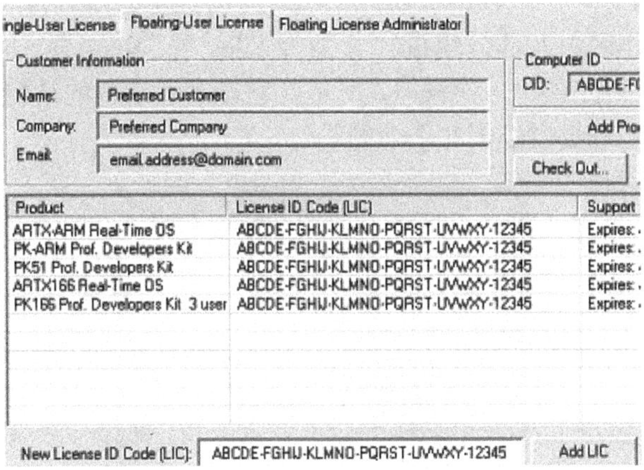

图 6.11　浮动许可证注册成功界面

（5）单击 Create FLE 按钮，即在服务器共享文件夹中产生注册浮动许可证时需要的 FLE 文件。

软件安装完毕后，请详细阅读相关软件说明及软件使用手册。第一次使用 ULINK2 时会自动识别驱动，或者提示更新驱动（会自动进行）。其中需要注意以下两点。

（1）仿真器驱动程序在安装 μVision IDE 时自动安装，第一次使用 ULINK 仿真器时，PC 会自动加载其驱动程序，该驱动程序已在 Windows XP 和 Windows 7 上测试通过。如果驱动不能自动加载，可以访问 http：//www. keil. com/support/自行下载。

（2）硬件平台最好预先参照 Embest EduKit - IV 用户手册进行基本硬件检测。

6.2.3　μVision IDE 主框架窗口

μVision IDE 由如图 6.1 所示的多个窗口、对话框、菜单栏、工具栏组成。

本节将主要介绍 μVision IDE 的菜单栏、工具栏、常用快捷方式及各种窗口的内容和使用方法，以便让读者能快速了解 μVision IDE，并能对 μVision IDE 进行简单和基本的操作。

μVision IDE 集成开发环境的菜单栏可提供如下菜单功能：编辑操作、工程维护、开发工具配置、程序调试、外部工具控制、窗口选择和操作及在线帮助等。工具栏按钮可以快速执行 μVision3 的命令。状态栏显示了编辑和调试信息，在 View 菜单中可以控制工具栏和状态栏是否显示。键盘快捷键可以快速执行 μVision3 的命令，它可以通过 Edit→Configuration→Shortcut Key 命令来进行配置。

6.2.4　文件管理与工程创建

1. 文件管理

在 μVision IDE 集成开发环境中，工程是一个非常重要的概念，它是用户组织一个应用

的所有源文件、设置编译链接选项、生成调试信息文件和最终的目标 Bin 文件的一个基本结构。每个工程管理包括应用程序的所有源文件、库文件、其他输入文件，并根据实际情况进行相应的编译链接设置，一个工程需生成一个相对应的目录，以进行文件管理。

μVision IDE 的工作区由五部分组成，分别为 Files 页、Regs 页、Books 页、Functions 页、Templates 页。工程管理区结构图如图 6.12 所示，它显示了工程的结构。

μVision IDE 工程管理提供以下几个功能。

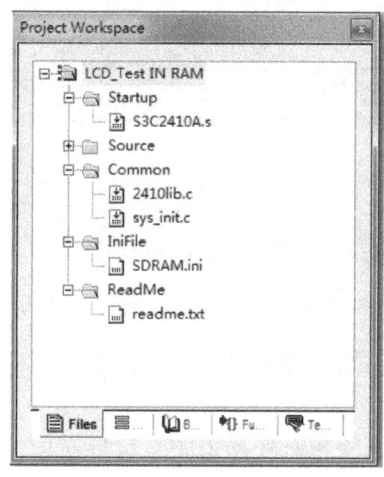

图 6.12　工程管理区结构图

（1）以工程为单位设置应用程序的各选项，包括目标处理器和调试设备的选择与设置，调试相关信息的配置，及编译、汇编、链接等选项的设置等。系统提供一个专门的对话框来设置这些选项。

（2）提供 Build 菜单和工具按钮，让用户轻松进行工程的编译、链接。编译、链接信息输出到输出窗口中的 Build 标签中，如图 6.13 所示，对于编译、链接出现的错误，可通过双击错误信息提示行来定位相应的源文件行。

```
Output Window
compiling main.c...
compiling color_lcd_test.c...
compiling hzk24.c...
compiling bmp_data.c...
compiling 2410lib.c...
compiling sys_init.c...
linking...
Program Size: Code=44780 RO-data=1338856 RW-data=112 ZI-data=59488
".\SDRAM\LCD_Test.axf" - 0 Error(s), 0 Warning(s).

Build  Command
```

图 6.13　编译、链接输出子窗口

（3）一个应用工程编译、链接后根据编译器的设置生成相应格式的调试信息文件，调试通过的程序转换成二进制格式的可执行文件，该文件最终在目标机上运行。

2.　工程创建

μVision3 所提供的工程管理使得基于 ARM 处理器的应用程序设计开发变得越来越方便。通常使用 μVision3 创建一个新的工程需要以下几步。

1）选择工具集

利用 μVision3 创建一个基于处理器的应用程序，首先选择开发工具集。选择 Project→Manage→Components，Environment and Books 命令，在如图 6.14 所示的对话框中，可选择所使用的工具集。在 μVision3 中既可使用 ARM RealView 编译器、GNU GCC 编译器，又可以使用 Keil CARM 编译器。当使用 GNU GCC 编译器时，需要安装相应的工具集。在本例程中选择 ARM RealView 编译器，这是 MDK 环境默认的编译器，可不用配置。

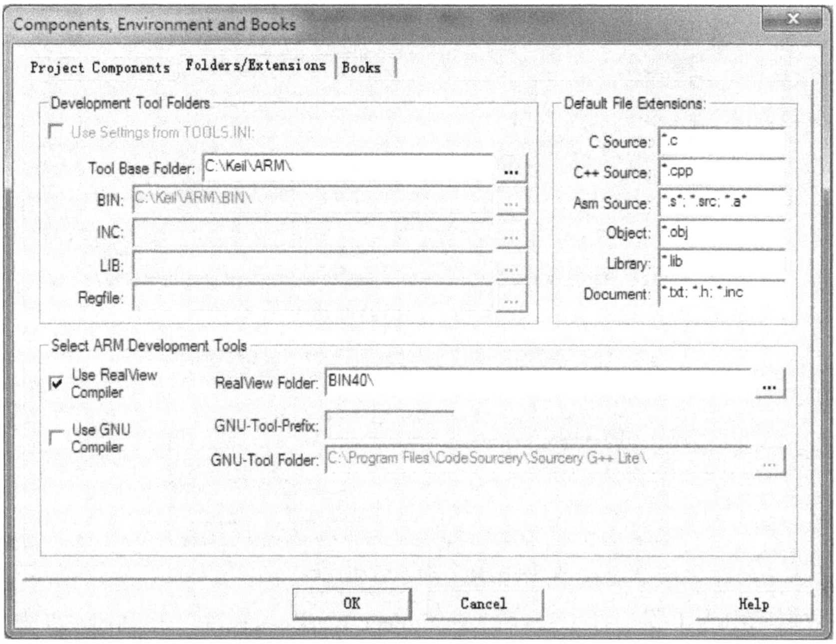

图 6.14　选择工具集

2）创建工程并选择处理器

选择 Project→New μVision Project···命令，μVision3 将弹出一个标准对话框，输入新建工程的名字即可创建一个新的工程，建议对每个新建工程使用独立的文件夹。这里先建立一个新的文件夹 Hello，在前述对话框中输入 Hello，μVision 将会创建一个以 Hello. UV2 为名字的新工程文件，它包含了一个默认的目标（Target）和文件组名。这些内容在 Project Workspace 窗口中可以看到。

创建一个新工程时，μVision3 要求设计者为工程选择一款对应的处理器，如图 6.15 所示，该对话框中列出了 μVision3 所支持的处理器设备数据库，也可选择 Project→Select Device···命令进入此对话框。选择了某款处理器之后，μVision3 将会自动为工程设置相应的工具选项，这使得工具的配置过程简化。

对于大部分处理器设备，μVision3 会提示是否在目标工程里加入 CPU 的相关启动代码，如图 6.16 所示。启动代码用来初始化目标设备的配置，完成运行时系统的初始化工作，这对于嵌入式系统开发而言是必不可少的。单击 OK 按钮便可将启动代码加入工程，这使得系统的启动代码编写工作量大大减少。

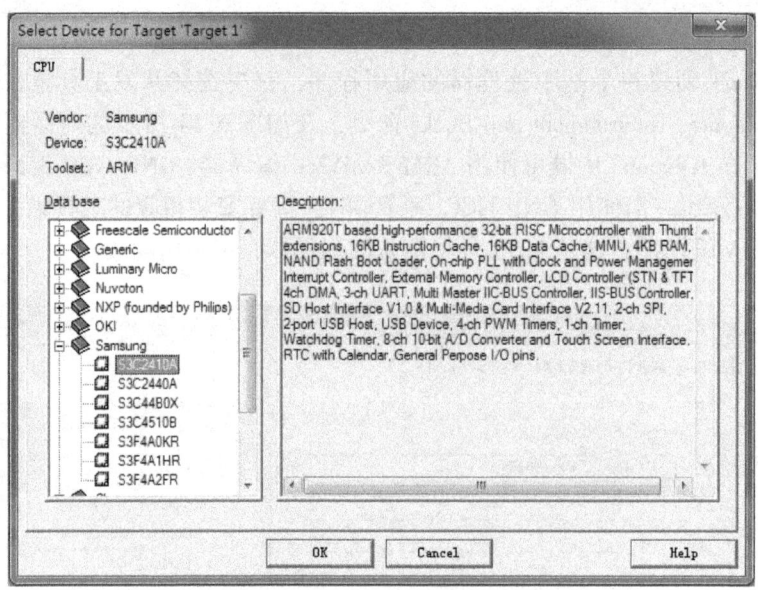

图 6.15　选择处理器

图 6.16　加入启动代码

在设备数据库中为工程选择 CPU 后，在 Project Workspace 窗口的 Books 页内就可以看到相应设备的用户手册，以供设计者参考，如图 6.17 所示。

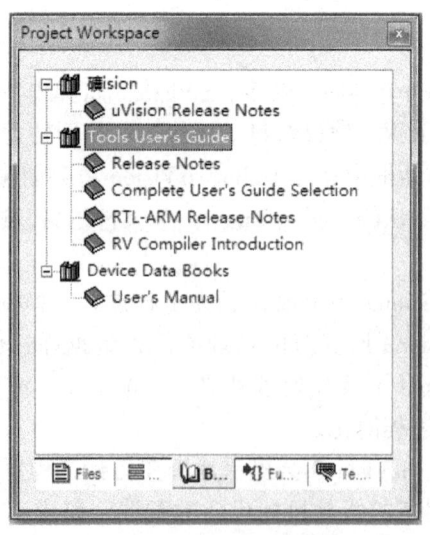

图 6.17　相应设备数据手册

3）建立一个新的源文件

创建一个工程之后，就应开始编写源程序。选择 File→New 命令可创建新的源文件，μVision IDE 将会打开一个空的编辑窗口，用以输入源程序。在输入完源程序后，选择 File→Save As…命令保存源程序，当以＊.c 为扩展名保存源文件后，μVision IDE 将会根据语法以彩色高亮字体显示源程序。

4）工程中文件的加入

创建完源文件后便可以在工程里加入此源文件，μVision 提供了多种方法将源文件加入到工程中。

例如，在 Project Workspace 窗口的 Files 页中选择文件组，右击将会弹出如图 6.18 所示的快捷菜单，选择 Add Files to Group…命令，弹出一个标准文件对话框，将已创建好的源文件加入工程中。

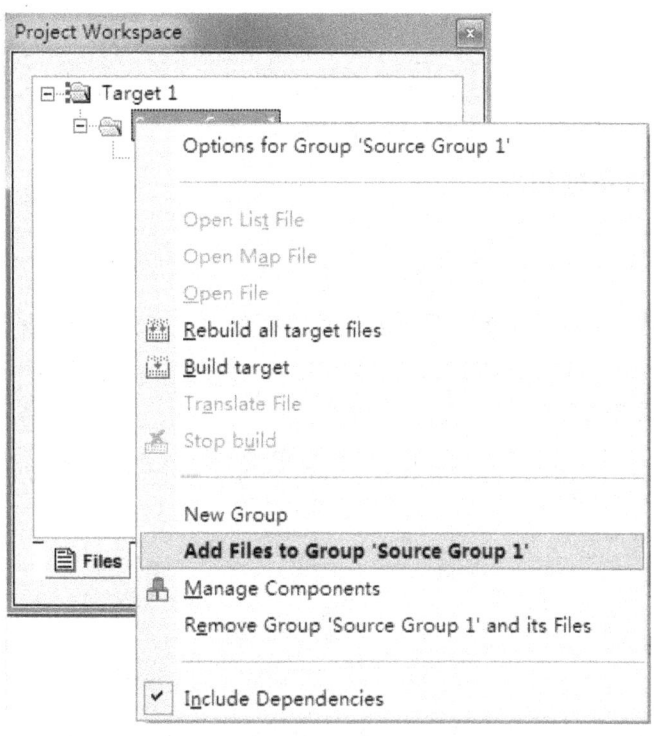

图 6.18　源文件加入到工程中

通常，设计人员应采用文件组来组织大的工程，将工程中同一模块或同一类型的源文件放在同一文件组中。例如，可在 Project→Manage→Components, Environment and Books 对话框中创建自己的文件组 System Files 来管理 CPU 启动代码和其他系统配置文件等，如图 6.19 所示。可使用 New（Insert）按钮创建新的文件组，或在 Groups 文件组中选定一个文件组，然后单击 `Add Files` 按钮为其添加文件。

5）设置活动工程

在 μVision IDE 中可以同时存在几个打开的工程，但只有一个工程处于活动状态并显示

在工程区中，处于活动状态的工程才可以作为调试工程。在工程目标框中选择需要激活的工程，然后单击 Set as Current Target 按钮即可。

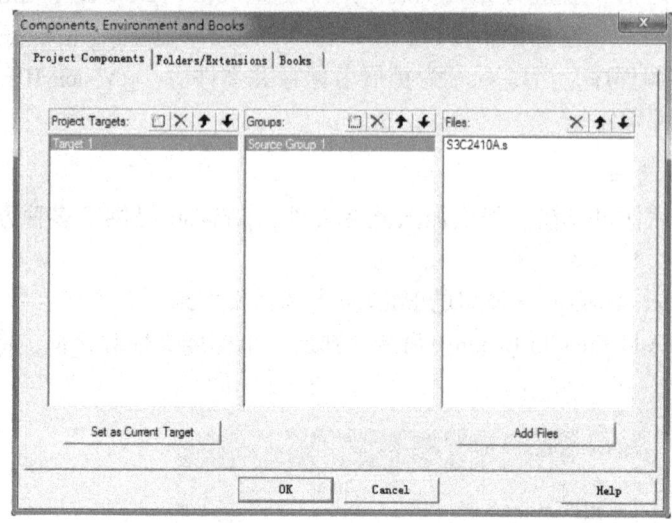

图 6.19　创建新的文件组

6.2.5　工程基本配置

1. 硬件选项配置

μVision3 可根据目标硬件的实际情况对工程进行配置。通过单击目标工具栏中的图标 或选择 Project→Options for Target 命令，在弹出的对话框的 Target 选项卡中指定目标硬件和所选择设备片内组件的相关参数，如图 6.20 所示。

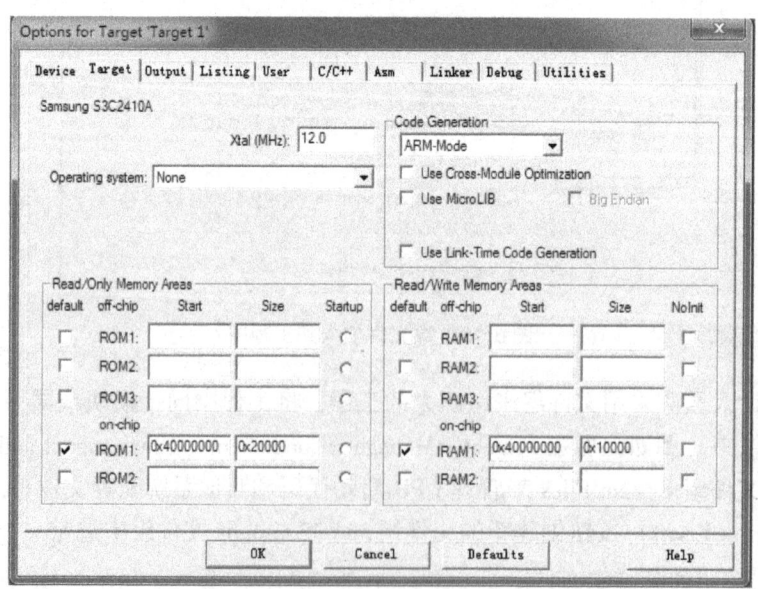

图 6.20　处理器配置对话框

表6.1 对 Target 选项卡中的选项作一个简要说明。

表6.1　目标硬件配置选项说明表

选　　项	描　　述
晶振	设备的晶振频率。大部分基于 ARM 的微控制器使用片内 PLL 作为 CPU 时钟源。多数情况下 CPU 时钟和晶振频率是不一致的，依据硬件设备的不同设置其相同的值
使用片内ROM/RAM	定义片内的内存部件的地址空间以供链接器/定位器使用。注意：对于一些设备来说，需要在启动代码中反映出这些配置
操作系统	允许为目标工程选择一个实时操作系统

2. 处理器启动代码配置

通常情况下，ARM 程序都需要初始化代码以配置所对应的目标硬件。如前面章节所述，当创建一个应用程序时，μVision3 会提示使用者自动加入相应设备的启动代码。

μVision3 提供了丰富的启动代码文件，可在相应文件夹中获得。例如，针对 Keil 开发工具的启动代码放在… \ ARM \ Startup 文件夹下，针对 GNU 开发工具的启动代码在… \ ARM \ GNU \ Startup 文件夹下，针对 ADS 开发工具的启动代码在文件夹… \ ARM \ ADS \ Startup 下。以 S3C2410A 处理器为例，其启动代码文件为… \ Startup \ Samsung \ Startup. s，可把这个启动代码文件复制到工程文件夹下。双击 Startup. s 源文件，根据目标硬件进行相应的修改即可使用。μVision3 里大部分启动代码文件都有一个配置向导（Configuration Wizard），如图 6.21 所示，它提供了一种菜单驱动方式来配置目标机的启动代码。

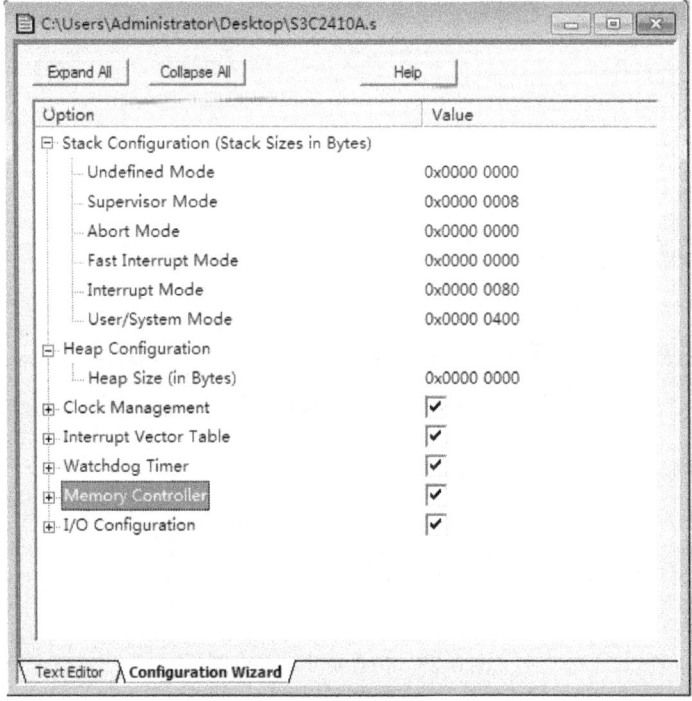

图 6.21　启动代码文件配置向导

开发工具提供默认的启动代码，对于大部分单芯片应用程序来说，这是一个很好的起点，但是开发者必须根据目标硬件来调整部分启动代码的配置，否则很可能是无法使用的。例如，CPU/PLL 时钟和总线系统往往会根据目标系统的不同而不同，不能够自动地配置。一些设备还提供了片上部件的使能/禁止可选项，这就需要开发者对目标硬件有足够的了解，能够确保启动代码的配置和目标硬件完全匹配。在图 6.21 中的 Text Editor 标签中提供了标准文本编辑窗口，可打开并修改相应的启动代码。

3. 仿真器配置

选择 Project→Option for Target 命令或直接单击 按钮，打开 Option for Target 对话框的 Debug 选项卡，如图 6.22 所示，进行仿真器的连接配置。

使用 ULINK 仿真器时，为仿真器选择合适的驱动及为应用程序和可执行文件下载进行配置，对图 6.22 所示对话框的设置如图 6.23 和图 6.24 所示。

PC 通过 ULINK USB – JTAG 仿真器与目标机连接成功之后，可以单击图 6.23 中的 Settings 按钮查看 ULINK 信息。

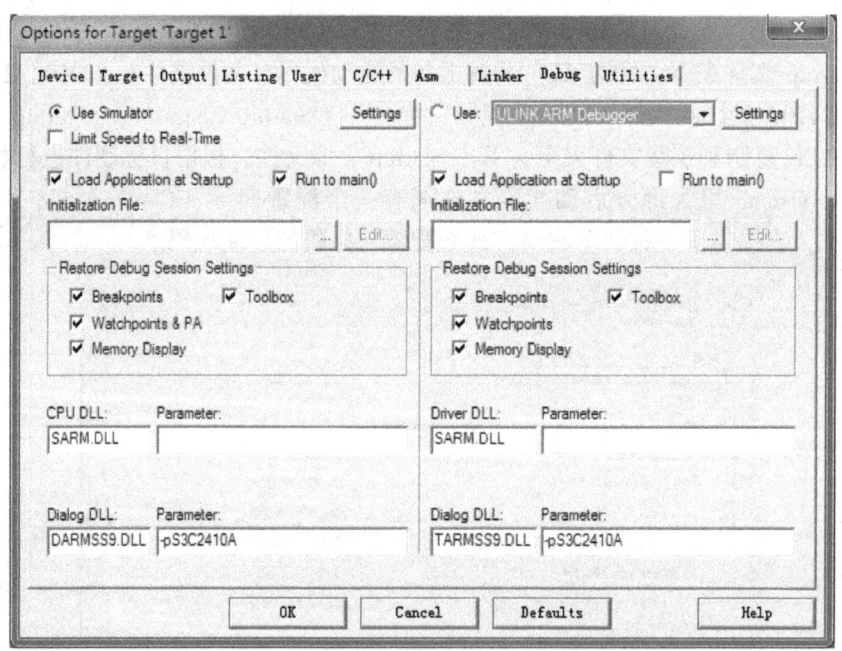

图 6.22　Option for Target 对话框 Debug 页

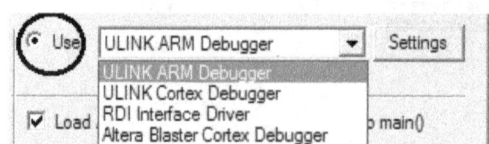

图 6.23　仿真器驱动配置图

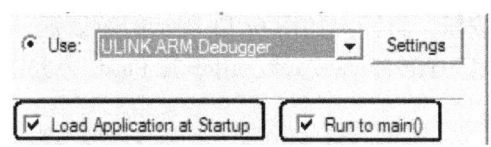

图 6.24　仿真器下载应用程序配置图

4. 工具配置

工具选项主要设置 Flash 下载选项。选择 Project→Option for Target 命令，在弹出的对话框中打开其 Utilities 选项卡，或者选择 Flash→Configure Flash Tools…命令，将弹出如图 6.25 所示的对话框。

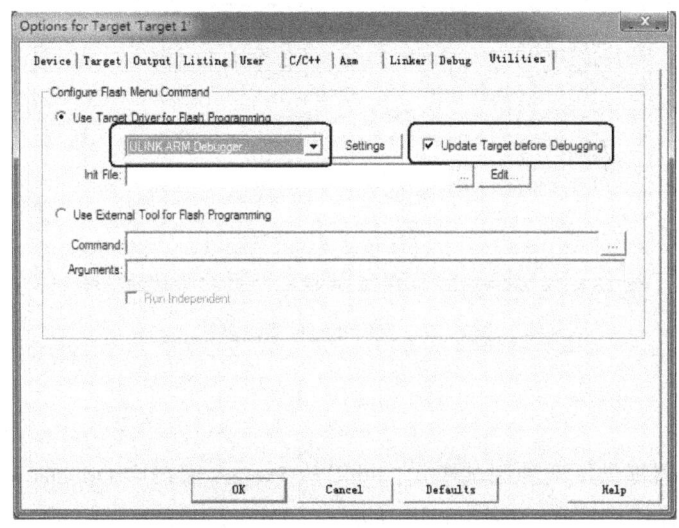

图 6.25　选择 ULINK 下载代码到 Flash

在图 6.25 所示的对话框中选中 Use Target Driver for Flash Programming 单选按钮，再选择 ULINK ARM Debugger 项，同时勾选 Update Target before Debugging 复选框。这时还没有完成设置，还需要选择编程算法，单击 Settings 按钮，弹出如图 6.26 所示的对话框。

图 6.26　Flash 下载设置

ARM 嵌入式系统基础与项目开发技术

单击对话框中的 Add 按钮，将弹出如图 6.27 所示的对话框，在该对话框中选择需要的 Flash 编程算法。例如，对于 STR912FW 芯片，由于其 Flash 为 256KB，则需要选择如图 6.27 中所标注的 Flash 编程算法。

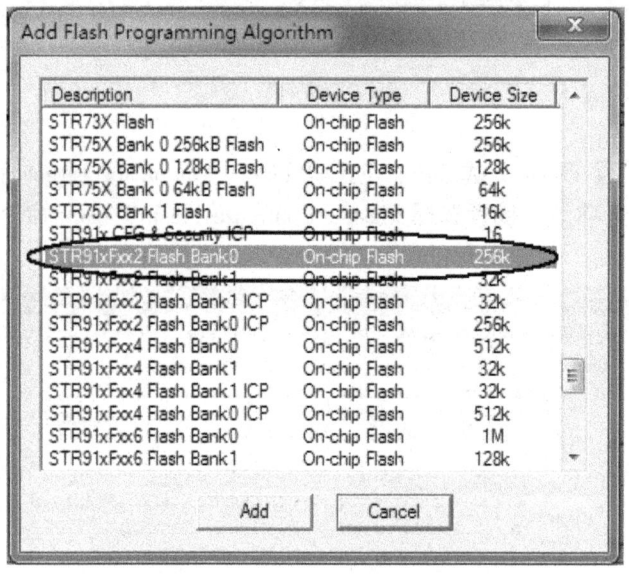

图 6.27　选择 Flash 编程算法

5. 调试设置

μVision3 调试器提供了两种调试模式，可以从 Project 窗口中 Options for Target 对话框的 Debug 选项卡内选择操作模式，如图 6.28 所示。

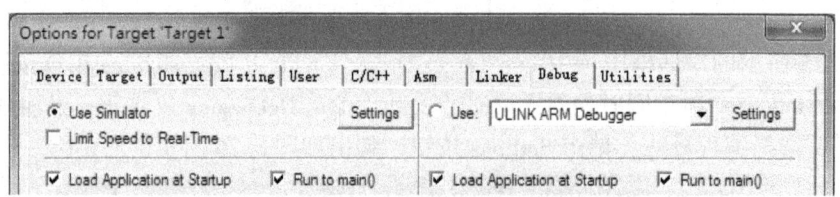

图 6.28　调试器的选择

（1）软件仿真模式。在没有目标硬件情况下，可以使用仿真器（Simulator）将 μVision3 调试器配置为软件仿真器。它可以仿真微控制器的许多特性，还可以仿真许多外围设备，包括串口、外部 I/O 口及时钟等。所能仿真的外围设备在为目标程序选择 CPU 时就已被选定了。在目标硬件准备好之前，可用这种方式测试和调试嵌入式应用程序。

（2）GDI 驱动模式。使用高级 GDI 驱动设备连接目标硬件来进行调试，如使用 ULINK Debugger。对 μVision3 来说，可用于连接的驱动设备有以下几种。

① JTAG/OCDS（适配器）：它连接到片上调试系统，如 AMR Embedded ICE。

② Monitor（监视器）：它可以集成在用户硬件上，也可以用在许多评估板上。

③ Emulator（仿真器）：它连接到目标硬件的 CPU 引脚上。

④ In – System Debugger（系统内调试器）：它是用户应用程序的一部分，可以提供基本的测试功能。

⑤ Test Hardware（测试硬件）：如 Philips SmartMX DBox 、Infineon SmartCard ROM Monitor RM66P 等。

使用仿真器调试时，选择 Project→Option for Target 命令或直接单击 按钮，打开 Option for Target 对话框的 Debug 选项卡，如图 6.29 所示，可进行调试配置。

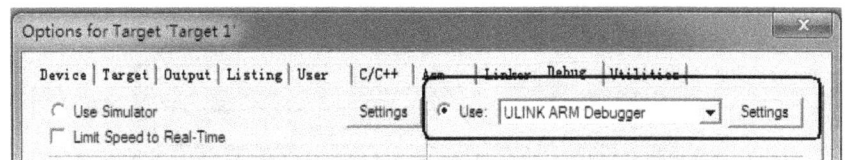

图 6.29　选择 ULINK USB – JTAG 仿真器调试

如果目标机已上电，并且与 ULINK USB – JTAG 仿真器连接上，单击图 6.29 中的 Settings 按钮，正常则可读取目标机芯片 ID 号。如果读不出 ID 号，则需要检查 ULINK USB – JTAG 仿真器与 PC 或目标机的连接是否正确。

6. 编译配置

1）选择编译器

μVision IDE 目前支持 RealView、Keil CARM 和 GNU 这三种编译器。选择 Project→Manage→Component，Environment and Books…命令或直接单击工具栏中的 图标，打开其 Folder/Extensions 选项卡，进入编译器选择界面。这里使用的 RealView 编译器如图 6.30 所示。

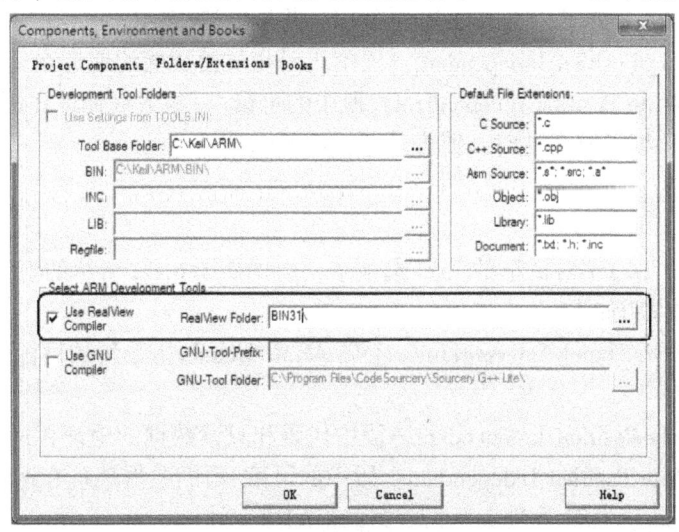

图 6.30　选择编译器

2）配置编译器

选择好编译器后，单击 按钮，打开 Option for Target 对话框的 C/C++选项卡，出现如图 6.31 所示的编译器属性配置界面（这里主要说明 RealView 编译器的编译配置）。

各个编译选项说明如下。

（1）Enable ARM/Thumb Interworking：生成 ARM/Thumb 指令集的目标代码，支持两种指令之间的函数调用。

图6.31　编译器属性配置界面

（2）Optimization：优化等级选项，分四个层次。

（3）Optimize for Time：时间优化。

（4）Split Load and Store Multiple：非对齐数据采用多次访问方式。

（5）One ELF Section per Function：每个函数设置一个 ELF 段。

（6）Strict ANSI C：编译标准 ANSI C 格式的源文件。

（7）Enum Container always int：枚举值用整型数表示。

（8）Plain Char is Signed：Plain Char 类型用有符号字符表示。

（9）Read – Only Position Independent：段中代码和只读数据的地址在运行期间可以改变。

（10）Read – Write Position Independent：段中的可读/写的数据地址在运行期间可以改变。

（11）Warning：编译源文件时，警告信息输出提示选项。

7. 汇编选项设置

打开 Option for Target 对话框的 Asm 选项卡，出现如图 6.32 所示的汇编属性配置界面。各个汇编选项说明如下。

（1）Enable ARM/Thumb Interworking：生成 ARM/Thumb 指令集的目标代码，支持两种指令之间的函数调用。

（2）Read – Only Position Independent：段中代码和只读数据的地址在运行期间可以改变。

（3）Read – Write Position Independent：段中的可读/写的数据地址在运行期间可以改变。

（4）Thumb Mode：只编译 Thumb 指令集的汇编源文件。

（5）No Warnings：不输出警告信息。

（6）Software Stack – Checking：软件堆栈检查。

（7）Split Load and Store Multiple：非对齐数据采用多次访问方式。

8. 链接选项设置

链接器/定位器用于将目标模块进行段合并，并对其定位，生成程序。既可通过命令行方式使用链接器，也可在 μVision IDE 中使用链接器。打开 Option for Target 对话框的 Linker 选项卡，出现如图 6.33 所示的链接属性配置界面。

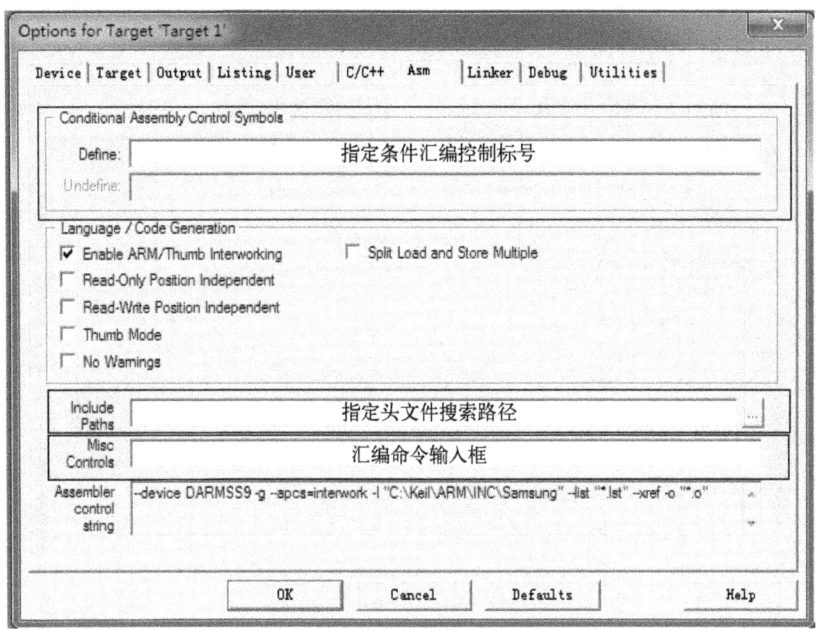

图 6.32　汇编属性配置界面

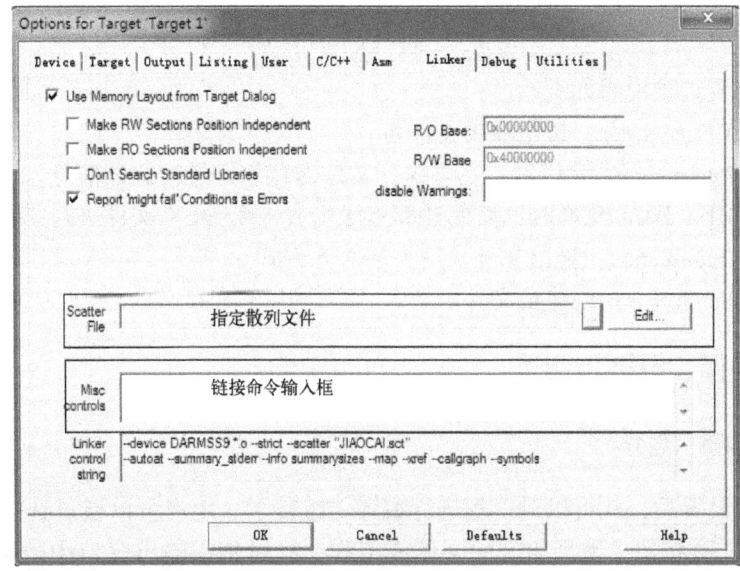

图 6.33　链接属性配置界面

各个链接选项配置说明如下。

（1）Make RW Sections Position Independent：RW 段运行时可改变。

（2）Make RO Sections Position Independent：RO 段运行时可改变。

（3）Don't search Standard Libraries：链接时不搜索标准库。

（4）Report 'might fail' Conditions as Errors：将"might fail"报告为错误提示输出。

（5）R/O Base：R/O 段起始地址输入框。

（6）R/W Base：R/W 段起始地址输入框。

9. 输出文件设置

在 Option for Target 对话框的 Output 选项卡中配置输出文件，如图 6.34 所示。

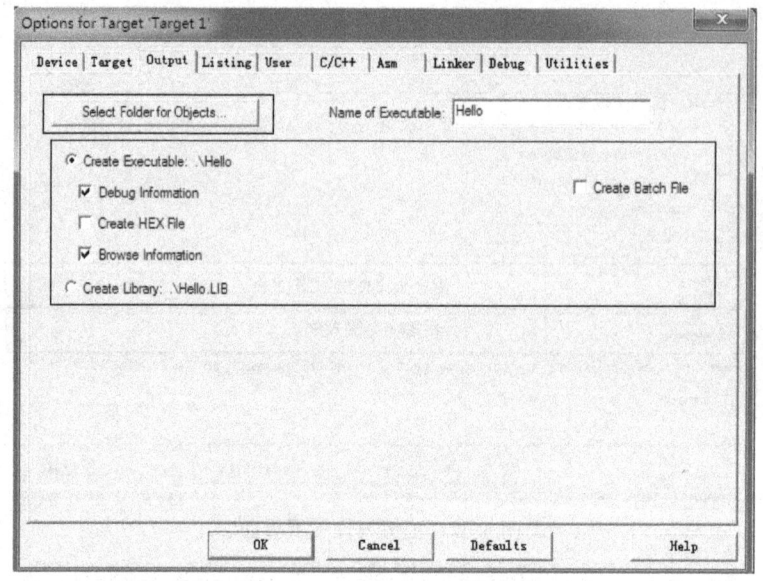

图 6.34　输出文件配置界面

输出文件配置选项说明如下。

（1）Name of Executable：指定输出文件名。

（2）Debug Information：允许时，在可执行文件内存储符号的调试信息。

（3）Create HEX File：允许时，使用外部程序生成一个 HEX 文件进行 Flash 编程。

（4）Browse Information：输出文件采用大端对齐方式。

（5）Create Batch File：创建批文件。

6.2.6　编译、链接与调试

1. 工程的编译、链接

完成工程的设置后，就可以对工程进行编译、链接了。用户可以通过选择 Project→Build target 命令或单击 ![]按钮，编译相应的文件或工程，同时将在输出窗口中的 Build 子窗口中输出有关信息。如果在编译、链接过程中出现任何错误（包括源文件语法错误和其他错误），编译、链接操作立刻终止，并在输出窗口的 Build 子窗口中提示错误。如果是语法错误，用户可以通过双击错误提示行来定位引起错误的源文件行。

2. 加载调试

μVision3 调试器提供了软件仿真和 GDI 驱动两种调试模式。采用 ULINK2 仿真器调试时，首先将集成环境与 ULINK2 仿真器连接，按照前面的工程配置方法对要调试的工程进行配置后，选择 Flash→Download 命令可将目标文件下载到目标系统的指定存储区中，文件下载后即可进行在线仿真调试。

　　调试器可以控制目标程序的运行和停止,并反汇编正在调试的二进制代码,同时可通过设置断点来控制程序的运行,辅助用户更快地调试目标程序。μVision IDE 的调试器可以在源程序、反汇编程序及源程序汇编程序混合模式窗口中设置和删除断点。在 μVision3 中设置断点的方式非常灵活,甚至可以在程序代码被编译前在源程序中设置断点。

　　定义和修改断点的方式有如下几种。

　　(1) 使用文件工具栏:只要在编辑窗口或反汇编窗口中选中要插入断点的行,然后单击工具栏上的按钮就可以定义或修改断点。

　　(2) 使用快捷菜单上的断点命令:在编辑窗口或反汇编窗口中单击右键即可打开快捷菜单。

　　在 Debug→Breakpoints…对话框中可以查看、定义、修改断点,这个对话框可以定义及访问不同属性的断点。

　　在 Output Window→Command 选项卡中,可使用 BreakSet、BreakKill、BreakList、Break-Enable、BreakDisable 命令对断点进行管理。

　　在断点对话框中可以查看及修改断点,如图 6.35 所示。可以在 Current Breakpoints 列表中通过单击复选框来快捷地放弃或激活一个断点,通过双击可以修改选定的断点。

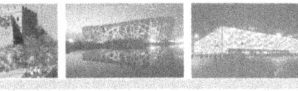

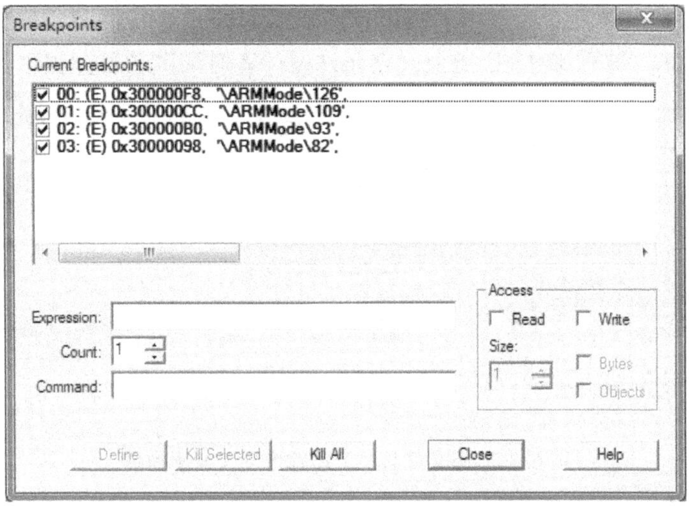

图 6.35　断点对话框

　　如图 6.35 所示,可以在断点对话框的 Expression 文本框中输入一个表达式来定义断点。根据表达式的类型可以定义不同类型的断点。当表达式是代码地址时,一个类型为 Execution Break(E)的断点被定义,当执行到指定的代码地址时,此断点有效。输入的代码地址要参考每条 CPU 指令的第一字节。

　　当对话框中一个内存访问类型(可读、可写或既可读又可写)被选中时,那么将会定义一个类型为 Access Break(A)的断点。当指定的内存访问发生时,此断点有效。可以用字节方式指定内存访问的范围,也可以指定表达式的目标范围。Access Break 类型的表达式必须能转化为内存地址及内存类型。在 Access Break 类型的断点停止程序执行或执行命令之前,操作符 (&、&&、<、<=、>、>=、== 和!=) 可用于比较变量的值。

　　当表达式不能转换为内存地址时,一个 Conditional Break(C)类型的断点将被定义,当指定的条件表达式为真时,此断点有效。在每个 CPU 指令后,均需要重新计算表达式的值,因此，程序执行速度会明显降低。

在 Command 文本框中可以为断点指定一条命令，程序执行到断点时将执行该命令，μVision3 执行命令后会继续执行目标程序。在此指定的命令可以是 μVision3 的调试命令或信号函数。在 μVision3 中，可以使用系统变量_break_来停止程序的执行。Count 的值用于指定断点触发前断点表达式为真的次数。

3. 反汇编窗口

反汇编窗口用于显示反汇编二进制代码后得到的汇编级代码，可以混合源代码显示，也可以混合二进制代码显示。反汇编窗口中可以设置和清除汇编级别断点，并可按照 ARM 或 THUMB 的格式反汇编二进制代码。

反汇编窗口可用于将源程序和反汇编程序一起显示，也可以只显示反汇编程序，如图 6.36 所示。通过 Debug→View Trace Records 命令可以查看前面指令的执行记录。为了实现这一功能，需要设置 Debug→Enable/Disable Trace Recording。若选择反汇编窗口作为当前窗口，那么程序的执行是以 CPU 指令为单位的，而不是以源程序中的行为单位的。可以用工具条上的按钮或快捷菜单命令为选中的行设置断点或对断点进行修改。还可以使用命令 Debug→Inline Assembly…来修改 CPU 指令，它允许设计者对调试的目标程序进行临时修改。

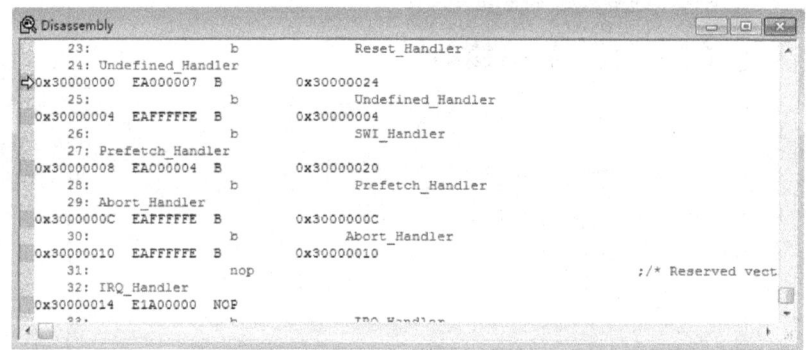

图 6.36 源文件与反汇编指令交叉显示窗口

1）寄存器窗口

在 Project Workspace→Regs 页中列出了 CPU 的所有寄存器，如图 6.37 所示，按模式排列共有八组，分别为 Current 模式寄存器组、User/System 模式寄存器组、Fast Interrupt 模式寄存器组、Interrupt 模式寄存器组、Supervisor 模式寄存器组、Abort 模式寄存器组、Undefined 模式寄存器组及 Internal 模式寄存器组。在每个寄存器组中又分别有相应的寄存器。在调试过程中，值发生变化的寄存器将以蓝色显示。选中指定寄存器，并单击或按 F2 键便可以打开一个编辑框，从而可以改变此寄存器的值。

2）内存窗口

通过内存窗口可以查看与显示存储情况，View→Memory Window 命令可以打开内存窗口，如图 6.38 所示。μVision3 可仿真高达 4GB 的存储空间，这些空间可以通过 MAP 命令或 Debug→Memory Map 命令打开内存映射对话框来映射为可读的、可写的、可执行的，如图 6.39 所示。μVision3 能够检查并报告非法的存储访问。

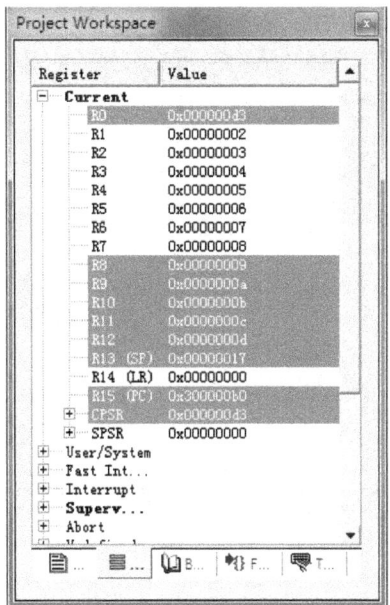

图 6.37 Regs 页

从图 6.38 中可看出内存窗口有四个 Memory 页，分别为 Memory #1、Memory #2、Memory#3、Memory#4，即可同时显示四个指定存储区域的内容。在 Address 文本框内，输入地址即可显示相应地址中的内容。需要说明的是，它支持表达式输入，只要这个表达式代表了某个区域的地址即可，如图 6.38 中所示的 main。双击指定地址处会出现编辑框，可以改变相应地址处的值。在存储区内单击右键可以打开如图 6.38 所示的快捷菜单，在此可以选择输出格式。通过选择 View→Periodic Window Update 命令，可以在运行时实时更新此内存窗口中的值。在运行过程中，若某些地址处的值发生变化，将以红色显示。

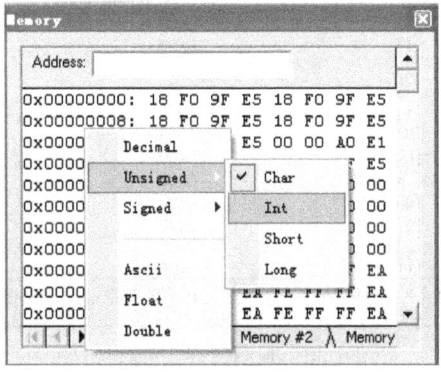

图 6.38 内存窗口

内存映射对话框可以用来设定哪些地址空间用于存储数据，哪些地址空间用于存储程序，也可以用 MAP 命令来完成上述工作。在载入目标应用时，μVision3 自动地对应用进行地址映射，一般不需要映射额外的地址空间，但被访问的地址空间没有被明确声明时就必须进行地址映射，如存储映射 I/O 空间。如图 6.39 所示，每一个存储空间均可指定为可读、可写、可执行，如在编辑框内输入"MAP0X0C000000，0X0E000000READ WRITE EXEC"，此命令就是将 0X0C000000 ～ 0X0E000000 这部分区域映射为可读的、可写的、可执行的。

在目标程序运行期间，µVision3 使用存储映射来保证程序没有访问非法的存储区。

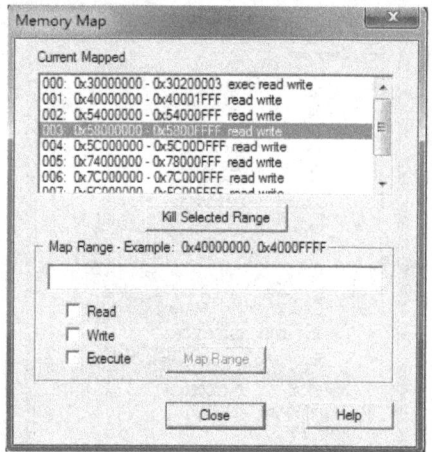

图 6.39　内存映射对话框

3）观测窗口

观测窗口（Watch Windows）用于查看和修改程序中变量的值，并列出了当前的函数调用关系。在程序运行结束之后，观测窗口中的内容将自动更新。也可通过对菜单 View→Periodic Window Update 设置来实现程序运行时实时更新变量的值。观测窗口共包含四个页：Locals 页、Watch #1 页、Watch #2 页、Call Stack 页，分别介绍如下。

（1）Locals 页。如图 6.40 所示，此页列出了程序中当前函数中全部的局部变量。只需选中变量的值，然后按 F2 键即可打开一个文本框来修改该变量的值。

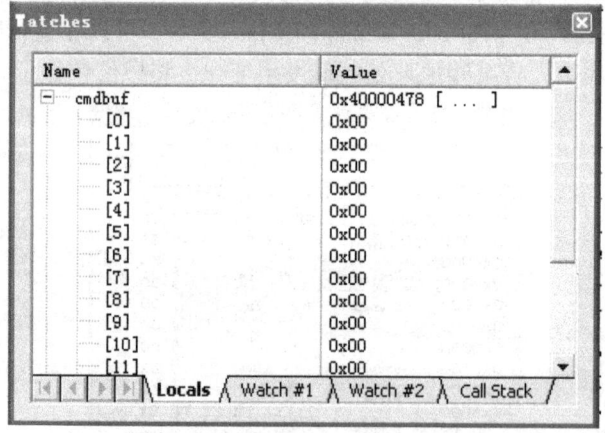

图 6.40　观测窗口之 Locals 页

（2）Watch 页。如图 6.41 所示，观测窗口有两个 Watch 页，此页列出了用户指定的程序变量。

有三种方式可以把程序变量加到 Watch 页中。

① 在 Watch 页中，选中 < type F2 to edit >，然后按 F2 键，打开一个文本框，在此输入要添加的变量名即可。用同样的方法，可以修改已存在的变量。

② 在工作空间中，选中要添加到 Watch 页中的变量，右击，会弹出快捷菜单，在快捷菜单中选择 Add to Watch Window 命令，即可把选定的变量添加到 Watch 页中。

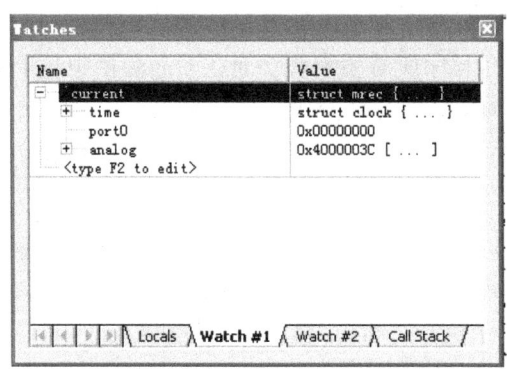

图 6.41　Watch 窗口之 Watch 页

③ 在 Output Window 窗口的 Command 选项卡中，用 WS（WatchSet）命令将所要添加的变量添入到 Watch 页中。若要修改某个变量的值，只需选中变量的值，再按 F2 键即可出现一个文本框，用来修改该变量的值。若要删除变量，只需选中变量，按 Delete 键或在 Output Window 窗口的 Command 选项卡中使用 WK（WatchKill）命令即可。

（3）Call Stack。如图 6.42 所示，此页显示了函数的调用关系。双击此页中的某行，将会在工作区中显示该行对应的调用函数及相应的运行地址。

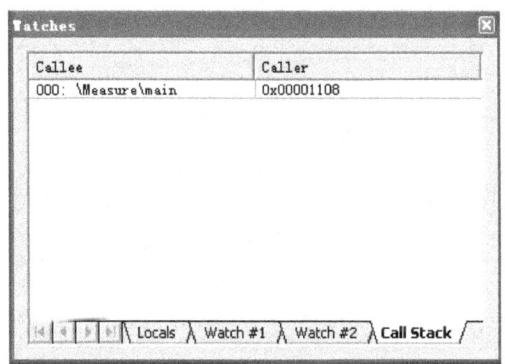

图 6.42　Watch 窗口之 Call Stack 页

4）代码统计对话框

μVision3 提供了一个统计代码（Code Coverage）执行情况的功能，这个功能以代码统计对话框的形式表示出来，如图 6.43 所示。在调试窗口中，已执行的代码行在左侧以绿色标出。当测试嵌入式应用程序时，可以用此功能来查看哪些程序还没有被执行。

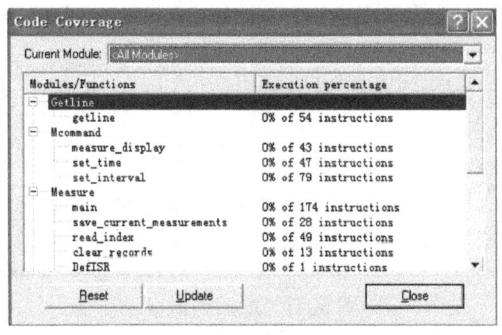

图 6.43　代码统计对话框

代码统计对话框提供了程序中各个模块及函数的执行情况，如图 6.43 所示。在 Current Module 下拉列表框中列出了程序所有的模块，而在下面的栏中显示了相应模块中指令的执行情况，即每个模块或函数的指令执行百分比，只要是执行了的部分均以绿色标出。在 Output Window 的 Command 选项卡中可以用 Coverage 调试命令将此信息输出到输出窗口中。

5）执行剖析器

μVision ARM 仿真器包含一个执行剖析器，它可以记录执行全部程序代码所需的时间。可以通过选择 Debug→Execution Profiling 命令来激活此功能。它具有两种显示方式：Call（显示执行次数）和 Time（显示执行时间）。将光标定位在指定的入口处，即可显示有关执行时间及次数的详细信息，如图 6.44 所示。

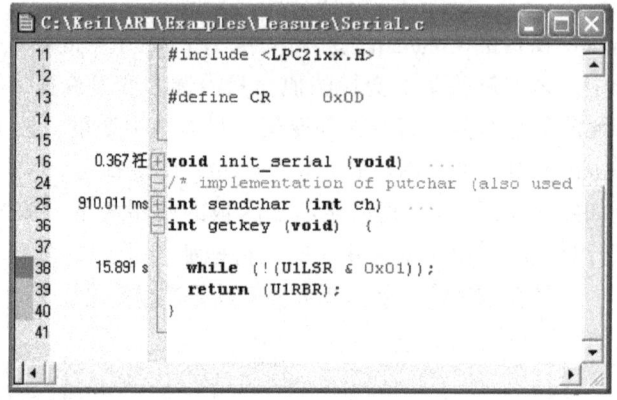

图 6.44　执行剖析器

对于 C 源文件，可使用编辑器的源文件的大纲视图特性将几行源文件代码缩为一行，以此查看某源文件块的执行时间。

在反汇编窗口中，可以显示每条汇编指令的执行信息，如图 6.45 所示。

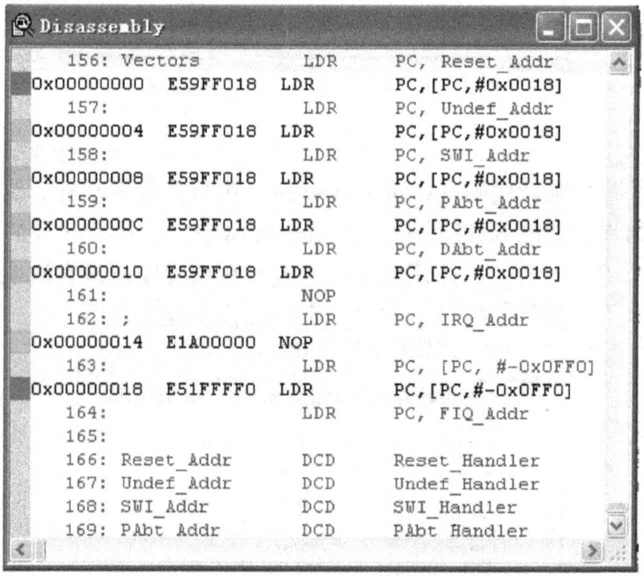

图 6.45　反汇编窗口

需要注意，执行剖析器得到的执行时间是基于当前的时钟设置的，当代码以不同的时钟执行多次时，可能会得到一个错误的执行时间。另外，目前执行剖析器仅能用于 ARM 仿真器。

6）性能分析仪

μVision3 ARM 仿真器的执行剖析器能够显示已知地址区域的执行统计的信息。对没有调试信息的地址区域，显示列表中是不会显示这块区域的执行情况的，如 ARMADS/RealView 工具集的浮点库。

μVision3 性能分析仪则可用于显示整个模块的执行时间及各个模块被调用的次数；μVision3 的仿真器可以记录整个程序代码的执行时间及函数调用情况。性能分析仪如图 6.46 所示。

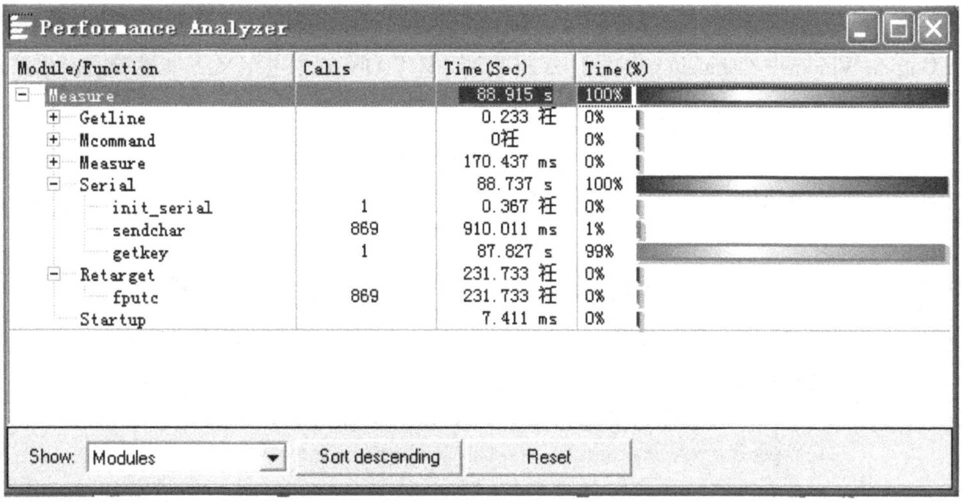

图 6.46　性能分析仪

图 6.46 中的 Show 下拉列表框用于选择以模块或函数的形式进行显示。Sort descending 按钮则用于以降序来排列各模块或函数的执行时间。表头各项含义分别为：Module/Function 是模块或函数名；Calls 是函数的调用次数；Time(Sec)是花费在函数或模块区域内的执行时间（单位：秒）；Time(%)是花费在函数或模块区域内的时间百分比。

7）串行窗口

μVision3 提供了两个串行窗口，分别用于串行输入及输出，如图 6.47 所示。被仿真的处理器所输出的数据会在此窗口中显示，在此窗口中输入的字符也会被输入到被仿真的 CPU 中。

利用串行窗口，在不需要外部硬件的情况下也可以仿真 CPU 的 UART。在 Output Window→Command 界面中使用 ASSIGN 命令也可以将串口输出指定为 PC 的 COM 口。

8）工具箱

如图 6.48 所示，工具箱中包含用户可配置的按钮，单击工具箱上的按钮可以执行相关的调试命令或调试函数。工具箱按钮可以在任何时间执行，甚至是在运行测试程序时。

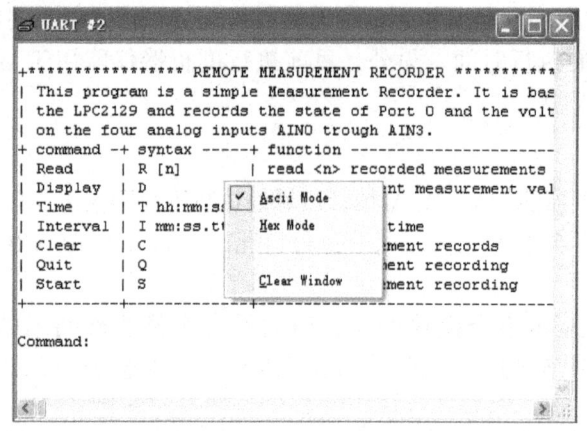

图 6.47　串行窗口

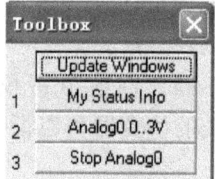

图 6.48　工具箱

在 Output Window→Command 界面中用 DEFINE BUTTON 命令可定义工具箱按钮，语法格式：

```
>DEFINE BUTTON "button_label","command"
```

其中，button_label 是显示在工具箱按钮上的名字；command 是按下此按钮时要执行的命令。

图 6.49 中的例子说明了如何使用命令来定义图 6.48 所示的工具箱按钮。

```
>DEFINE BUTTON "Decimal Output", "radix=0x0A"

>DEFINE BUTTON "Hex Output", "radix=0x10"

>DEFINE BUTTON "My Status Info", "MyStatus ()" /* call debug function */

>DEFINE BUTTON "Analog0.3V", "analog0 ()" /* call signal function */

>DEFINE BUTTON "Show R15", "printf (\"R15=%04XH\\n\")"
```

图 6.49　定义工具箱按钮

9）输出窗口调试命令对话框

通过在 Output Window→Command 界面中输入命令，可以交互方便地使用 μVision3 调试器。此窗口还提供一般的调试输出信息，并允许输入用于查看或修改变量和寄存器的表达式（Expressions），也可用于调用调试函数（Debug Functions）。图 6.50 所示为输出窗口调试命令对话框。

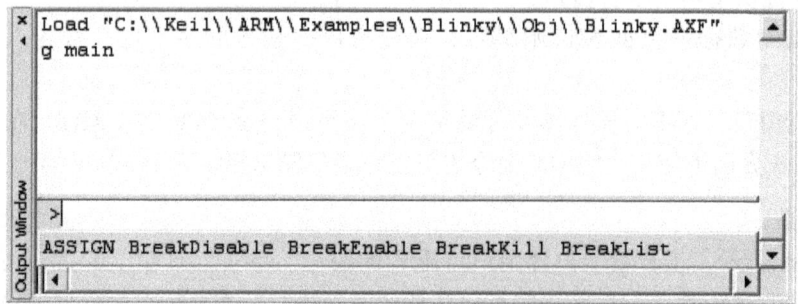

图 6.50　输出窗口调试命令对话框

（1）调试命令。在调试窗口的"＞"提示符后可以输入调试命令，仅用首字母来输入命令，如 WatchSet 命令仅需要输入 WS。

还可以在命令窗口中显示和改变变量、寄存器和存储位置。例如，可以在命令提示符后输入如表 6.2 所示的文本命令。

表 6.2　利用命令修改变量及寄存器

命　　令	结　　果
R7 = 12	为寄存器 R7 分配值 12
CPSR	显示寄存器 CPSR 的值
time. hour	显示时间结构体的成员：小时
time. hour ＋＋	时间结构体的成员以小时递增
index = 0	为 index 分配值 0

（2）调试函数。可以在命令提示符处输入调试函数来进行程序调试。例如输入以下命令：

```
ListInfo(2)
```

在命令输入处有语法生成器可以帮助显示命令、选项及参数。随着命令的输入，μVision3 会自动减少所列出的命令以与所输入的字符相匹配，如图 6.51 所示。

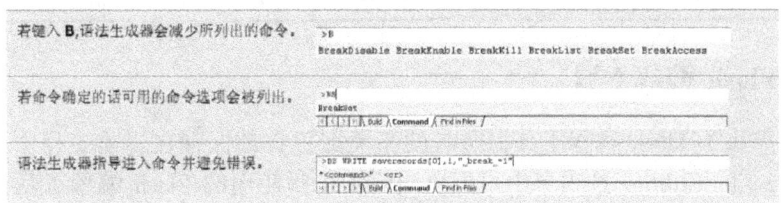

图 6.51　命令输入的语法提示

10）符号窗口

在符号窗口 View→Symbol Window 中显示了定义在当前被载入的应用程序中的公有符号、局部符号及行号信息。CPU 特殊功能寄存器 SFR 符号也显示在此窗口中，如图 6.52 所示。

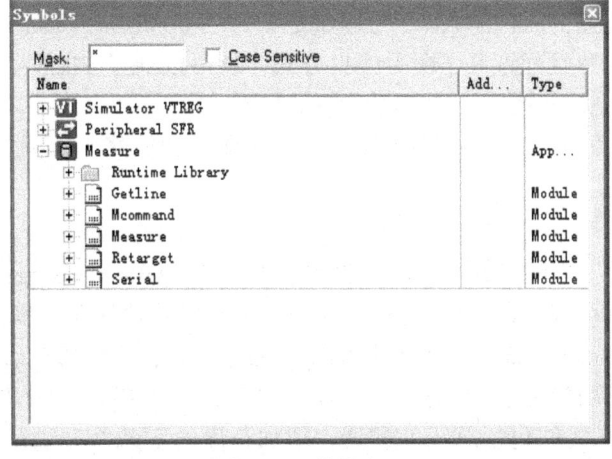

图 6.52　符号窗口

可以选择符号类型并用符号窗口中的选项过滤信息，如表 6.3 和表 6.4 所示。

表 6.3　符号窗口各选项含义一

选　项	描　述
Mode	选择 PUBLIC、LOCALS 或 LINE。公有（PUBLIC）符号的作用域是整个应用程序；局部（LOCALS）函数的作用被限制在一个模块或函数中；行（LINE）是与源文本中的行号信息相关的
Current Module	选择其信息应该被显示的源模块
Mask	指定一个通配字符串以匹配符号名。通配字符串由文字、数字符及通配字符组成。 　　　　#：匹配一位数字（0~9）； 　　　　$：匹配任意字符； 　　　　*：匹配 0 个或多个字符
Apply	应用 Mask，并显示更新的符号列表

表 6.4　符号窗口各选项含义二

通 配 字 符	匹配符号名
*	匹配任意符号。这是符号浏览器中的默认掩码
#	匹配在任意位置处包含一个数字位的符号
_a$#*	以一个下画线开始，后面是字母 a，再后面是任意多个字符，以 0 个或多个字符结束，如_ab1 or _a10value
_*ABC	以一个下画线开始，后面是 0 个或多个字符，以 ABC 结束

6.2.7　Flash 编程工具

μVision3 集成了 Flash 编程工具，所有的相关配置将被保存在当前工程中。在 Project→Options for Target 的 Utilities 选项卡中可配置当前工程所使用的 Flash 编程工具，开发人员既可使用外部的命令行驱动工具（通常由芯片销售商提供），也可使用 Keil ULINK USB – JTAG 适配器等工具。

用户可通过 Flash 菜单启动 Flash 编程器，若勾选了 Project→Options for Target→Utilities→Update Target before Debugging 复选框，那么在调试器启动之前 Flash 编程器也将启动。

μVision3 为 Flash 编程工具提供了一个命令接口，在 Project→Options for Target 对话框的 Utilities 选项卡中可配置 Flash 编程器，通过命令 Flash→Configure Flash Tools 也可弹出此对话框，如图 6.53 所示。一旦配置好了命令接口方式，就可以通过 Flash 菜单下载（Download）或擦除（Erase）目标机中 Flash 存储器的内容。

μVision3 提供了两种 Flash 编程的方法：目标机驱动和外部工具。

1. 目标机驱动

μVision3 提供了 3 种 Flash 编程驱动：ULINK ARM Debugger、ULINK Cortex – M3Debugger 及 RDI Interface Driver。选择一个 Flash 编程驱动程序，单击右边的 Settings 按钮，弹出图 6.54 所示的对话框（根据选择的驱动程序不同，弹出的对话略有差异）。最右边的复选框决定是否在调试前更新目标机中 Flash 的内容。在 Option for Target 对话框中，Init File 文本框中的初始化文件包括总线的配置、附加程序的下载及调试函数。对大多数 Flash 芯片而言，μVision3 的设备数据库已经提供了片上 Flash ROM 的正确配置。

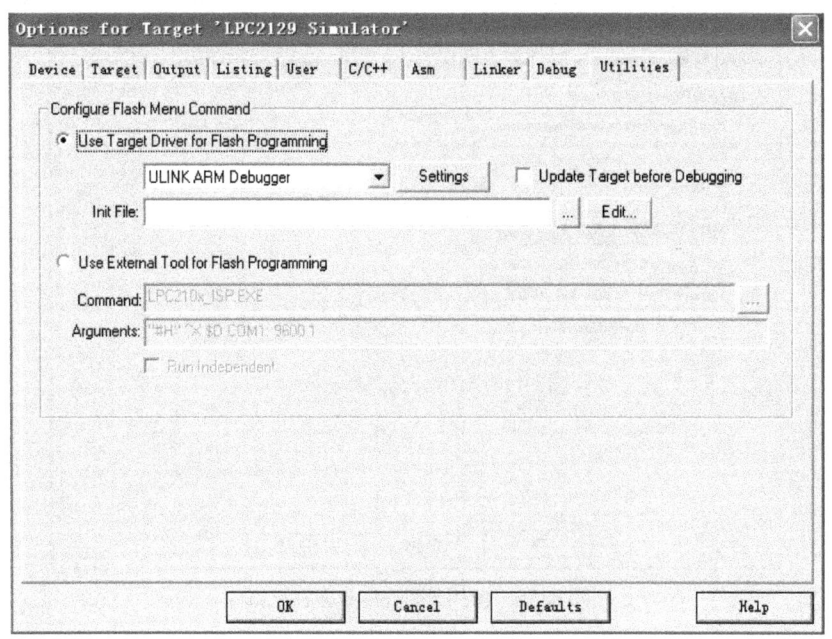

图 6.53　Flash 编程器的配置对话框

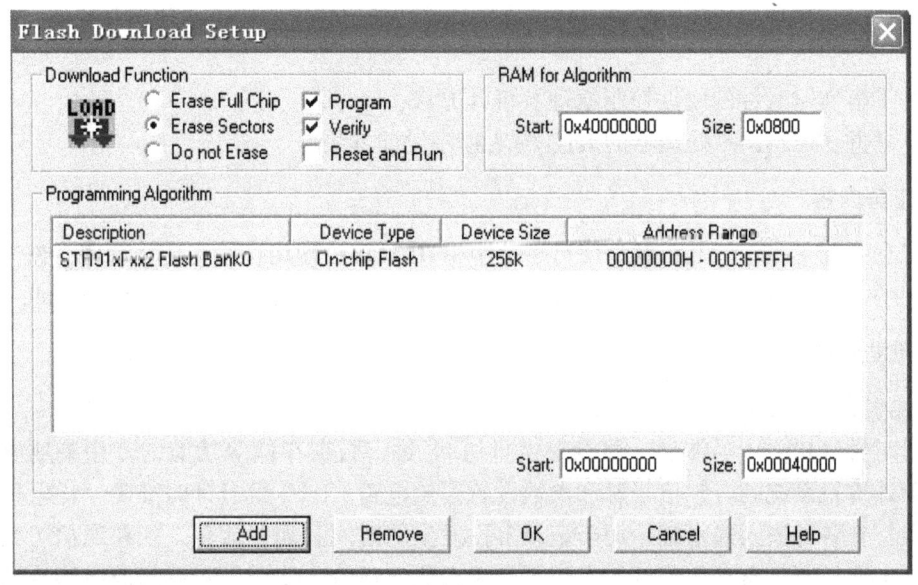

图 6.54　ULINK ARM Debugger 的 Flash 下载设置对话框

2. 外部工具

使用第三方的基于命令行的 Flash 编程工具时，通过命令行及参数调用下载工具，如图 6.55 中使用的是 LPC210x_ISP. EXE 在线编程器，使用键码序列（Key Sequences）指定输出文件名、设备名及 Flash 编程器的时钟频率等，Run Independent 复选框决定编程工具是否能独立运行。

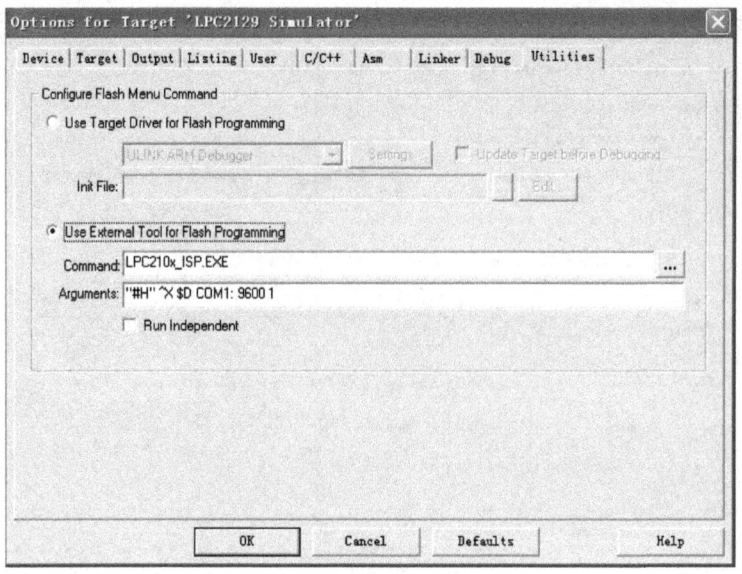

图 6.55　使用外部 Flash 编程工具

任务开发 7　实时时钟（RTC）控制

1. 学习目标

（1）了解实时时钟的硬件控制原理及设计方法；

（2）掌握 S3C2410A 处理器的 RTC 模块程序设计方法。

2. 任务内容

学习和掌握 Embest ARM 教学项目平台中 RTC 模块的使用；编写应用程序，修改时钟日期及时间的设置；使用 Embest ARM 教学系统的串口在超级终端显示当前系统时间。

3. 开发原理

1）实时时钟（RTC）

实时时钟（RTC）器件是一种能提供日历/时钟、数据存储等功能的专用集成电路，常用作各种计算机系统的时钟信号源和参数设置存储电路。RTC 具有计时准确、耗电低和体积小等特点，在各种嵌入式系统中用于记录事件发生的时间和相关信息，如在通信工程、电力自动化、工业控制等自动化程度较高领域的无人值守环境中使用。随着集成电路技术的不断发展，RTC 器件的新品也不断推出，这些新品不仅具有准确的实时时钟，还有大容量的存储器、温度传感器和 A/D 数据采集通道等，已成为集 RTC、数据采集和存储于一体的综合功能器件，特别适用于以微控制器为核心的嵌入式系统。RTC 器件与微控制器之间的接口大多都采用连线简单的串行接口，如 I2C、SPI、MICROWIRE 和 CAN 等串行总线接口。这些串口由 2 ～ 3 根线连接，有同步和异步之分。

2）S3C2410A 实时时钟（RTC）单元

S3C2410A 实时时钟（RTC）单元是处理器集成的片内外设。由开发机上的后备电池供

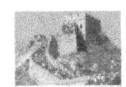

电，可以在系统电源关闭的情况下运行。RTC 发送 8 位 BCD 码数据到 CPU，传送的数据包括秒、分、小时、星期、日期、月份和年份。RTC 单元时钟源由外部 32.768kHz 晶振提供，可以实现闹钟（报警）功能。

4. 开发步骤

1）准备项目环境

使用 ULINK2 仿真器连接 Embest EduKit - IV 项目平台的主板 JTAG 接口；使用 Embest EduKit - IV 项目平台附带的交叉串口线连接项目平台主板上的 COM2 和 PC 的串口（一般 PC 只有一个串口，如果有多个请自行选择，没有串口设备的可购买 USB 转串口适配器扩充）；使用 Embest EduKit - IV 项目平台附带的电源适配器连接项目平台主板上的电源接口。

2）串口接收设置

在 PC 上运行 Windows 自带的超级终端串口通信程序，或者使用项目平台附带光盘内设置好的超级终端（设置超级终端：波特率 115200，1 位停止位，无校验位，无硬件流控制），或者使用其他串口通信程序（注：超级终端串口可根据用户的 PC 串口硬件自行选择，如果 PC 只有一个串口，一般是 COM1）。

3）打开项目例程

（1）复制项目平台附带光盘。DISK3_S3C2410\03 - Codes\01 - MDK\Mini2410 - IV 文件夹到 MDK 的安装路径为 Keil\ARM\Boards\Embest\（如果本项目之前已经复制，可以跳过这一步）（注：用户也可复制工程到任意目录，本项目为了便于教学，统一项目路径）。

（2）运行 μVision IDE for ARM 软件，单击菜单 Project，选择 Open Project…命令，在弹出的对话框中选择项目例程目录 5.5_RTC_Test 子目录下的 RTC_Test. Uv2 工程。

（3）默认打开的工程在源码编辑窗口会显示项目例程的说明文件 readme. txt，详细阅读并了解项目内容。

（4）工程提供了两种运行方式：一是下载到 SDRAM 中调试运行；二是固化到 Nor Flash 中运行。用户可以在工具栏 Select Target 下拉列表框中选择在 RAM 中调试运行还是固化到 Nor Flash 中运行。

以下项目将介绍下载到 SDRAM 中调试运行，所以在 Select Target 下拉列表框中选择 Uart_Test IN RAM。

（5）接下来开始编译、链接工程，在菜单 Project 中选择 Build target 命令或 Rebuild all target files 命令编译整个工程，用户也可以在工具栏单击🔳或🔳按钮进行编译。

（6）编译完成后，在输出窗口可以看到编译提示信息"".\SDRAM\RTC_Test. axf" - 0Error(s),1Warning(s). "，如果显示"0Error(s)"则表示编译成功。

（7）打开项目平台电源开关，给项目平台上电，选择 Debug→Start/Stop Debug Session 命令将编译出来的映象文件下载到 SDRAM 中，或者单击工具栏中的🔍按钮来下载。

（8）下载完成后，选择 Debug→Run 命令运行程序，或者单击工具栏中的🔳按钮来全速运行程序。用户也可以进行单步调试程序。

（9）全速运行后，用户可以在超级终端看到程序运行的信息，出现"RTC Test Example RTC Check(Y/N)?"提示是否对 RTC 进行检查，选择"Y"后就可以进行之后的一些操作，

如设置时钟、显示时间及 Tick 中断测试等。

（10）用户可以停止程序运行，使用 μVision IDE for ARM 的一些调试窗口跟踪查看程序运行的信息。

注：如果在第（4）步用户选择固化到 Nor Flash 中运行，则编译链接成功后，选择 Flash→Download 命令将程序固化到 Nor Flash 中，或者单击工具栏中的按钮██固化程序，从项目平台的主板拔出 JTAG 线，重新给项目平台上电，程序将自动运行。

5. 参考程序

1）RTC 报警控制程序

```
    int rtc_alarm_test(void)
{
    // INT32T g_nHour = 0xff0000,g_nMin = 0xff00,g_nSec = 0xff;
    uart_printf(" RTC AlARMTest for S3C2410 \n");

    rRTCCON = 0x01;
    //No reset, Merge BCD counters,1 /32768, RTC Control enable
    rALMYEAR = rBCDYEAR ;
    rALMMON = rBCDMON;
    rALMDATE = rBCDDATE;
    rALMHOUR = rBCDHOUR ;
    rALMMIN = rBCDMIN;
    rALMSEC = rBCDSEC + 2 ;
    f_nIsRtcInt = 0;
        pISR_RTC = (unsigned int)rtc_int;
        rRTCALM = 0x7f;
        //Global,g_nYear,g_nMonth,Day,g_nHour,Minute,Second alARMenable
        rRTCCON = 0x0;
        //No reset, Merge BCD counters,1 /32768, RTC Control disable
        rINTMSK & =~ (BIT_RTC);

    uart_printf(" % 02x:% 02x:% 02x \n",rBCDHOUR,rBCDMIN,rBCDSEC);
        //while(f_nIsRtcInt ==0);
        delay(21000);       //delay2.1s
    uart_printf(" % 02x:% 02x:% 02x \n",rBCDHOUR,rBCDMIN,rBCDSEC);

        rINTMSK │ = BIT_RTC;
        rRTCCON = 0x0;
        //No reset, Merge BCD counters,1 /32768, RTC Control disable
        return f_nIsRtcInt;
    }
```

2）时钟设置控制程序

```
void rtc_set(void)
{
  uart_printf("\n Please input0x and Two digit then press Enter, such
  as0x99.\n");
  uart_printf("Year(0x??): ");
  g_nYear = uart_getintnum();
  uart_printf("Month (0x??): ");
  g_nMonth = uart_getintnum();
  uart_printf("Date(0x?? ): ");
  g_nDate = uart_getintnum();
  uart_printf("\n1:Sunday2:Monday3:Thesday4:Wednesday5:Thursday6:Fri-
  day7:Saturday \n");
  uart_printf("Day of week : ");
  g_nWeekday = uart_getintnum();
    uart_printf("\n Hour(0x??): ");
  g_nHour = uart_getintnum();
    uart_printf("Minute(0x??): ");
  g_nMin = uart_getintnum();
    uart_printf("Second(0x??): ");
  g_nSec = uart_getintnum();
  rRTCCON = rRTCCON&~(0xf)|0x1;
  //No reset, Merge BCD counters,1/32768, RTC
  Control enable
  rBCDYEAR = rBCDYEAR &~(0xff)|g_nYear;
  rBCDMON = rBCDMON &~(0x1f)|g_nMonth;
  rBCDDAY = rBCDDAY &~(0x7)|g_nWeekday;
   // SUN:1MON:2TUE:3WED:4THU:5FRI:6SAT:7
  rBCDDATE = rBCDDATE &~(0x3f)|g_nDate;
  rBCDHOUR = rBCDHOUR &~(0x3f)|g_nHour;
  rBCDMIN = rBCDMIN &~(0x7f)|g_nMin;
  rBCDSEC = rBCDSEC &~(0x7f)|g_nSec;
  rRTCCON = 0x0;
  //No reset, Merge BCD counters,1/32768,
  //RTC Control disable
```

6. 想一想

试编写程序检测 RTC 的时间片（RTC_Tick）功能及置零计数功能。

任务开发 8　基于 TFT 液晶显示控制

1. 学习目标

（1）初步掌握液晶屏的使用及其电路设计方法。

（2）掌握 S3C2410A 处理器的 LCD 控制器的使用。

（3）通过项目掌握液晶屏显示文本及图形的方法与程序设计。

2. 任务内容

通过使用 Embest EduKit – Ⅲ 教学项目平台的 256 色彩色液晶显示屏（320×240）进行电路设计，掌握液晶屏作为人机交互界面的设计方法，并编写程序实现：

（1）画出多个矩形框；

（2）显示 ASCII 字符；

（3）显示汉字字符；

（4）显示彩色位图。

3. 开发原理

1）液晶显示屏（LCD）

液晶显示屏（Liquid Crystal Display，LCD）主要用于显示文本及图形信息。液晶显示屏具有轻薄、体积小、耗电量低、无辐射危险、平面直角显示及影像稳定不闪烁等特点，因此在许多电子应用系统中，常使用液晶屏作为人机交互界面。

（1）主要类型及性能参数

液晶显示屏按显示原理分为超扭曲向列液晶显示屏和薄膜晶体管液晶显示屏两种。

超扭曲向列（Super Twisted Nematic，STN）液晶显示屏与液晶材料、光线的干涉现象有关，因此显示的色调以淡绿色与橘色为主。STN 液晶显示屏使用 X、Y 轴交叉的单纯电极驱动方式，即 X、Y 轴由垂直与水平方向的驱动电极构成，水平方向驱动电极控制显示部分为亮或暗，垂直方向的电极则负责驱动液晶分子的显示。STN 液晶显示屏加上彩色滤光片，并将单色显示矩阵中的每一个像素分成三个子像素，分别通过彩色滤光片显示红、绿、蓝三原色，也可以显示出彩色影像。单色液晶屏及灰度液晶屏都是 STN 液晶屏。

薄膜晶体管（Thin Film Transistor，TFT）彩色液晶屏随着液晶显示技术的不断发展和进步，被广泛用于制作计算机的液晶显示设备。TFT 液晶显示屏既可在笔记本电脑上应用（现在大多数笔记本电脑都使用 TFT 液晶显示屏），也常用于主流台式显示器，分 65536 色、26 万色及 1600 万色三种，其显示效果非常出色。TFT 的显示采用"背透式"照射方式——假想的光源路径不是像 STN 液晶显示屏那样从上到下，而是从下向上，具体做法是在液晶的背部设置特殊光管，光源照射时光通过下偏光板向上透出。由于上下夹层的电极改成 FET 电极和共通电极，在 FET 电极导通时，液晶分子的表现也会发生改变，可以通过遮光和透光来达到显示的目的，响应时间提高到 80ms 左右。

使用液晶显示屏时，主要考虑的参数有外形尺寸、像素、点距、色彩等。表 6.5 所示是

Embest EduKit-IV 项目板所选用的液晶屏（LQ080V3DG01TFT）主要技术参数。

表 6.5 LQ080V3DG01TFT 液晶屏主要技术参数

型号	LQ080V3DG01	外形尺寸	183mm×141mm×14mm	质量	390g
像素	640×480	点距	0.2535mm×0.2535mm	色彩	262144
电压	5V（25℃）	对比度	250	附加	带驱动逻辑

LQ080V3DG01TFT 液晶屏外形如图6.56所示。

图6.56 LQ080V3DG01TFT 液晶屏外形

（2）驱动与显示

液晶屏的显示要求设计专门的驱动与显示控制电路。驱动电路包括提供液晶屏的驱动电源、液晶分子偏置电压及液晶显示屏的驱动逻辑；显示控制部分可由专门的硬件电路组成，也可以采用集成电路（IC）模块，如 EPSON 的视频驱动器等，还可以使用处理器外围 LCD 控制模块。实验板的驱动与显示系统包括 S3C2410A 片内外设 LCD 控制器、液晶显示屏的驱动逻辑及外围驱动电路。

2）S3C2410A LCD 控制器的特点

S3C2410A 处理器集成了 LCD 控制器，主要功能是传输显示数据和产生控制信号。它支持屏幕水平和垂直滚动显示。数据的传送采用直接内存访问（DMA）方式，以达到最小的延迟。它可以支持多种液晶屏，如下所列。

（1）STN LCD

① 支持3种类型的扫描方式：4位单扫描、4位双扫描和8位单扫描。

② 支持单色、4级灰度和16级灰度显示。

③ 支持256色和4096色彩色 STN LCD。

④ 支持多种屏幕大小。

⑤ 典型的实际屏幕大小为640mm×480mm、320mm×240mm、160mm×160mm 等。

⑥ 最大虚拟屏幕占内存大小为4MB。

⑦ 256色模式下最大虚拟屏幕大小为4096mm×1024mm、2048mm×2048mm、1024mm×4096mm 等。

（2）TFT LCD

① 支持1bpp、2bpp、4bpp 或 8bpp 彩色调色显示。

② 支持16bpp 和 24bpp 非调色真彩显示。

③ 在 24bpp 模式下，最多支持 16M 种颜色。

④ 支持多种屏幕大小。

⑤ 典型的实际屏幕大小为 640mm×480mm、320mm×240mm、160mm×160mm 等。

⑥ 最大虚拟屏幕占内存大小为 4MB。

⑦ 64K 色模式下最大虚拟屏幕大小为 2048mm×1024mm 等。

⑧ LCD 控制器内部结构。

⑨ LCD 控制器主要提供液晶屏显示数据的传送、时钟和各种信号的产生与控制功能。

⑩ S3C2410A LCD 控制器主要部分框图如图 6.57 所示。

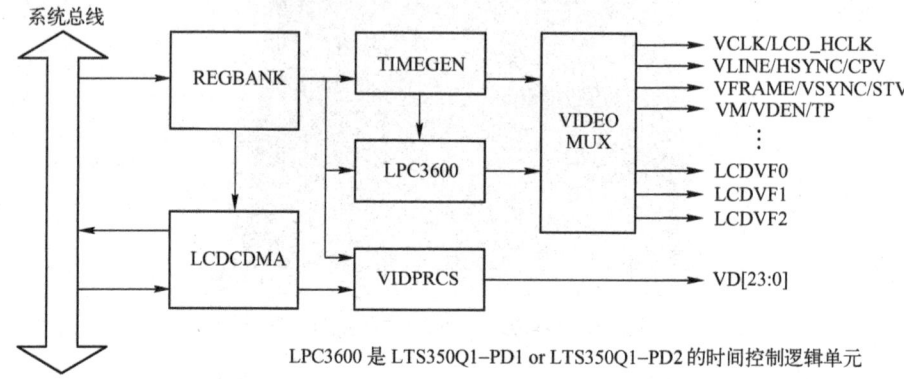

LPC3600 是 LTS350Q1-PD1 or LTS350Q1-PD2 的时间控制逻辑单元

图 6.57　S3C2410A LCD 控制器主要部分框图

S3C2410A LCD 控制器用于传输显示数据和产生控制信号，如 VFRAME、VLINE、VCLK、VM 等。除了控制信号之外，S3C2410A 还提供数据端口供显示数据传输，也就是 VD[23:0]，如图 6.57 所示。LCD 控制器包括 REGBANK、LCDCDMA、VIDPRCS、TIMEGEN 和 LPC3600 等控制模块。REGBANK 中有 17 个可编程的寄存器组和 256×16 调色板内存用于配置 LCD 控制器。

LCDCDMA 是一个专用的 DMA，它自动将帧缓冲区中的显示数据发往 LCD 驱动器。通过特定的 DMA，显示数据可以不需要 CPU 的干涉，自动地发送到屏幕上。VIDPRCS 将 LCDCDMA 发送过来的数据变换为合适的格式（如 4/8 位单扫描或 4 位双扫描显示模式）之后，通过 VD[23:0] 发送到 LCD 驱动器。TMIEGEN 包括的可编程逻辑用于支持不同 LCD 驱动器对时序及速率的需求。VFRAME、VLINE、VCLK、VM 等控制信号由 TIMEGEN 产生。在 LCD 控制器的 33 个输出接口中有 24 个用户数据输出，9 个用于控制，如表 6.6 所示。

表 6.6　S3C2410A LCD 控制器输出接口说明

输出接口信号	描　述
VFRAME/VSYNC/STV	帧同步信号（STN）/垂直同步信号（TFT）/SEC TFT 信号
VLINE/HSYNC/CPV	行同步信号（STN）/水平同步信号（TFT）/SEC TFT 信号
VCLK/LCD_HCLK	时钟信号（STN/TFT）/SEC TFT 信号
VD[23:0]	LCD 显示数据输出端口（STN/TFT/SEC TFT）
VM/VDEN/TP	交流控制信号（STN）/数据使能信号（TFT）/SEC TFT 信号
LEND/STH	行结束信号（TFT）/SEC TFT 信号
LCD_PWREN	LCD 电源使能
LCDVF0	SEC TFT 信号 OE
LCDVF1	SEC TFT 信号 REV
LCDVF2	SEC TFT 信号 REVB

表 6.7　LCD 控制器寄存器列表

寄 存 器 名	内 存 地 址	读　　写	说　　明	复 位 值
LCDCON1	0X4D000000	R/W	LCD 控制寄存器 1	0X00000000
LCDCON2	0X4D000004	R/W	LCD 控制寄存器 2	0X00000000
LCDCON3	0X4D000008	R/W	LCD 控制寄存器 3	0X00000000
LCDCON4	0X4D00000C	R/W	LCD 控制寄存器 4	0X00000000
LCDCON5	0X4D000010	R/W	LCD 控制寄存器 5	0X00000000
LCDSADDR1	0X4D000014	R/W	STN/TFT: 高位帧缓存地址寄存器 1	0X00000000
LCDSADDR2	0X4D000018	R/W	STN/TFT: 低位帧缓存地址寄存器 2	0X00000000
LCDSADDR3	0X4D00001C	R/W	STN/TFT: 虚屏地址寄存器	0X00000000
REDLUT	0X4D000020	R/W	STN: 红色定义寄存器	0X00000000
GREENLUT	0X4D000024	R/W	STN: 绿色定义寄存器	0X00000000
BLUELUT	0X4D000028	R/W	STN: 蓝色定义寄存器	0X0000
DITHMODE	0X4D00004C	R/W	STN: 抖动模式寄存器	0X00000
TPAL	0X4D000050	R/W	TFT: 临时调色板寄存器	0X00000000
LCDINTPND	0X4D000054	R/W	指示 LCD 中断 pending 寄存器	0X0
LCDSRCPND	0X4D000058	R/W	指示 LCD 中断源 pending 寄存器	0X0
LCDINTMSK	0X4D00005C	R/W	中断屏蔽寄存器（屏蔽哪个中断源）	0X3
LPCSEL	0X4D000060	R/W	LPC3600 模式控制寄存器	0X4

注：表中只是简单地介绍控制寄存器的含义，详细使用说明请参考 S3C2410A 处理器数据手册。

地址从 0x14A0002C ～ 0x14A00048 禁止使用，因为这个区域用作测试用保留地址。

S3C2410A 能够支持 STN LCD 和 TFT LCD，这两种 LCD 屏在显示时有很大的差别，而且所涉及的寄存器也会不同。Embest EduKit–IV 项目平台采用的是 TFT LCD，以下将对 TFT LCD 的显示过程进行详细介绍。

3）TFT LCD 显示

（1）LCD 控制器时间相关参数设定

TIMEGEN 产生 LCD 驱动器所需要的控制信号，如 VSYNC、HSYNC、VCLK、VDEN 和 LEND。这些控制信号又和 REGBANK 中的寄存器 LCDCON1/2/3/4/5 的设置密切相关。可以对 REGBANK 中的这些寄存器进行设置以产生适合于不同种类 LCD 驱动器的控制信号。

VSYNC 是帧同步信号，VSYNC 每发出一个脉冲都意味着新的 1 屏视频资料开始发送，而 HSYNC 为行同步信号，每个 HSYNC 脉冲都表明新的 1 行视频资料开始发送。而 VSYNC 和 HSYNC 脉冲的产生则依赖于 LCDCON2/3 寄存器的 HOZVAL 域和 LINEVAL 域的配置。HOZVAL 和 LNEVAL 的值由 LCD 屏的尺寸决定：

$$HOZVAL = 水平显示尺寸 - 1$$
$$LINEVAL = 垂直显示尺寸 - 1$$

VCLK 信号的频率取决于 LCDCON1 寄存器中的 CLKVAL 域。VCLK 和 CLKVAL 的关系是（其中 CLKVAL 的最小值是 0）：$VCLK(Hz) = HCLK/[(CLKVAL + 1) \times 2]$。

一般情况下，帧频率就是 VSYNC 信号的频率，它与 LCDCON1 和 LCDCON2/3/4 寄存器的 VSYNC、VB2PD、VFPD、LINEVAL、HSYNC、HBPD、HFPD、HOZVAL 和 CLKVAL 都有关系。大多数 LCD 驱动器都需要与显示器相匹配的帧频率，帧频率计算公式：Frame Rate = $1/\{[(VSPW + 1) + (VBPD + 1) + (LIINEVAL + 1) + (VFPD + 1)] \times [(HSPW + 1) + (HBPD +$

1）+（HFPD+1）+（HOZVAL+1）]×[2×（CLKVAL+1）／（HCLK）]}。针对 16 位 TFT 屏，BSWP 和 HWSWP 这两位用来控制字节交换和半字交换，主要用来处理大小头的问题，如果输出到屏上的汉字左右互换或输出到屏上的图花屏了，可以更改这个选项。图 6.58 所示是 LCD 屏幕上点的像素在内存中表示的示意图。

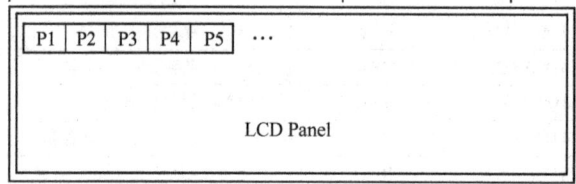

(BSWP=0,HWSWP=0)

	D[31:16]	D[15:0]
000H	P1	P2
004H	P3	P4
008H	P5	P6

| P1 | P2 | P3 | P4 | P5 | … |

LCD Panel

图 6.58　像素在内存中表示的示意图

图 6.59 说明了 16 位 TFT 如何表示 RGB。

VD Pin Connections at 16bpp

(5:6:5)

VD	23	22	21	20	19	18	17	16	15	14	13	12	11	10	9	8	7	6	5	4	3	2	1	0
RED	4	3	2	1	0																			
GREEN						NC	NC	NC	5	4	3	2	1	0	NC	NC						NC	NC	NC
BLUE																	4	3	2	1	0			

图 6.59　16 位 TFT 表示 RGB 示意图

写一个 16 位数据的颜色数据（为了分析的方便，把它写成二进制）RGB＝1010110110111001。根据上面的结构可以得出 RGB 各是多少。

① blue：{offset：0，length：5} 偏移量为 0，长度为 5，从 RGB 中提取出来便是 11001。

② green：{offset：5，length：6} 偏移量为 5，长度为 6，从 RGB 中提取出来便是 101101。

③ red：{offset：11，length：5} 偏移量为 11，长度为 5，从 RGB 中提取出来便是 10101。

图 6.60 所示为对应 16 位 TFT 一个像素点的 RGB 示意图，屏幕上一个像素用 16 位表示。

（2）TFT LCD 控制器信号时序

TFT 液晶屏的典型时序中，VSYNC 是帧同步信号，VSYNC 每发出一个脉冲都意味着新的 1 屏视频资料开始发送；而 HSYNC 为行同步信号，每个 HSYNC 脉冲都表明新的 1 行视频资料开始发送；VDEN 则用来标明视频资料的有效性；VCLK 是用来锁存视频资料的像素时钟。

在帧同步及行同步的头尾都必须留有回扫时间，如对于 VSYNC 来说，前回扫时间是（VSPW+1）+（VBPD+1），后回扫时间是（VFPD+1）；HSYNC 类似。这样的时序要求是由于当初 CRT 显示器电子枪偏转需要时间，但后来成了实际上的工业标准，以至于后来出现的 TFT 屏为了在时序上与 CRT 兼容，也采用了这样的控制时序。LCD 时序图如图 6.61 所示。

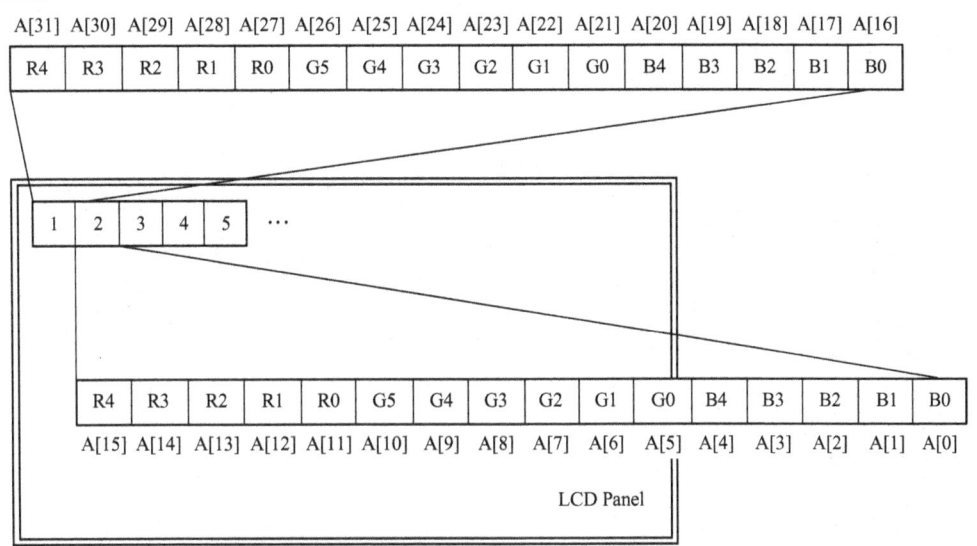

图 6.60 像素点的 RGB 示意图

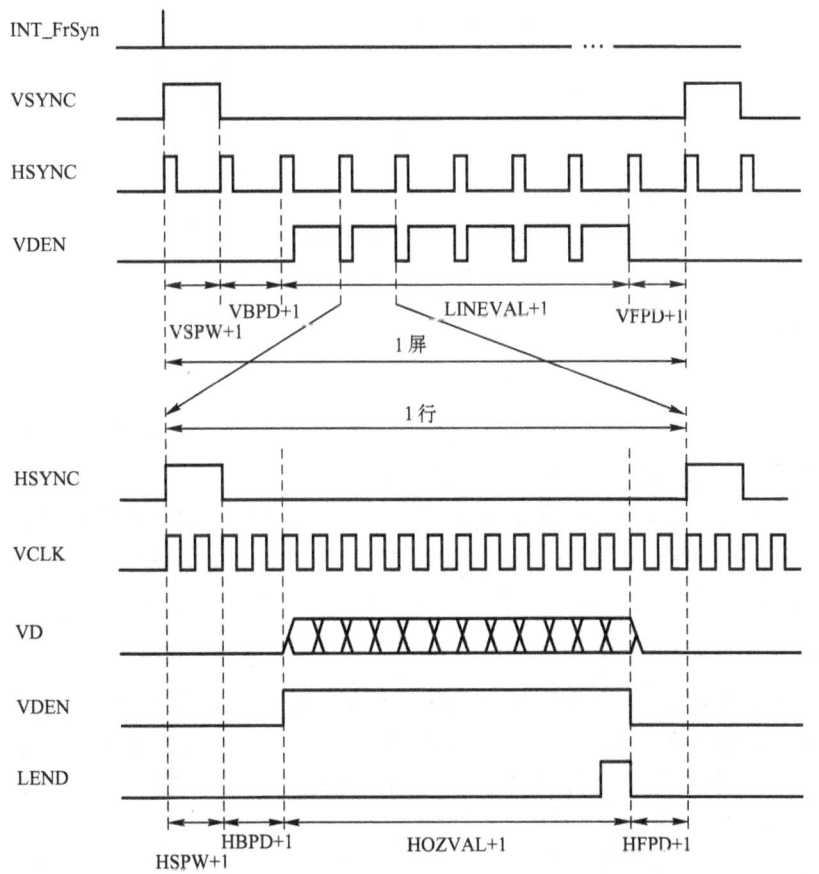

图 6.61 LCD 时序图

4）LCD 电路连接图

LCD 电路连接图如图 6.62 所示。

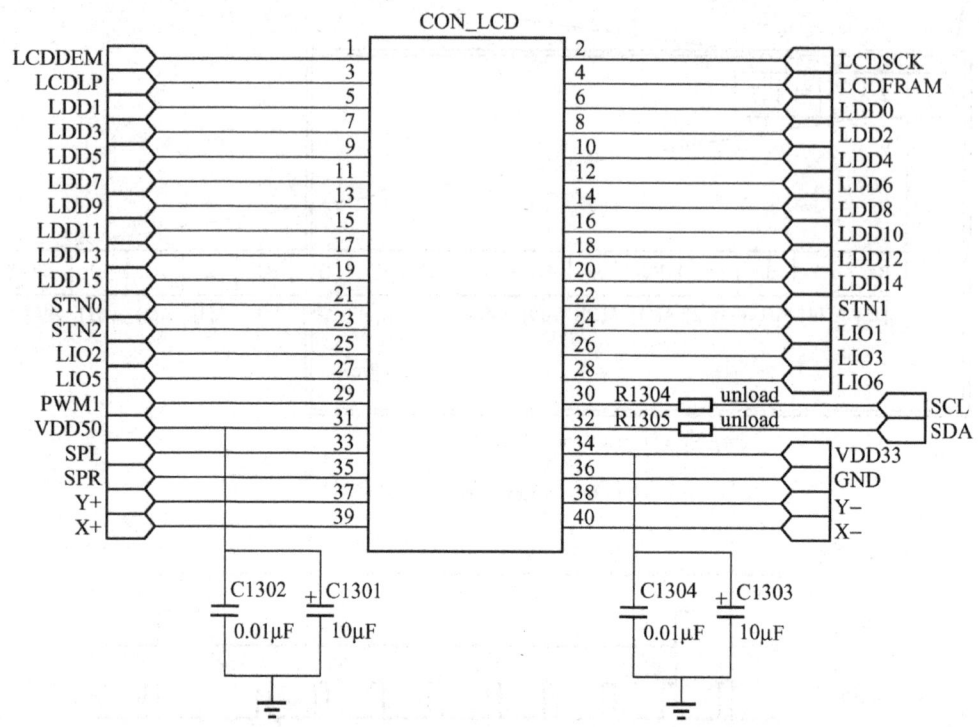

图 6.62　LCD 电路连接图

4. 开发步骤

1）准备项目环境

使用 ULINK2 仿真器连接 Embest EduKit－IV 项目平台的主板 JTAG 接口；使用 Embest EduKit－IV 项目平台附带的交叉串口线连接项目平台主板上的 COM2 和 PC 的串口（一般 PC 只有一个串口，如果有多个请自行选择，没有串口设备的可购买 USB 转串口适配器扩充）；使用 Embest EduKit－IV 项目平台附带的电源适配器连接项目平台主板上的电源接口。

2）串口接收设置

在 PC 上运行 Windows 自带的超级终端串口通信程序，或者使用项目平台附带光盘内设置好的超级终端（设置超级终端：波特率 115200，1 位停止位，无校验位，无硬件流控制），或者使用其他串口通信程序（注：超级终端串口根据用户的 PC 串口硬件不同自行选择，如果 PC 只有一个串口，一般是 COM1）。

3）打开项目例程

（1）复制项目平台附带光盘。DISK3_S3C2410\03－Codes\01－MDK\Mini2410－IV 文件夹到 MDK 的安装路径为 Keil\ARM\Boards\Embest\（如果本项目之前已经复制，

可以跳过这一步）（注：用户也可复制工程到任意目录，本项目为了便于教学，统一项目路径）。

（2）运行 μVision IDE for ARM 软件，单击菜单栏 Project，选择 Open Project…命令，在弹出的对话框中选择项目例程目录 64_LCD_Test 子目录下的 LCD_Test. Uv2 工程。

（3）默认打开的工程中，在源码编辑窗口会显示项目例程的说明文件 readme. txt，详细阅读并理解项目内容。

（4）工程提供了两种运行方式：一是下载到 SDRAM 中调试运行；二是固化到 Nor Flash 中运行。用户可以在工具栏中的 Select Target 下拉列表框中选择在 SDRAM 中调试运行还是固化 Nor Flash 中运行。

下面项目将介绍下载到 SDRAM 中调试运行，所以在 Select Target 下拉列表框中选择 Uart_Test N RAM。

（5）接下来开始编译链接工程，在菜单 Project 中选择 Build target 或 Rebuild all target files 命令编译整个工程，用户也可以在工具栏中单击 🔨或🔨按钮进行编译。

（6）编译完成后，在输出窗口中可以看到编译提示信息，如 ". \SDRAM\Uart_Test. axf" -0Error(s),1Warning(s). "，如果显示"0Error(s)"则表示编译成功。

（7）拨动项目平台电源开关，给项目平台上电，选择菜单栏中的 Debug→Start/Stop Debug Session 命令将编译出来的映象文件下载到 SDRAM 中，或者单击工具栏🔍按钮来下载。

（8）下载完成后，选择 Debug→Run 命令运行程序，或者单击工具栏🔳按钮来全速运行程序。用户也可以进行单步调试程序。

（9）全速运行后，用户可以在超级终端看到程序运行的信息。

（10）用户可以停止程序运行，使用 μVision IDE for ARM 的一些调试窗口跟踪查看程序运行的信息。

注：如果在第（4）步用户选择固化在 Nor Flash 中运行，则编译链接成功后，选择 Flash→Download 命令将程序固化到 Nor Flash 中，或者单击工具栏按钮🔨固化程序，从项目平台的主板拔出 JTAG 线，重新给项目平台上电，程序将自动运行。

5. 参考程序

1）液晶屏初始化

```
* name:Lcd_Init
* func:LCD initialization
* para:int type -- LCD display type
* ret: none
* modify:
* comment:
void Lcd_Init(int type)
{
```

```
    switch(type)
    {
      case MODE_STN_1BIT:
      //setup address and sizeof display buffer
      frameBuffer1Bit = (UINT32T (*)[SCR_XSIZE_STN/32])LCDFRAMEBUFFER;
      //4bit scan,1bpp STN display model,ENVID=off
      rLCDCON1 = (CLKVAL_STN_MONO < <8) | (MVAL_USED < <7) | (1 < <5) | (0 < <1) | 0;
      //vertical size LCD_YSIZE_STN(240)-1,other bits set0while STN LCD
      //display
      rLCDCON2 = (0 < <24) | (LINEVAL_STN < <14) | (0 < <6) | (0 < <0);
      //horizontal size LCD_XSIZE_STN/4-1

rLCDCON3 = (WDLY_STN < <19) | (HOZVAL_STN < <8) | (LINEBLANK_MONO < <0);
      rLCDCON4 = (MVAL < <8) | (WLH_STN < <0);
      rLCDCON5 = 0;
      // frame buffer beginning address
      rLCDSADDR1 = (((UINT32T)frameBuffer1Bit > >22) < <21)
        | M5D((UINT32T)frameBuffer1Bit > >1);
      rLCDSADDR2 = M5D(((UINT32T)frameBuffer1Bit +
        (SCR_XSIZE_STN * LCD_YSIZE_STN/8)) > >1);
      rLCDSADDR3 = (((SCR_XSIZE_STN - LCD_XSIZE_STN)/16) < <11)
        | (LCD_XSIZE_STN/16);
      break;
      //……skip servral initial model
      case MODE_CSTN_8BIT:
      //setup address and size of diplay buffer
      frameBuffer8Bit = (UINT32T (*)[SCR_XSIZE_CSTN/4])LCDFRAMEBUFFER;
       //8bit scan,8bpp256STN display model,ENVID=off
      rLCDCON1 = (CLKVAL_CSTN < <8) | (MVAL_USED < <7) | (2 < <5) | (3 < <1) | 0;
      //vertical size LCD_YSIZE_STN(240)-1,other set0while STN LCD display
      rLCDCON2 = (0 < <24) | (LINEVAL_CSTN < <14) | (0 < <6) | (0 < <0);
rLCDCON3 = (WDLY_CSTN < <19) | (HOZVAL_CSTN < <8) | (LINEBLANK_CSTN < <0);
      rLCDCON4 = (MVAL < <8) | (WLH_CSTN < <0);
      rLCDCON5 = 0;
      // frame buffer beginning address
      rLCDSADDR1 = (((UINT32T)frameBuffer8Bit > >22) < <21)
        | M5D((UINT32T)frameBuffer8Bit > >1);
      rLCDSADDR2 = M5D( ((UINT32T)frameBuffer8Bit +
        (SCR_XSIZE_CSTN * LCD_YSIZE_CSTN/1)) > >1);
      rLCDSADDR3 = (((SCR_XSIZE_CSTN - LCD_XSIZE_CSTN)/2) < <11)
```

```
            |(LCD_XSIZE_CSTN/2);
        //color register
        rDITHMODE = 0x0;
        rREDLUT = 0xfdb96420;
        rGREENLUT = 0xfdb96420;
        rBLUELUT = 0xfb40;
        break;
      //……skip several inialization models
      default:
      break;
    }
    }
```

2）显示像素和位图

```
void (*PutPixel)(UINT32T,UINT32T,UINT32T); //define pointer of function
void (*BitmapView)(UINT8T *pBuffer);

void Glib_Init(int type)
{
    switch(type)
    {
        case MODE_STN_1BIT:
        PutPixel = _PutStn1Bit; //point pointer of function PutPixel to _
                                //PutStn1Bit
        BitmapView = BitmapViewStn1Bit; //point pointer of function BitmapView
                                        //to BitmapViewStn1Bit
        break;
        //……skip several inialization models
        case MODE_CSTN_8BIT:
        PutPixel = _PutCstn8Bit;
        BitmapView = BitmapViewCstn8Bit;
        break;
      //……skip several inialization models
      default:
        break;
    }
}
void _PutCstn8Bit(UINT32T x,UINT32T y,UINT32T c)
{
        //SCR_XSIZE_CSTN,SCR_YSIZE_CSTN are virtual screen horizital and
        //vertical numbers of pixel
```

```
    if(x<SCR_XSIZE_CSTN&& y<SCR_YSIZE_CSTN)
        frameBuffer8Bit[(y)][(x)/4]=( frameBuffer8Bit[(y)][x/4]
        &~(0xff000000>>((x)%4)*8)) │((c&0x000000ff)<<((4-1-((x)%4))
*8)));
}
void BitmapViewCstn8Bit(UINT8T *pBuffer)
{
    UINT32T i,j;
    UINT32T *pView=(UINT32T *)frameBuffer8Bit;

    for (i=0; i<SCR_YSIZE_STN; i++)
    {
        for (j=0; j<LCD_XSIZE_STN/4; j++)
        {
            pView[j]=((*pBuffer)<<24)+((*(pBuffer+1))<<16)
            +((*(pBuffer+2))<<8)+(*(pBuffer+3));
            pBuffer+=4;
        }
        pView+=SCR_XSIZE_STN/4;
    }
}
```

3) 显示 ACSII 码和汉字

```
void Lcd_DspAscII8X16(U16x0, U16y0, INT8U ForeColor, INT8U * s)
{
    INT16T i,j,k,x,y,xx;
    INT8U qm;
    S32ulOffset;
    INT8T ywbuf[16],temp[2];

    for(i=0; i<strlen((const char *)s); i++)
    {
        if((INT8U)*(s+i)>=161)
        {
            temp[0]=*(s+i);
            temp[1]=\0 ;
            return;
        }
        else
        {
```

```
      qm = * (s + i);
    ulOffset = (S32)(qm) * 16;
    for (j = 0; j < 16; j ++)
      {
        ywbuf[j] = g_auc_Ascii8x16[ulOffset + j];
      }
      for(y = 0; y < 16; y ++)
      {
        for(x = 0; x < 8; x ++)
        {
          k = x % 8;
          if (ywbuf[y] & (0x80 > >k))
          {
            xx = x0 + x + i * 8;
            PutPixel( xx, y + y0, (INT8U)ForeColor);
          }
        }
      }
    }
  }
}


void Lcd_DspHz24(U16x0, U16y0, INT8U ForeColor, INT8U * s)
{
    INT16T i,j,k,x,y,xx;
    INT8U qm,wm;
    S32ulOffset;
    INT8T hzbuf[72],temp[2];

    for(i = 0; i < strlen((const char *)s); i ++)
    {
      if(((INT8U)(* (s + i))) < 161)
      {
        temp[0] = * (s + i);
        temp[1] = \0 ;
        break;
      }
      else
      {
        qm = * (s + i) - 176;
        wm = * (s + i + 1) - 161;
```

```
ulOffset = (S32)(qm * 94 + wm) * 72;
for (j = 0; j < 72; j ++)
{
  hzbuf[j] = g_auc_HZK24[ulOffset + j];
}
for(y = 0; y < 24; y ++)
{
  for(x = 0; x < 24; x ++)
  {
    k = x % 8;
    if (hzbuf[y * 3 + x /8]& (0x80 >> k))
    {
      xx = x0 + x + i * 12;
      PutPixel(xx, y + y0, (INT8U)ForeColor);
    }
  }
}
i ++;
}
}
}
```

6. 想一想

修改参考程序，使用 DMA 方式在彩色液晶屏上显示彩色位图。

任务开发 9　基于 TCP/IP 以太网通信设计

1. 学习目标

（1）通过项目了解以太网通信原理和驱动程序开发方法；

（2）通过项目了解 IP 网络协议和网络应用程序开发方法。

2. 任务内容

熟悉以太网控制器 DM9000，在内部以太局域网上基于 TFTP/IP 协议，下载文本文件到开发机中。

3. 开发原理

1）以太网通信原理

以太网是由 Xeros 公司开发的一种基带局域网碰撞检测（CSMA/CD）机制，使用同轴电

缆作为传输介质，数据传输速率达到 10Mbps；使用双绞线作为传输介质，数据传输速率达到 100M/1000Mbps。现在普遍遵从 IEEE802.3 规范。

以太网结构示意图如图 6.63 所示。

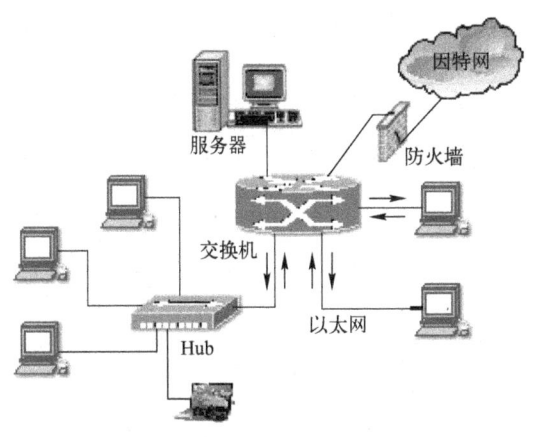

图 6.63　以太网结构示意图

以太网/IEEE802.3——采用同轴电缆作为网络媒介，传输速率达到 10Mbps；100Mbps 以太网——又称为快速以太网，采用双绞线作为网络媒介，传输速率达到 100Mbps；1000Mbps 以太网——又称为千兆位以太网，采用光缆或双绞线作为网络媒介。

以太网的传输方法，也就是以太网的介质访问控制（MAC）技术，称为载波监听多路存取和冲突检测（CSMA/CD），下面分步来说明其工作原理。

（1）载波监听：当你所在的网站（计算机）要向另一个网站（计算机）发送信息时，先监听网络信道上有无信息正在传输，信道是否空闲。

（2）信道忙碌：如果发现网络信道正忙，则等待，直到发现网络信道空闲为止。

（3）信道空闲：如果发现网络信道空闲，则向网上发送信息。由于整个网络信道为共享总线结构，网上所有网站（计算机）都能够收到你所发出的信息，所以网站向网络信道发送信息也称为"广播"。但只有你想要发送数据的网站（计算机）识别和接收这些信息。

（4）冲突检测：网站（计算机）发送信息的同时还要监听网络信道，检测是否有另一台网站（计算机）同时在发送信息。如果有，两个网站（计算机）发送的信息会产生碰撞，即产生冲突，从而使数据信息包被破坏。

（5）遇忙停发：如果发送信息的网站（计算机）检测到冲突，则立即停止发送，并向网上发送一个"冲突"信号，让其他网站（计算机）也发现该冲突，从而摒弃可能一直在接收受损的信息包。

（6）多路存取：如果发送信息的网站（计算机）因"碰撞冲突"而停止发送，就需等待一段时间，再回到第一步，重新开始载波监听和发送，直到数据成功发送为止。所有共享型以太网上的网站（计算机）都是经过上述六步骤进行数据传输。由于 CSMA/CD 介质访问控制法规定在同一时间里只能有一个网站（计算机）发送信息，其他网站（计算机）只能收听和等待，否则就会产生"碰撞"。所以当共享型网络用户增加时，每个网站（计算机）在发送信息时产生"碰撞"的概率增大。当网络用户增加到一定数目后，网站发送信息产生的"碰撞"会越来越多，想发送信息的网站不断地进行：监听→发送→碰撞→停止发送→等

待→再监听→再发送……如此反复进行。

如图 6.64 所示，以太网和 IEEE802.3 帧的基本结构如下所列。

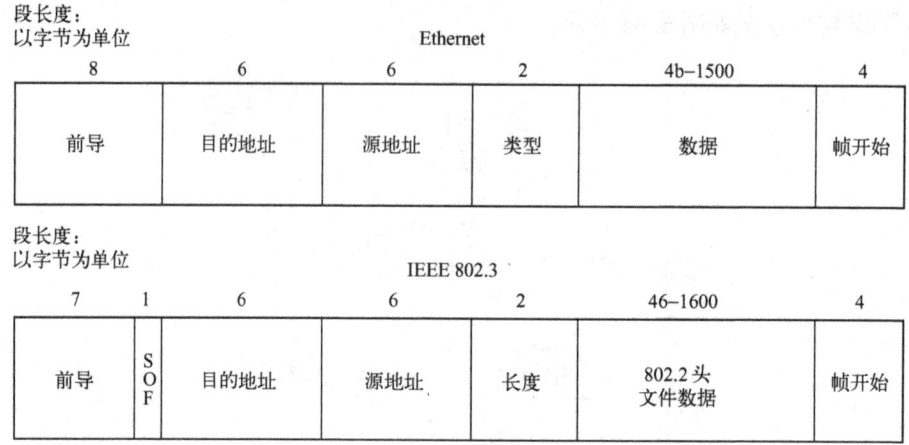

图 6.64　以太网/IEEE802.3 帧的基本组成

（1）前导码：由 0、1 间隔代码组成，可以通知目标站作好接收准备。IEEE802.3 帧的前导码占用 7 字节，紧随其后的是长度为一个字节的帧首定界符（SOF）。以太网帧把 SOF 包含在了前导码当中，因此，前导码的长度扩大为 8 字节。

（2）帧首定界符（SOF）：IEEE802.3 帧中的首定界符以两个连续的代码 1 结尾，表示一帧的实际开始。

（3）目标和源地址：目标和源地址表示发送和接收帧的工作站的地址，各占据 6 字节。其中，目标地址可以是单址，也可以是多点传送或广播地址。

（4）类型（以太网）：占用两字节，指定接收数据的高层协议。

（5）长度（IEEE802.3）：表示紧随其后的以字节为单位的数据段的长度。

（6）数据（以太网）：在经过物理层和逻辑链路层的处理之后，包含在帧中的数据将被传递给在类型段中指定的高层协议。虽然以太网版本 2 中并没有明确做出补齐规定，但是以太网帧中数据段的长度最小应不低于 46 字节。

（7）数据（IEEE802.3）：IEEE802.3 帧在数据段中对接收数据的上层协议进行规定。如果数据段长度过小，使帧的总长度无法达到 64 字节的最小值，那么相应软件将会自动填充数据段，以确保整个帧的长度不低于 64 字节。

（8）帧校验序列（FSC）：该序列包含长度为 4 字节的循环冗余校验值（CRC），由发送设备计算产生，在接收方被重新计算以确定帧在传送过程中是否被损坏。

2）IP 网络协议原理

TCP/IP 协议是一组包括 TCP（Transmission Control Protocol）协议和 IP（Internet Protocol）协议、UDP（User Datagram Protocol）协议、ICMP（Internet Control Message Protocol）协议和其他一些协议的协议组。

（1）TCP/IP 协议采用分层结构，共分为四层，每一层独立完成指定功能，如图 6.65 所示。

网络接口层：网络接口层负责接收和发送物理帧，它定义了将数据组成正确帧的规程和在网络中传输帧的规程。帧指一串数据，它是数据在网络中传输的单位。网络接口层将帧放

在网上，或取下来。

| 应用层（第四层） |
| 传输层（第三层） |
| 互联层（第二层） |
| 网络接口层（第一层） |

图 6.65 TCP/IP 协议层次

互联层：互联层负责相邻结点之间的通信，定义了互联网中传输的"信息包"格式，以点通过一个或多个路由器，运行必要的路由算法到最终目标的"信息包"转发机制。主要协议有 ICMP 协议、IGMP 协议等。

传输层：传输层负责起点到终点的通信，为两个用户进程之间建立、管理和拆除有效的端口。主要协议有 TCP 协议、UDP 协议等。

应用层：应用层定义了应用程序使用互联网的规程。应用程序通过这一层访问网络及主网络应用接口规范。主要协议有 SMTP 协议、FTP 协议、TELNET 协议、HTTP 协议等。

（2）IP。

网际协议 IP 是 TCP/IP 的心脏，也是网络层中最重要的协议。IP 层接收由更低层（网络接口层，如以太网设备驱动程序）发来的数据包，并把它传送到更高层——TCP 层或 UDP 层；相反，IP 层把从 TCP 层或 UDP 层接收来的数据包传送到较低层 IPv4 正被广泛使用，IPv6 是下一代高速互联网协议。表 6.8 是 IPv4 的数据包格式。

表 6.8　IPv4 的数据包格式

0481632			
版本	首部长度	服务类型	数据包总长
标识	DF	MF	碎片偏移
生存时间	协议	首部校验和	
源 IP 地址			
目的 IP 地址			
选项			
数据			

ip_v：IP 协议的版本号，IPv4 为 4，IPv6 为 6。

ip_hl：IP 包首部长度，这个值以 4 个字节为单位，IP 协议首部的固定长度为 20 个字节，如果 IP 包没有选项，那么这个值为 5。

ip_tos：服务类型，说明提供的优先权。

ip_len：说明 IP 数据的长度，以字节为单位。

ip_id：标识这个 IP 数据包。

ip_off：碎片偏移，这和上面 ID 一起用来重组碎片。

ip_ttl：生存时间，每经过一个路由时减一，直到为 0 时被抛弃。

ip_p：协议，表示创建这个 IP 数据包的高层协议，如 TCP 协议、UDP 协议。

ip_sum：首部校验和，提供对首部数据的校验。

ip_src，ip_dst：发送者和接收者的 IP 地址。

IP 地址实际上是采用 IP 网间网层通过上层软件完成"统一"网络物理地址的方法，这种方法使用统一的地址格式，在统一管理下分配给主机。互联网上不同的主机有不同的 IP

地址，在 IPv4 协议中，每个主机的 IP 地址都是 32 位（即 4 字节）的。为了便于用户阅读和理解，通常采用"点分十进制表示方法"表示，每个字节为一部分，中间用点号分隔开来。例如 211. 154. 134. 93 就是嵌入开发网 Web 服务器的 IP 地址。每个 IP 地址又可分为两部分。网络号表示网络规模的大小，主机号表示网络中主机的地址编号。按照网络规模的大小，IP 地址可以分为 A、B、C、D、E 五类，其中 A、B、C 类是三种主要的类型地址，D 类专供多目传送用的多目地址，E 类用于扩展备用地址。

3）TCP 网络协议原理

如果 IP 数据包中有已经封好的 TCP 数据包，那么 IP 将把它们向"上"传送到 TCP 层。TCP 将包排序并进行错误检查，同时实现虚电路间的连接。TCP 数据包中包括序号和确认，所以未按照顺序收到的包可以被排序，而损坏的包可以被重传。

TCP 将它的信息送到更高层的应用程序，如 Telnet 的服务程序和客户程序。应用程序轮流将信息送回 TCP 层，TCP 层便将它们向下传送到 IP 层、设备驱动程序和物理介质，最后到接收方。

关于 TCP 协议的详细情况，请查看 RFC793 文档。TCP 对话通过三次握手来初始化。三次握手的目的是使数据段的发送和接收同步；告诉其他主机其一次可接收的数据量，并建立虚连接。以下是这三次握手的简单过程。

（1）初始化主机通过一个同步标志置位的数据段发出会话请求。

（2）接收主机通过发回具有以下项目的数据段表示回复：同步标志置位、即将发送的数据段的起始字节的顺序号、应答并带有将收到的下一个数据段的字节顺序号。

（3）请求主机再回送一个数据段，并带有确认顺序号和确认号。

4）UDP 网络协议原理

UDP 与 TCP 位于同一层，但对于数据包的顺序错误或重发不处理。因此，UDP 不被应用于那些使用虚电路的面向连接的服务，UDP 主要用于那些面向查询和应答的服务，如 NFS。相对于 FTP 或 Telnet，这些服务需要交换的信息量较小。使用 UDP 的服务包括 NTP（网络时间协议）和 DNS（DNS 也使用 TCP）。

UDP 协议适用于无须应答并且通常一次只传送少量数据的应用软件。

5）ICMP

ICMP 与 IP 位于同一层，它被用来传送 IP 的控制信息。ICMP 主要用来提供有关通向目的地址的路径信息。ICMP 的"Redirect"信息通知主机通向其他系统的更准确的路径，而"Unreachable"信息则指出路径有问题。另外，如果路径不可用时，ICMP 可以使 TCP 连接"体面地"终止。PING 是最常用的基于 ICMP 的服务。

6）ARP

要在网络上通信，主机就必须知道对方主机的硬件地址。地址解析就是将主机 IP 地址映射为硬件地址的过程。地址解析协议 ARP 用于获得在同一物理网络中的主机的硬件地址。

解释本地网络 IP 地址过程如下。

（1）当一台主机要与别的主机通信时，初始化 ARP 请求。当该 IP 断定 IP 地址是本地时，源主机在 ARP 缓存中查找目标主机的硬件地址。

（2）如果找不到映射，ARP 建立一个请求，源主机 IP 地址和硬件地址会被包括在请求

中，该请求通过广播，使所有本地主机均能接收并处理。

（3）本地网络上的每个主机都收到广播并寻找相符的 IP 地址。

（4）当目标主机断定请求中的 IP 地址与自己的相符时，直接发送一个 ARP 答复，将自己的硬件地址传送给源主机。以源主机的 IP 地址和硬件地址更新它的 ARP 缓存。源主机收到回答后便建立起了通信。

7）TFTP 协议

TFTP 是一个传输文件的简单协议，是一种简化的 TCP/IP 文件传输协议，它基于 UDP 协议来实现，支持用户从远程主机接收或向远程主机发送文件。此协议设计的时候是进行小文件传输的，因此它不具备通常的 FTP 的许多功能，它只能从文件服务器上获得或写入文件，不能列出目录，不能进行认证，它传输 8 位数据。

因为 TFTP 使用 UDP，而 UDP 使用 IP，IP 还可以使用其他本地通信方法。因此一个 TFTP 包中会有以下几段：本地媒介头、IP 头、数据报头、TFTP 头、TFTP 数据。TFTP 在 IP 头中不指定任何数据，但是它使用 UDP 中的源和目标端口及包长度域。由 TFTP 使用的包标记（TID）在这里被用作端口，因此 TID 必须介于 0 ~ 65 535 之间。初始连接时需要发出请求写入远程系统（WRQ）或请求读取远程系统（RRQ），收到一个确定应答、一个确定的可以写出的包或应该读取的第一块数据。通常确认包包括要确认的包的包号，每个数据包都与一个包号相对应，包号从 1 开始，而且是连续的。因此，对于写入请求确定是一个比较特殊的情况，所以它的包的包号是 0。如果收到的包是一个错误的包，则这个请求被拒绝。创建连接时，通信双方随机选择一个 TID，因为是随机选择的，因此两次选择同一个 ID 的可能性就很小了。每个包包括两个 TID，发送者 ID 和接收者 ID。在第一次请求的时候它会将请求发送到 TID69，也就是服务器的 69 端口上。应答时，服务器使用一个选择好的 TID 作为源 TID，并用上一个包中的 TID 作为目的 ID 进行发送。这两个被选择的 ID 在随后的通信中会被一直使用。此时连接建立，第一个数据包以序列号 1 从主机开始发出。以后两台主机要保证以开始时确定的 TID 进行通信。如果源 ID 与原来确定的 ID 不一样，这个包会被认为发送到了错误的地址而被抛弃。

8）网络应用程序开发方法

进行网络应用程序开发有两种方法：一是采用 BSD Socket 标准接口，程序移植能力强；二是采用专用接口直接调用对应的传输层接口，效率较高。

（1）BSD Socket 接口编程方法。套接字（Socket）是通过标准的文件描述符和其他程序通信的一个方法。每一个套接字都用一个半相关描述（协议、本地地址、本地端口）来表示；一个完整的套接字则用一个相关描述（协议、本地地址、本地端口、远程地址、远程端口）来表示。每一个套接字都有一个由本地操作系统分配的唯一的套接字号。

（2）传输层专有接口编程方法。

4. 硬件设计

DM9000（A）是一个全集成、功能强大、性价比高的快速以太网 MAC 控制器，它带有一个通用处理器接口、EEPROM 接口、10/100PHY 和 16KB 的 SRAM（13KB 作为接收 FIFO，3KB 作为发送 FIFO）。它采用单电源供电，可兼容 3.3V、5V 的 IO 接口电平。

DM9000（A）同样支持介质无关（Media Independent Interface，MII）接口，连接到家用

电话网络联盟（Home Phone-line Networking Alliance，HPNA）设备上或其他支持 MII 的设备。其 16 位模式的封装图如图 6.66 所示。

各引脚功能及处理器的连接状况如表 6.9 所示。

表 6.9 引脚功能表

处理器总线信号	DM9000 信号	引脚号	功能描述
nRD	IOR#	35	处理器读命令。此引脚默认是低电平，可以通过 EEPROM 设定来修改它的极性
nWR	IOW#	36	处理器读命令。此引脚默认是低电平，可以通过 EEPROM 设定来修改它的极性。处理器写命令。此引脚默认是低电平，可以通过 EEPROM 设定来修改它的极性
nCS/nAEN	CS#	36	片选信号。通过此引脚上一个低电平信号来选通 DM9000。可以通过 EEPROM 设定来修改它的极性
SD0～7	SD0～7	18，17，16，14，13，12，11，10	数据总线 0～7
SD8～15	SD8～15	31，29，28，27，26，25，24，22	数据总线 8～16
CMD	CMD	32	命令类型：在此命令周期内，当其为低电平时，为访问 INDEX 端口；当其为高电平时，为访问数据端口
INT	INT	34	中断请求。此引脚默认是高电平。可以通过修改 EEPROM 设定来改变它的极性和输出类型

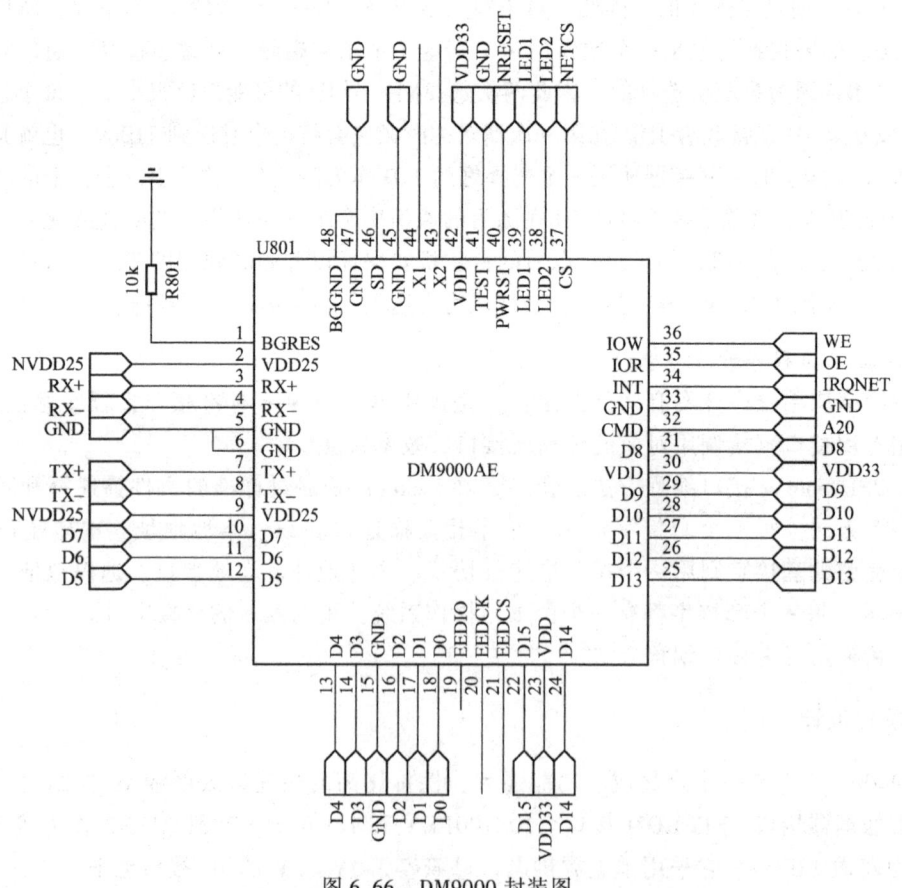

图 6.66　DM9000 封装图

5. 硬件连接

其中外部连接的 D0 ～ D15 为 CPU 的数据总线。RX ＋、RX －、TX ＋ 和 TX － 为与网口相连用于传输数据的 4 根线。WE 和 OE 为 CPU 的写信号和读信号。NETCS 为通过 CPLD 和 CPU 相连，CMD 为 CPU 的 A20 地址信号。通过 CPLD 编码后，DM9000 的 INDEX 端口的地址为 0x20000000，其数据 DATA 端口地址为 0x20100000。IRQNET 为连接到 IO3 的中断，通过 CPLD 来控制它。此程序不是通过中断方式，而是通过查询方式来判断是否收到数据。

6. DM9000 软件设计

1）如何访问芯片

在命令周期内，可以通过操作 CS 引脚，再结合 IOR 或 IOW 引脚来访问 DM9000。这些引脚在默认下都是低电平，也可以通过 EEPROM 中的设定来修改它们的电平极性以满足在不同处理器上的应用。

通过激活 CS 脚、IOW/IOR 脚来写/读 INDEX 或 DATA 端口。此程序就是通过访问处理器的 0x20000000 地址来访问 INDEX 端口，通过 0x20100000 地址来访问 DATA 端口。

2）如何初始化 DM9000

（1）设定 INDEX 和 DATA 端口地址。

```
dwEthernetIOBase   = 0x20000000;
dwEthernetDataPort = 0x20100000;
```

（2）看是否探测到网卡，即能否读出网卡信息。

```
r = Probe();/* Detect DM9000 */
```

（3）内部 PHY 加电。默认情况下，PHY 处于掉电模式。可以写 0 到 PHYPD 来对内部 PHY 加电。

```
WRITE_REG1(0x1f,0);/* GPR(reg_1Fh)bit GP100 = 0 pre - activate PHY */
```

（4）通过软件重启 DM9000。

```
/* do a software reset */
WRITE_REG1(0X0,3);/* NCR(reg_00h)bit[0]RST = 1 & Loopback = 1,reset on */
DM9000_Delay(1000);
```

（5）设定 IMR 寄存器的 Bit[7] 来使能对收发缓冲区的读写时，队列对首指针的自动修改功能。

```
WRITE_REG1(0xff,0x80);   /* Enable SRAM automatically return */
```

（6）操作某些控制寄存器来清除传输和中断状态位。

```
WRITE_REG1(0x01,0x2c);/*clear TX status */
    WRITE_REG1(0xfe,0x0f);/*Clear interrupt status */
```

（7）写网卡的物理地址到相关寄存器中。

```
/* Set Node address */
  WRITE_REG1(0x10,(UINT8T)(mac[0]& 0xFF));
  WRITE_REG1(0x11,(UINT8T)(mac[0]>>8));
  WRITE_REG1(0x12,(UINT8T)(mac[1]& 0xFF));
  WRITE_REG1(0x13,(UINT8T)(mac[1]>>8));
  WRITE_REG1(0x14,(UINT8T)(mac[2]& 0xFF));
    WRITE_REG1(0x15,(UINT8T)(mac[2]>>8));
```

（8）若是通过中断方式判断是否收到或发出数据，则使能并初始化网卡中断。

（9）通过编写 RCR 寄存器来使能接收数据。

```
WRITE_REG1(0x05,0x30 |1);/*Discard long packet and CRC error packets * //*RX
enable */
```

（10）等待 DM9000 连接好。

```
while(1)
{    temp = READ_REG1(0x01)&0x40;
        if(temp){break;}
}
```

3）如何传输数据包

在传输一个数据包之前，此数据包必须已经存放在处于内部 SRAM 中 0 ～ 0XBFF 的输出缓冲队列中。即首先写 0XF8 到 INDEX 端口，再将数据包长度的高字节和低字节分别写入 TXPLH 和 TXPLL 寄存器。再向数据端口写要发送的数据，数据也就保存到输出队列了。最后再设置 TXRQ 寄存器的 Bit[0] 来请求传输此数据包。当数据传输完成时，会通过以下方式指示数据包的传输完成。若设定了 IMR 寄存器的 Bit[1] 来使能了传输完成中断，则会产生中断并在 ISR 寄存器中的 Bit[1] 置 1。而且 NSR 寄存器中的 TX1END Bit[2] 或 TX2END Bit[3] 将会置 1（若为 1 号包则置 TX1END 位，若为 2 号包则置 TX2END 位）。

传输数据包的具体步骤如下。

（1）核查内存数据宽度为 8 位还是 16 位。

```
/* I/O mode */
    DM9000_iomode = READ_REG1(0xfe)>>6;/* ISR bit7:6 keeps I/O mode */
```

（2）将包的数据写入到发送缓冲队列中。

```
IOWRITE(dwEthernetIOBase,0xf8);/*data copy ready set */
/* pbData[]:要传输的数据。Length:pbData[]的长度 */
/* copy data to FIFO */
If(DM9000_iomode == DM9000_BYTE_MODE)
{
    for(i = 0;i < length;i ++)
        IOWRITE(dwEthernetDataPort,((UINT8T * )pbData)[i]);
}
Else If (DM9000_iomode == DM9000_WORD_MODE)
{
    tmplen = (length + 1)/2;
    for(i = 0;i < tmplen;i ++)
        IOWRITE16(dwEthernetDataPort,((UINT16T * )pbData)[i]);
}
else
        uart_printf("[DM9000][TX]Move data error!!!");
```

（3）将数据包长度的高字节和低字节分别写入 TXPLH 和 TXPLL 寄存器。

```
/* set packet leng */
WRITE_REG1(0xfd,(length >>8)&0xff);
    WRITE_REG1(0xfc,length & 0xff);
```

（4）开始传输数据包。

```
/* start transmit */
    WRITE_REG1(0x02,1);
```

（5）等待传输完成。若使用了中断方式，则在中断服务程序中应该清除对应的中断标志位。若使用查询方式，则等传输完成标志位置位后应该清除传输完成标志位。

```
/* wait TX complete */
while(1)
{
if(READ_REG1(0xfe)&2){//TX completed
WRITE_REG1(0xfe,2);
break;
}
```

4）如何接收数据包

接收到的数据包（包含有效数据和填充数据）保存在处于内部 SRAM0X0C00 ～ 0X3FF（13K）的接收缓冲队列中。每个接收到的包有 4 个字节的 MAC 头，通过 MRCMDX 和 MRC-MD 两个寄存器来读取所到报的信息。

在前 4 个字节的 MAC 头中，第一字节用来核查接收缓冲队列中是否接收到新包。若为 0x01，则代表有新包；若为 00，则无新包。在接收随后字节信息前，要确保 MAC 头的第一字节的最低位 Bit［0］为 1。若第一字节的 Bit［1:0］既不是 01 也不是 00，则必须重启 DM9000MAC/PHY，使系统总线和 DM9000 恢复到稳定状态。第二字节保存接收包的状态信息，其格式和 RSR 寄存器对应。

根据这些状态位，可以核查此包是正确包还是错误包。第三和四个字节保存的是接收包的长度。其他字节为要接收的数据。图 6.67 描述了接收包的帧格式。

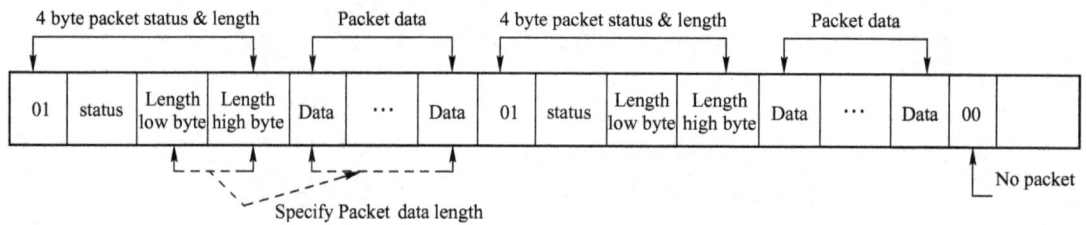

图 6.67　接收包的帧格式

接收数据包的具体步骤如下所示。

（1）等待数据接收完成。若使用了中断方式，则在中断服务程序中应该清除对应的中断标志位。若使用查询方式，则等接收完成标志位置位后应该清除接收完成标志位。

```
    RxRead = READ_REG1(0xFE);
    if(Rx Read&0x01 ==0) return -1;
/*clean ISR */
    WRITE_REG1(0xfe,PEAD_REG1(0xfe));
```

（2）读取包的第一字节，看是否为有效包。向 INDEX 端口写入 0xF0 来发出读取接收缓冲区命令后，再读取 DATA 端口可以取得缓冲区数据，而且队列指针不自加。MRCMDX 寄存器仅用来读取接收包准备标志（是否有包，包是否有效）。

```
    /* read the first byte */
    RxRead = READ_REG1(0xf0);
    RxRead = IOREAD(dwEthernetDataPort);
    /* the fist byte is ready or not */
    if((RxRead&3)!=1)  /* no data */
      {
    return -1;
      }
```

（3）读取包的状态和长度。向 INDEX 端口写入 0XF2 来发出读取接收缓冲区命令后，再读取 DATA 端口可以取得缓冲区数据，而且队列指针自加。自加的字节数依据 DM9000 的数据总线宽度而定。MRCMD 寄存器仅用来读取接收包的接收状态、长度和随后包数据。

```
IOWRITE(dwEthernetIOBase,0xf2);/* set read ptr ++ */
if(DM9000_iomode == DM9000_BYTE_MODE)
{
    status = IOREAD(dwEthernetDataPort) + (IOREAD(dwEthernetDataPort) <<8);
    rxlen = IOREAD(dwEthernetDataPort) + (IOREAD(dwEthernetDataPort) <<8);
else if(DM9000_iomode == DM9000_WORD_MODE)
{
    status = IOREAD16(dwEthernetDataPort);
    rxlen = IOREAD16(dwEthernetDataPort);
}
else
    uart_printf("[DM9000]Get status and rxlen error!!!");
```

（4）接收包数据。当通过向 INDEX 端口写入 0XF2 来发出读取接收缓冲区命令后，就可以根据包长度，通过读数据端口将接收缓冲区的数据读到指定位置。

```
/* move data from FIFO to memory */
If(switch(DM9000_iomode == DM9000_BYTE_MODE)
{
    tmplen = rxlen;
    for(i =0;8 <tmplen;i ++)
    ((UINT8T * )pbData)[i] = IOREAD(dwEthernetDataPort);
}
else if(DM9000_iomode == DM9000_WORD_MODE)
{
    tmplen = (rxlen +1)/2
    for(i =0;i <tmplen;i ++)
    ((UINT16T * )pbData)[i] = IOREAD16(dwEthernetDataPort);
}
```

7. 开发步骤

1）准备项目环境

使用 ULINK2 仿真器连接 Embest EduKit – IV 项目平台的主板 JTAG 接口；使用 Embest EduKit – IV 项目平台附带的交叉串口线连接项目平台主板上的 COM2 和 PC 的串口（一般 PC 只有一个串口，如果有多个请自行选择，没有串口设备的可购买 USB 转串口适配器扩充）；使用 Embest EduKit – IV 项目平台附带的电源适配器连接项目平台主板上的电源接口。用直连网线连接 PC 和开发机。

2）串口接收设置

在 PC 上运行 Windows 自带的超级终端串口通信程序，或者使用项目平台附带光盘内设置好了的超级终端（设置超级终端：波特率 115200，1 位停止位，无校验位，无硬件流控

制），或者使用其他串口通信程序（注：超级终端串口的选择根据用户的 PC 串口硬件不同自行选择，如果 PC 只有一个串口，一般是 COM1）。

3）打开项目例程

（1）复制项目平台附带光盘 DISK3_S3C2410\03 – Codes\01 – MDK\Mini2410 – Ⅳ 文件夹到 MDK 的安装路径 Keil\ARM\Boards\Embest\（如果本项目之前已经复制，则可以跳过这一步）（注：用户也可复制工程到任意目录，本项目为了便于教学，故统一项目路径）。

（2）运行 μVision IDE for ARM 软件，点击菜单 Project，选择 Open Project…命令，在弹出的对话框中选择项目例程目录 7.2_TFTP_Test 子目录下的 TFTP _Test. Uv2 工程。

（3）默认打开的工程在源码编辑窗口会显示项目例程的说明文件 readme. txt，详细阅读并理解项目内容。

（4）工程提供了两种运行方式：一是下载到 SDRAM 中调试运行，二是固化到 Nor Flash 中运行。

用户可以在工具栏 Select Target 下拉列表框中选择在 RAM 中调试运行还是固化到 Nor Flash 中运行，如图 6.68 所示。

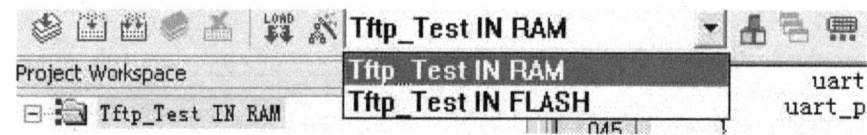

图 6.68　选择运行方式

下面项目将介绍下载到 SDRAM 中调试运行，所以在 Select Target 下拉列表框中选择 Tftp_ Test IN RAM。

（5）接下来开始编译链接工程，在菜单 Project 中选择 Build target 命令或 Rebuild all target files 命令编译整个工程，用户也可以在工具栏单击▦或▦进行编译。

（6）编译完成后，在输出窗口可以看到编译提示信息，如 ". \SDRAM\TFTP_Test. axf" –0Error(s),1Warning(s)."，如果显示 "0Error(s)" 即表示编译成功。

（7）拨动项目平台电源开关，给项目平台上电，选择 Debug→Start/Stop Debug Session 命令将编译出来的映象文件下载到 SDRAM 中，或者单击工具栏⚫按钮来下载。

（8）下载完成后，选择 Debug→Run 命令运行程序，或者单击工具栏▤按钮来全速运行程序。用户也可以进行单步调试程序。

（9）全速运行后，用户可以在超级终端看到程序运行的信息。

（10）用户可以停止程序运行，使用 μVision IDE for ARM 的一些调试窗口跟踪查看程序运行的信息。

注：如果在第（4）步用户选择固化在 Nor Flash 中运行，则编译链接成功后，选择 Flash→Download 命令将程序固化到 Nor Flash 中，或者单击工具栏按钮▦固化程序，从项目平台的主板拔出 JTAG 线，给项目平台重新上电，程序将自动运行。

8. 参考程序

1）DM9000 *初始化程序*

```c
int DM9000DBG_Init(void)
{
  dwEthernetIOBase   = 0x20000000;
  dwEthernetDataPort = 0x20100000;

    r = Probe();
    MacAddr[0] = 0x0000;
  MacAddr[1] = 0x1232;
  MacAddr[2] = 0x1233;
if(r == FALSE)      return FALSE;
  WRITE_REG1(0x1f,0);
  DM9000_Delay(1000);
  RITE_REG1(0x0,3);
  DM9000_Delay(1000);
  WRITE_REG1(0x0,3);
DM9000_Delay(1000);
DM9000_iomode = READ_REG1(0xfe) >> 6;

  WRITE_REG1(0x0,0);
  WRITE_REG1(0x02,0);
  WRITE_REG1(0x2f,0);
  WRITE_REG1(0x01,0x2c);
  WRITE_REG1(0xfe,0x0f);
  dm9000_hash_table(MacAddr);
  WRITE_REG1(0x05,0x30|1);
  WRITE_REG1(0xff,0x80);
  while(1)
  {
        temp = READ_REG1(0x01)&0x40;
        if(temp)  break;
  }
  return r;
}
```

2）相关协议数据结构

```
//ARP 协议头结构
packed struct arphdr
{
  unsigned short  ar_hrd;
  unsigned short  ar_pro;
  unsigned char  ar_hln;
  unsigned char  ar_pln;
  unsigned short  ar_op;
  unsigned char  ar_sha[ETH_ALEN];
  unsigned long  ar_sip;
  unsigned char ar_tha[ETH_ALEN];
  unsigned long  ar_tip;
};
//IP 协议头结构
__packed struct iphdr {
  unsigned ihl:4;
  unsigned version:4;
  unsigned char tos;
  unsigned short tot_len;
  unsigned short id;
  unsigned short frag_off;
  unsigned char ttl;
  unsigned char protocol;
  unsigned short check;
  unsigned long saddr;
  unsigned long daddr;

};
//UDP 协议头结构
__packed struct udphdr {
  unsigned short source;
  unsigned short dest;
  unsigned short len;
  unsigned short check;
};
//TFTP 协议头结构
  __packed struct tftphdr {
  short th_opcode;
  __packed union {
  unsigned short tu_block;
```

```
short tu_code;
char tu_stuff[1];
};
```

9. 想一想

改写参考程序，改变 IP 地址，下载时改变 Flash 起始地址，重新进行程序烧写，检查是否正确下载。

任务开发 10　基于 MEB1280 的 GPS 通信

1. 学习目标

（1）了解全球定位系统（GPS）的工作原理；

（2）掌握 Samsung 公司 GPS 接收模块 MEB1280 的使用方法。

2. 任务内容

（1）利用 EduKit – IV 项目系统学习 GPS 通信原理；

（2）在 EduKit – IV 项目系统上运行和验证 GPS 通信程序，查看 GPS 定位信息。

3. 开发原理

1）全球定位系统

GPS（Global Position System，全球定位系统）是一个由覆盖全球的 24 颗卫星组成的卫星系统。这个系统可以保证在任意时刻地球上任意一点都可以同时观测到 4 颗卫星，以保证卫星可以采集到该观测点的经纬度和高度，以便实现导航、定位、授时等功能，其目的是在全球范围内对地面和空中目标进行准确定位和监测。随着全球性空间定位信息应用的日益广泛，GPS 提供的全时域、全天候、高精度定位服务将给空间技术、地球物理、大地测绘、遥感技术、交通调度、军事作战及人们的日常生活带来巨大的变化和深远的影响。GPS 包括以下三个基本部分。

（1）太空部分，即空中的 GPS 卫星。GPS 的空间部分是由 24 颗工作卫星组成的，它们位于距地表 20 200km 的上空，均匀分布在 6 个轨道面上（每个轨道面 4 颗），轨道倾角为 55°。此外，还有 4 颗有源备份卫星在轨运行。卫星的分布使得在全球任何地方任何时间都可观测到 4 颗以上的卫星，并能保持良好定位解算精度的几何图像。这就提供了在时间上连续的全球导航能力。

GPS 卫星产生两组电码：一组称为 C/A 码（Coarse/Acquisition Code，11 023MHz）；一组称为 P 码（Precise Code，10 123MHz）。P 码因频率较高、不易受干扰、定位精度高，因此受美国军方管制，并设有密码，一般民间无法解读，主要为美国军方服务。C/A 码人为采取措施以刻意降低精度后，主要开放给民间使用。

（2）控制部分，即地面的 GPS 卫星监控系统。地面控制部分由一个主控站、5 个全球监

测站和 3 个地面控制站组成。监测站均配装有精密的铯钟和能够连续测量到所有可见卫星的接受机。监测站将取得的卫星观测数据，包括电离层和气象数据，经过初步处理后，传送到主控站。主控站从各监测站收集跟踪数据，计算出卫星的轨道和时钟参数，然后将结果送到 3 个地面控制站。地面控制站在每颗卫星运行至上空时，把这些导航数据及主控站指令注入卫星。这种注入对每颗 GPS 卫星每天进行一次，并在卫星离开注入站作用范围之前进行最后的注入。如果某地面站发生故障，那么在卫星中预存的导航信息还可使用一段时间，但导航精度会逐渐降低。

（3）用户部分，即 GPS 的移动用户端，也就是 GPS 信号接收机。其主要功能是能够捕获按一定卫星截止角所选择的待测卫星，并跟踪这些卫星的运行。当接收机捕获到跟踪的卫星信号后，即可测量出接收天线至卫星的伪距离和距离的变化率，解调出卫星轨道参数等数据。根据这些数据，接收机中的微处理计算机就可按定位解算方法进行定位计算，计算出用户所在地理位置的经纬度、高度、速度、时间等信息。接收机硬件和机内软件及 GPS 数据的后处理软件包构成完整的 GPS 用户设备。

GPS 接收机的结构分为天线单元和接收单元两部分。接收机一般采用机内和机外两种直流电源。设置机内电源的目的在于更换外电源时不中断连续观测。在用机外电源时机内电池自动充电。关机后，机内电池为 RAM 存储器供电，以防止数据丢失。目前各种类型的接受机体积越来越小，质量越来越轻，便于野外观测使用。

2）GPS 的工作原理

GPS 的工作原理是基于卫星的距离修正。用户通过测量到太空各可视卫星的距离来计算它们的当前位置，卫星相当于精确的已知参考点。每颗 GPS 卫星时刻发布其位置和时间数据信号，用户接收机可以测量每颗卫星信号到接收机的时间延迟，根据信号传输速度就可以计算出接收机到不同卫星的距离。同时收集至少四颗卫星的数据就可以解算出三维坐标、速度和时间。GPS 接收机对收到的卫星信号进行解码或采用其他技术，将调制在载波上的信息去掉后就可以恢复原来的信号。

按定位方式不同，GPS 定位分为单点定位和相对定位（差分定位）。单点定位就是根据一台接收机的观测数据来确定接收机位置的方式，它只能采用伪距观测量，可用于车船等的概略导航定位。相对定位（差分定位）是根据两台以上接收机的观测数据来确定观测点之间的相对位置的方法，它既可采用伪距观测量也可采用相位观测量，大地测量或工程测量均应采用相位观测值进行相对定位。在 GPS 观测量中包含了卫星和接收机的钟差、大气传播延迟、多路径效应等误差，在定位计算时还要受到卫星广播星历误差的影响，因此是伪距测量。而相对定位时大部分公共误差被抵消或削弱，因此定位精度将大大提高，双频接收机可以根据两个频率的观测量抵消大气中电离层误差的主要部分，在精度要求高、接收机间距离较远时（大气有明显差别）应选用双频接收机。

在定位观测时，若接收机相对于地球表面运动，则称为动态定位。例如用于车船等概略导航定位的精度为 $30 \sim 100m$ 的伪距单点定位；用于城市车辆导航定位的米级精度的伪距差分定位；用于测量放样等的厘米级的相位差分定位（RTK）。实时差分定位需要数据链将两个或多个站的观测数据实时传输到一起计算。在定位观测时，若接收机相对于地球表面静止，则称为静态定位，在进行控制网观测时，一般均采用这种方式，由几台接收机同时观

测，它能最大限度地发挥 GPS 的定位精度，专用于这种目的的接收机称为大地型接收机，是接收机中性能最好的一类。目前，GPS 已经能够达到地壳形变观测的精度要求。

3）GPS 模块输出信号分析

本项目平台采用了 Samsung 公司的 GPS 接收模块 MEB1280，MEB1280 的输出信号是根据 NMEA（National Marine Electronics Association）0183 格式标准输出的。输出信息主要包括位置测定系统定位资料 GPGGA、偏差信息和卫星状态 GPGSA、导航系统卫星相关资料 GPGSV、最基本的 GNSS 信息 GPRMC 4 部分。下面主要以 GPRMC（Recommended Minimum Specific GNSS Data）中最基本的 GNSS（Global Navigation Satellite System，全球卫星导航系统）信息为例对信息进行分析。

（1）GPGGA 位置测定系统定位资料。它包括定位后的卫星定位信息、卫星时间、位置和相关信息，如表 6.10 所示。

信息示例：

```
$ GPGGA,063740.998,2234.2551,N,11408.0339,E,1,08,00.9,00053.1,M,-2.1,M,,
*7B
```

表 6.10　GPGGA 信息说明

名　称	数　值	单　位	说　明
信息代码	$ GPGGA		GGA 信息标准码
格林尼治时间	063740.998		时时分分秒秒.秒秒秒
纬度	2234.2551		度度分分.秒秒秒秒
南/北极	N		N：北极　S：南极
经度	11408.0339		度度度分分.秒秒秒秒
东/西经	E		E：东半球　W：西半球
定位代码	1		1 表示定位代码是有效的
使用中的卫星数	08		
水平稀释精度	00.9		0.5～99.9m
海拔高度	00053.1	m	
单位	M	m	
偏差修正使用区间	-2.1	m	
单位	M	m	
校验码	*7B		

（2）GSA 方向及速度（Course Over Ground and Ground Speed），如表 6.11 所示。

表 6.11　GPGSA 信息说明

名　称	数　值	单　位	说　明
信息代码	$ GPGSA		GSA 信息标准码
自动/手动选择 2 维/3 维形式	A		MM = 手动选择；A = 自动控制
可用的模式	3		2 = 2 维模式；3 = 3 维模式

续表

名　称	数　值	单　位	说　明
接收到信号的卫星编号	06，16，14，22，25，01，30，20		收到信号的卫星的编号
位置精度稀释	01.6		
水平精度稀释	00.9		
垂直精度稀释	01.3		
校验码	*0D		

信息示例：

```
$ GPGSA,A,3,06,16,14,22,25,01,30,20,,,,,01.6,00.9,01.3*0D
```

（3）GSV 导航系统卫星相关资料（见表 6.12）。GNSS 天空范围内的卫星（GNSS Satellites in View），即可见卫星数、伪码乱码数值、卫星仰角等。

信息示例：

```
$ GPGSV,2,1,08,06,26,075,44,16,50,227,47,14,57,097,44,22,17,169,41*70 $
GPGSV,2,2,08,25,49,352,45,01,64,006,45,30,13,039,39,20,15,312,34*7A
```

表 6.12　GPGSV 信息说明

名　称	数　值	单　位	说　明
信息代码	$ GPGSV		GSV 信息标准码
GPGSV 信息被分割的数目	2		信息被分割成两部分
信息被分割后的序号	1		
接收到的卫星数目	08		
卫星的编号	06、16、14、22		卫星编号分别是 6、16、14、22，下面的信息也是以列的形式对应
卫星的仰角	26、50、57、17		正上方90°，范围0～90°
卫星的方位角	075、227、097、169	°	正北方是0°，范围0～360°
信号强度	44、47、44、41	dB	范围0～99，如果输出 null 表示未用
校验码	*70		

（4）RMC 最起码的 GNSS 信息（Recommended Minimum Specific GNSS Data）主要包括卫星的时间、位置方位、速度等。GPRMC 信息说明如表 6.13 所示。

信息示例：

```
$ GPRMC,063740.998,A,2234.2551,N,11408.0339,E,000.0,276.0,150805,002.1,W*7C
```

表 6.13 GPRMC 信息说明

名　称	数　值	单　位	说　明
信息代码	$ GPRMC		RMC 信息起始码
格林尼治时间/标准定位时间 UTC	063741.998	时时分分秒秒.秒秒（Hhmmss.sss）	
状态	A		A = 信息有效；V = 信息无效
纬度	2234.2551		度度秒秒.秒秒秒秒
南/北维	N		N：北纬；S：南纬
经度	11408.0338		度度秒秒.秒秒秒秒
东/西经	E		E：东经；W：西经
对地速度	000.0		
对地方向	276.0		
日期	150805		日日月月年年
磁极变量	002.1		
度数			
检验码	W * 7C		

（5）实际测试系统实际输出的数据如下：

```
$ GPGGA,012724.000,2234.3157,N,11408.0921,E,1,05,1.8,-53.6,M,-1.7,M,,
0000*55
$ GPGSA,A,3,28,20,27,25,17,,,,,,,,5.6,1.8,5.3*32
$ GPGSV,3,1,09,28,53,338,47,08,49,229,33,11,47,033,35,20,39,117,35*75
$ GPGSV,3,2,09,27,33,200,33,17,33,304,31,04,20,225,13,25,20,183,27*7E
$ GPGSV,3,3,09,19,03,070,*4C
$ GPRMC,012724.000,A,2234.3157,N,11408.0921,E,0.00,,290108,,,A*71
```

通过 GPRMC 信息中的 "A" 可以判断目前输出的信息是有效的，如果在室内测试输出的信息是 "V"，说明现在测试的信息是无效的。

对应上述对 GPRMC 的分析，由 012724.000 可知当前的格林尼治时间是 1 时 27 分 24.000 秒；由 2234.3157，N 可知当前的纬度是北纬 N，2234.3157 度；由 11408.0921，E 可知当前的经度是东经 E，11408.0921 度；由 290108 可知当前的时间是 2008 年 1 月 29 日。

4. 开发步骤

1）准备项目环境

使用 ULINK2 仿真器连接 Embest EduKit – IV 项目平台的主板 JTAG 接口；使用 Embest EduKit – IV 项目平台附带的交叉串口线连接项目平台主板上的 COM2 和 PC 的串口（一般

PC 只有一个串口，如果有多个请自行选择，没有串口设备的可购买 USB 转串口适配器扩充）；使用 Embest EduKit – IV 项目平台附带的电源适配器连接项目平台主板上的电源接口。

2）串口接收设置

在 PC 上运行 Windows 自带的超级终端串口通信程序，或者使用项目平台附带光盘内设置好了的超级终端，设置超级终端（波特率 115200、1 位停止位、无校验位、无硬件流控制），或者使用其他串口通信程序（注：超级终端串口根据用户的 PC 串口硬件不同自行选择，如果 PC 只有一个串口，一般是 COM1）。

3）打开项目例程

（1）复制项目平台附带光盘 DISK3_S3C2410\03 – Codes\01 – MDK\Mini2410 – IV 文件夹到 MDK 的安装路径：Keil\ARM\Boards\Embest\（如果本项目之前已经复制，可以跳过这一步）。（注：用户也可复制工程到任意目录，本项目为了便于教学，统一项目路径。）

（2）运行 μVision IDE for ARM 软件，选择 Project→Open Project…命令，在弹出的对话框中选择项目例程目录 9.1_Gps_Test 子目录下的 Gps_Test. Uv2 工程。

（3）默认打开的工程中，在源码编辑窗口会显示项目例程的说明文件 readme. txt，详细阅读并理解项目内容。

（4）工程提供了两种运行方式：一是下载到 SDRAM 中调试运行；二是固化到 Nor Flash 中运行。用户可以在工具栏中的 Select Target 下拉列表框中选择在 SDRAM 中调试运行还是固化到 Nor Flash 中运行。

下面项目将介绍下载到 SDRAM 中调试运行，所以在 Select Target 下拉列表框中选择 GPS_Test IN RAM。

（5）接下来开始编译链接工程，选择 Project→Build target 命令或 Rebuild all target files 命令编译整个工程，用户也可以在工具栏中单击 或 按钮进行编译。

（6）编译完成后，在输出窗口中可以看到编译提示信息，如 " . \SDRAM \Uart_Test. axf" –0Error(s),1Warning(s). "，如果显示 "0Error(s)" 则表示编译成功。

（7）拨动项目平台电源开关，给项目平台上电，选择 Debug→Start/Stop Debug Session 命令将编译出来的映象文件下载到 SDRAM 中，或者单击工具栏中的 按钮来下载。

（8）下载完成后，选择 Debug→Run 命令运行程序，或者单击工具栏中的 按钮来全速运行程序。用户也可以使用单步调试程序。

（9）全速运行后，用户可以在超级终端看到程序运行的信息执行相应的操作。

（10）用户可以终止程序运行，使用 μVision IDE for ARM 的一些调试窗口跟踪查看程序运行的信息。

注：如果在第（4）步用户选择在 Nor Flash 中运行，则编译链接成功后，选择 Flash→Download 命令将程序固化到 Nor Flash 中，或者单击工具栏中的按钮 固化程序，从项目平台的主板拔出 JTAG 线，给项目平台重新上电，程序将自动运行。

5. 参考程序

本项目的参考程序如下。

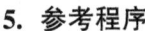

```
#include "2410lib.h"

#define PRINT_UART0
#define MSG_GPRMC0
#define MSG_GPGGA1
#define MSG_GPGSA2
#define MSG_GPGSV3

void gps_test(void);
char uart_tran(void);
void gps_info(UINT32T nType,UINT8T *pP
int f_nUartSelect;
void gps_test(void)
{
char cInputChar;
char nStrBuf[
int set_baud,i =0;
uart_change_baud(UART2,9600);
while(1)
{
cInputChar = uart_tran();
if (cInputChar ==' $ )
{
if(!strncmp(nStrBuf,"$ GPRMC",6)) //Format: $ GPRMC,DATA,...,DATA
  {
        nStrBuf[i]= cInputChar;

         gps_info(MSG_GPRMC,&nStrBuf[6]);
    }
    }

   i =0;

  }
nStrBuf[i] = cInputChar;
i ++;
}
```

```
}
void gps_info(UINT32T nType,UINT8T *pPt)
{

int i,err,nTime,nDate,nDotNum = 0;
char buf[16];

switch(nType)
{
case MSG_GPRMC:
while(*(pPt+1) !=' * )
{

i = 0
while(* ++pPt !=' ¦ )
buf[i ++] = *pPt;
buf[i] =' \0' ;

nDotNum ++ ;
  switch(nDotNum)
{
case1: //格林尼治,063741.998:6 时 37 分 41.998 秒
nTime = ((buf[0] - 0x30) * 10 + (buf[1] - 0x30)) <
((buf[2] - 0x30) * 10 + (buf[3] - 0x30)) <
(buf[4] - 0x30) * 10 + (buf[5] - 0x30);
break;
case2://信息有效 (A)/无效 (V)

/*
if(buf[0] !=' A' )
{
uart_print("InValid Message!");
Ess = 1;

}

* /

  Break;

case3: //2234.2551,N: 北纬 22.342551 度
```

```c
if(!err) uart_printf(" North Latitude:% s",buf);
break;
case5: //11408.0338,E:东经114.080338度
if(!err) uart_printf(" East Longtitude:% s \n",buf);
break;
case9: //150805:2005 年8月15日
uart_printf("20% c% c - % c% c - % c% c",\

buf[4],buf[5],\
buf[2],buf[3],\

buf[0],buf[1]);
uart_printf("
% 02d:% 02d:% 02d \n",(nTime >>16)&0xFF,(nTime >>8)&0xFF,(nTime)&0xFF);
default:
  break;
  }

}
Break;
case MSG_GPGGA:
//add your code here
break;
case MSG_GPGSA:
//add your code here
break;
case MSG_GPGSV:
//add your code here
default:
break;
}
}

char uart_tran(void)
{
while(1)
{
if(rUTRSTAT2&0x1)
{
f_nUartSelect = UART2;
return RdURXH2(); //Receive data read
}
else if(rUTRSTAT1&0x1)

{
f_nUartSelect = UART1;
```

```
        return rURXH1; //Receive data ready
            }
        }
    }
```

6. 想一想

如何使用串口 0 将 GPS 信息显示出来？

任务开发 11   基于 PWM 步进电动机控制

1. 学习目标

(1) 通过项目掌握 S3C2410A 的 PWM 控制方式和工作原理；
(2) 通过项目掌握 S3C2410A 的定时器寄存器的使用；
(3) 掌握步进电动机的控制方法。

2. 工作任务

(1) 使用定时器 T1 控制步进电动机；
(2) 编写程序控制步进电动机的转动速度和角度。

3. 开发原理

S3C2410A 的 PWM 定时器有 5 个 16 位定时器，其中定时器 0、定时器 1、定时器 2 与定时器 3 具有脉冲宽度调制（PWM）功能，定时器 4 仅供内部定时用，没有输出引脚。定时器 0 具有死区生成器，可以控制大电流设备。

定时器 0 与定时器 1 共用一个 8 位预分频器，定时器 2、定时器 3 与定时器 4 共用另一个 8 位预分频器，每个定时器都有一个时钟分频器，时钟分频器有 5 种分频输出（1/2、1/4、1/8、1/16 和外部时钟 TCLK）。每个定时器都从时钟分频器接收时钟信号，时钟分频器从相应的 8 位预分频器接收时钟信号。可编程 8 位预分频器根据存储在 TCFG0 和 TCFG1 中的数据对 PCLK 进行分频。

当时钟被激活后，定时器计数缓冲寄存器（TCNTBn）把计数初值下载到递减计数器中。定时器比较缓冲寄存器（TCMPBn）把其初始值下载到比较寄存器中，并将该值和递减计数器的值进行比较。这种基于 TCNTBn 和 TCMPBn 的双缓冲特性使定时器在频率和占空比变化时产生稳定的输出。

每个定时器都有一个专用的由定时器时钟驱动的 16 位递减计数器。当递减计数器的计数值达到 0 时，就会产生定时器中断请求，来通知 CPU 定时器操作完成。当定时器递减计数器达到 0 时，相应的 TCNTBn 的值会自动重载到递减计数器中，以继续下次操作。然而，如果定时器停止了，如在定时器运行时清除了 TCON 中的定时器使能位，TCNTBn 的值不会被重载到递减计数器中。以下给出启动定时器的步骤：

（1）向 TCNTBn 和 TCMPBn 写入初始值；

（2）置位相应定时器的手动更新位，不管是否使用反转功能，推荐设置反转位；

（3）置位相应定时器的启动位，启动定时器，清除手动更新位。

对于 S3C2410A 的 PWM 定时器控制寄存器，有以下结论。

（1）定时器控置寄存器 0（TCFG0，地址：0x51000000），相关信息见表 6.14。

表 6.14　定时器控置寄存器 0

TCFG0	位	描　　述	初始化状态
保留	[31:24]		0x00
死区长度	[23:16]	这 8bit 控制死区的长度，一个单元时间的长度等于定时器 0 的一单元时间长度	0x00
预分频器 1	[15:8]	这 8bit 数据等于定时器 2、3、4 的预分频值	0x00
预分频器 0	[7:0]	这 8bit 数据等于定时器 0、1 的预分频值	0x00

（2）定时器输入时钟频率(TCLK) = PCLK/(预分频值 + 1)/分频器预分频值 = 0 – 255。

（3）分频器的分频值为 2、4、8、16。

（4）定时器控制寄存器 1（TCFG1，地址：0x51000004）的相关信息见表 6.15。

表 6.15　定时器控制寄存器 1

TCFG1	位	描　　述	初始化状态
保留	[31:24]		00000000
DMA 模式选择	[23:20]	DMA 请求选择： 0000 = 无 DMA 通道选择； 0001 = 定时器 0 DMA 方式； 0010 = 定时器 1 DMA 方式； 0011 = 定时器 2 DMA 方式； 0100 = 定时器 3 DMA 方式； 0101 = 定时器 4 DMA 方式； 0110 = 保留	0000
多路开关 4 选择	[19:16]	定时器 4 多路输入选择： 0000 = 1/2；0001 = 1/4；0010 = 1/8；0011 = 1/16；01XX = 外部时钟 1	0000
多路开关 3 选择	[15:12]	定时器 3 多路输入选择： 0000 = 1/2；0001 = 1/4；0010 = 1/8；0011 = 1/16；01XX = 外部时钟 1	0000
多路开关 2 选择	[11:8]	定时器 2 多路输入选择：0000 = 1/2；0001 = 1/4；0010 = 1/8；0011 = 1/16；01XX = 外部时钟 1	0000
多路开关 1 选择	[7:4]	定时器 1 多路输入选择： 0000 = 1/2；0001 = 1/4；0010 = 1/8；0011 = 1/16；01XX = 外部时钟 0	0000
多路开关 0 选择	[3:0]	定时器 0 多路输入选择： 0000 = 1/2；0001 = 1/4；0010 = 1/8；0011 = 1/16；01XX = 外部时钟 0	0000

定时器控制寄存器（TCON，地址：0x51000008）相关信息见表6.16。

表6.16　定时器控制寄存器

TCON	位	描　　述	初始化状态
定时器4 自动重载 on/off	[22]	0 = 定时器4 运行1 次； 1 = 自动重载模式	0
定时器4 手动更新位（＊）	[21]	0 = 无操作，1 = 更新 TCNTB4	0
定时器4 启动位	[20]	0 = 无操作，1 = 启动定时器4	0
定时器3 自动重载 on/off	[19]	0 = 定时器3 运行1 次 1 = 自动重载模式	0
定时器3 输出倒相位	[18]	0 = 倒相关闭，1 = TOUT3 倒相	0
定时器3 手动更新位	[17]	0 = 无操作，1 = 更新 TCNTB3	0
定时器3 启动位（＊）	[16]	0 = 无操作，1 = 启动定时器3	0
定时器2 自动重载 on/off	[15]	0 = 定时器2 运行1 次； 1 = 自动重载模式	0
定时器2 输出倒相位	[14]	0 = 倒相关闭，1 = TOUT2 倒相	0
定时器2 手动更新位（＊）	[13]	0 = 无操作，1 = 更新 TCNTB2	0
定时器2 启动位	[12]	0 = 无操作，1 = 启动定时器2	0
定时器1 自动重载 on/off	[11]	0 = 定时器2 运行1 次； 1 = 自动重载模式	0
定时器1 输出倒相位	[10]	0 = 倒相关闭，1 = TOUT1 倒相	0
定时器1 手动更新位（＊）	[9]	0 = 无操作，1 = 更新 TCNTB1	0
定时器1 启动	[8]	0 = 无操作，1 = 启动定时器1	0
保留	[7:5]	保留	
死区功能允许	[4]	0 = 禁止，1 = 允许	0
定时器0 自动重载 on/off	[3]	0 = 定时器0 运行1 次； 1 = 自动重载模式	0
定时器0 输出倒相位	[2]	0 = 倒相关闭，1 = TOUT0 倒相	0
定时器0 手动更新位（＊）	[1]	0 = 无操作，1 = 更新 TCNTB0	0
定时器1 启动	[0]	0 = 无操作，1 = 启动定时器0	0

（＊）：在下次写入的时候一定要清零

1）硬件原理

步进电动机是一种将电脉冲转化为角位移的执行机构。通俗一点讲：当步进驱动器接收到一个脉冲信号后，它就驱动步进电动机按设定的方向转动一个固定的角度（即步进角）。可以通过控制脉冲个数来控制角位移量，从而达到准确定位的目的；同时可以通过控制脉冲频率来控制电动机转动的速度和加速度，从而达到调速的目的。本项目使用的电动机驱动器采用的是日本东芝公司的 TA8435 芯片引脚功能见表6.17，该芯片的功能如下：

表 6.17　TA8435 引脚功能

引　脚	符　号	功　能　描　述
1	SG	信号地
2	RESET	低电平有效
3	ENABLE	低电平选通
4	OSC	由外部电容计算晶振频率
5	CW/CCW	顺时针方向/逆时针方向转动选择
6	CK2	时钟输入
7	CK1	时钟输入
8	M1	激励控制输入
9	M2	激励控制输入
10	REFIN	输入参考电压
11	MO	监听输出
12	NC	未连接
13	VCC	逻辑电源
14	NC	未连接
15	VMB	输出电压
16	$\varphi\overline{B}$	输出 $\varphi\overline{B}$
17	PG - B	电源地
18	NFB	B 通道输出电流检测
19	φB	输出 φB
20	$\varphi\overline{A}$	输出 $\varphi\overline{A}$
21	NFA	A 通道输出电流检测
22	PG - A	电源地
23	φA	输出 φA
24	VMA	输出电源
25	NC	未连接

（1）双向正弦曲线步进电动机驱动器；

（2）输出电流平均值为 1.5A、峰值为 2.5A ；

（3）PWM 输入源；

（4）高电压 Bi - CMOS 处理技术；

（5）电动机可双向转动；

（6）HZIP - 25P 封装；

（7）RESET 端输入阻抗 100kΩ；

（8）输出电动机控制电流正负 2mA 。

本项目用到的控制引脚有 CK1、CW/CCW 和 M2、具体连接电路如图 6.69 所示。

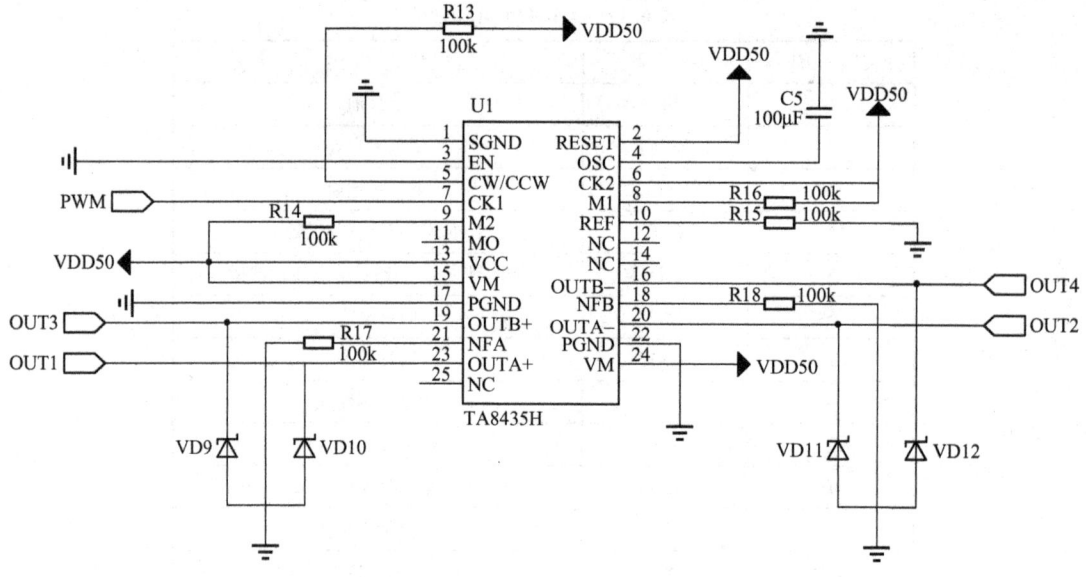

图 6.69　步进电动机模块图

注意：步进电动机模块图 6.69 中的 PWM 连接到 S3C2410A 的端口 GPIOE 的第 12 个引脚，该引脚配置成输出，用软件模拟输出脉冲来向步进电动机提供输入时钟。

OUT1、OUT2、OUT3 和 OUT4 连到电动机的控制端，如图 6.70 所示。

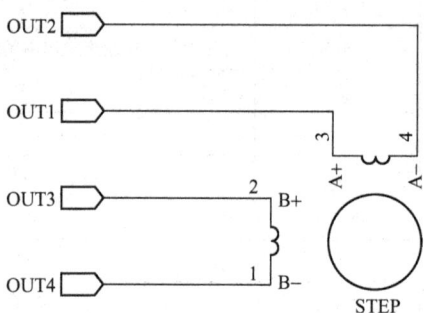

图 6.70　电动机连接图

2）软件设计

本项目使用了 PWM 定时器 T1 的计数功能，向定时器计数缓冲寄存器（TCNTBn）写入计数初值，当 TCNTn 的值减为 0 时触发中断，在中断子程序中用软件来模拟定时器的输出脉冲。中断子程序如下：

```
void __irQtimer1_int(void)
{
if(HighLever && TurnAngle) //Generate high lever
{
if(HighRate >1)
```

```
{
rGPEDAT = rGPEDAT | 1 <<12;

HighRate -- ;

}

else

{

rGPEDAT = rGPEDAT | 1 <<12;

HighRate = HighRateOrigin;

HighLever =0;


}

else if(!HighLever && TurnAngle) //Generate low lever

{

if(LowRate >1)

{

rGPEDAT = rGPEDAT & ~ (1 <<12);

LowRate -- ;

}

else

{

rGPEDAT = rGPEDAT & ~ (1 <<12);

LowRate = LowRateOrigin;

HighLever =1;

TurnAngle -- ;

}

}

ClearPending(BIT_TIMER1);

}
```

4. 开发步骤

1）准备项目环境

使用 ULINK2 仿真器连接 Embest EduKit - IV 项目平台的主板 JTAG 接口；使用 Embest EduKit - IV 项目平台附带的交叉串口线连接项目平台主板上的 COM2 和 PC 的串口（一般 PC 只有一个串口，如果有多个请自行选择，没有串口设备的可购买 USB 转串口适配器扩充）；使用 Embest EduKit - IV 项目平台附带的电源适配器连接项目平台主板上的电源接口。

2）串口接收设置

在 PC 上运行 Windows 自带的超级终端串口通信程序，或者使用项目平台附带光盘内设置好了的超级终端，设置超级终端（波特率 115200、1 位停止位、无校验位、无硬件流控制），或者使用其他串口通信程序。（注：超级终端串口根据用户的 PC 串口硬件不同自行选择，如果 PC 只有一个串口，一般是 COM1。）

3）打开项目例程

（1）复制项目平台附带光盘 DISK3_S3C2410\03 - Codes\01 - MDK\Mini2410 - IV 文件夹到 MDK 的安装路径：Keil \ ARM \ Boards \ Embest \ （如果本项目之前已经复制，可以跳过这一步）。（注：用户也可复制工程到任意目录，本项目为了便于教学，统一项目路径。）

（2）运行 μVision IDE for ARM 软件，选择 Project→Open Project…命令，在弹出的对话框中选择项目例程目录8.5_StepMotor_Test 子目录下的 StepMotor_Test. Uv2 工程。

（3）默认打开的工程中，在源码编辑窗口会显示项目例程的说明文件 readme. txt，详细阅读并理解项目内容。

（4）工程提供了两种运行方式：一是下载到 SDRAM 中调试运行；二是固化到 Nor Flash 中运行。用户可以在工具栏中的 Select Target 下拉列表框中选择在 RAM 中调试运行还是固化到 Nor Flash 中运行，如图 6.71 所示。

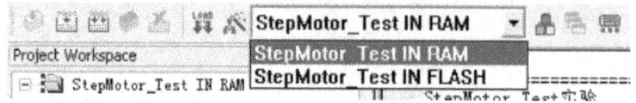

图6.71　选择运行方式

下面项目将介绍下载到 SDRAM 中调试运行，所以在 Select Target 下拉列表框中选择 StepMotor_Test IN RAM。

（5）接下来开始编译链接工程，选择 Project→Build target 或 Rebuild all target files 命令编译整个工程，用户也可以在工具栏中单击 📖 或 🔍 按钮进行编译。

（6）编译完成后，在输出窗口可以看到编译提示信息，如 "".\SDRAM\StepMotor_ Test. axf" -0Error(s), 1Warning(s). "，如果显示 "0Error(s)" 则表示编译成功。

（7）拨动项目平台电源开关，给项目平台上电，选择 Debug→Start/Stop Debug Session 命令将编译出来的映象文件下载到 SDRAM 中，或者单击工具栏中的 🔍 按钮来下载。

（8）下载完成后，选择 Debug→Run 命令运行程序，或者单击工具栏中的 📄 按钮来全速运行程序。用户也可以使用单步调试程序。

（9）全速运行后，可以在超级终端看到程序运行的信息，终端上显示控制步进电动机速度的各种占空比和频率配置列表，用户可以选择不同的配置选项。接着终端上又显示步进电动机转动角度的配置列表，用户同样可以选择不同的配置。

（10）用户可以终止程序运行，使用 μVision IDE for ARM 的一些调试窗口跟踪查看程序运行的信息。

注：如果在第（4）步用户选择在 Nor Flash 中运行，则编译链接成功后，选择 Flash→ Download 命令将程序固化到 Nor Flash 中，或者单击工具栏中的按钮 📖 固化程序，从项目平台的主板拔出 JTAG 线，给项目平台重新上电，程序将自动运行。

5. 参考程序

本项目的参考程序如下：

```c
void stepmotor_test(void)
{
timer_init();
rGPECON =1 <
HighLever =1;
//Default state
rTCNTB1 =792;
HighRateOrigin =2;
LowRateOrigin =2;
HighRate = HighRateOrigin;
LowRate = LowRateOrigin;

rTCON | = (1 <<11)| (1 <<10)| (1 <<9)| (1 <<8);
rTCON & = ~ ((1 <<10)| (1 <<9));

rINTMSK & = ~BIT_TIMER1;
while(1)
{
pwm_menu();
angle_menu();

switch(Key_pressed1)
{
case' 1' :
rTCNTB1 =792; HighRateOrigin =2;
LowRateOrigin
HighRate = HighRateOrigin;
LowRate = LowRateOrigin;
break;
case' 2' :
rTCNTB1 =792;
HighRateOrigin =1;
LowRateOrigin
HighRate = HighRateOrigin;
LowRate = LowRateOrigin;
break;
case' 3' :
rTCNTB1 =396;
HighRateOrigin =2;
LowRateOrigin
HighRate = HighRateOrigin;
```

```
        LowRate = LowRateOrigin;
    break;
    case 4' :
    rTCNTB1 =396;
    HighRateOrigin =1;
    LowRateOrigin
    HighRate = HighRateOrigin;
    LowRate = LowRateOrigin;
    break;
    case 5' :
    rTCNTB1 =198;
    HighRateOrigin =2;
    LowRateOrigin
    HighRate = HighRateOrigin;
    LowRate = LowRateOrigin;
    break;
    case 6' :
    rTCNTB1 =198;
    HighRateOrigin =1;
    LowRateOrigin
    HighRate = HighRateOrigin;
    LowRate = LowRateOrigin; break;
    case 7' :
    rTCNTB1 =99 ;
    HighRateOrigin =2;
    LowRateOrigin
    HighRate = HighRateOrigin;
    LowRate = LowRateOrigin;
    break;
    case 8' :
    rTCNTB1 =99 ;
    HighRateOrigin =1;
    LowRateOrigin
    HighRate = HighRateOrigin;
    LowRate = LowRateOrigin;
    break;
    default;
    break;
        }

     }
}
```

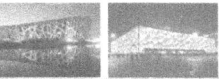

6. 想一想

(1) 熟悉 S3C2410X 芯片的定时器 PWM 输出原理;

(2) 改变定时器参数,产生其他频率的 PWM 输出控制电动机。

任务开发 12　基于 GSM 的 GPRS 模块控制

1. 学习目标

(1) 通过项目掌握 ARM 处理器的 UART 控制方式和工作原理。

(2) 了解 GPRS 模块的使用方法,通过 GSM 收发短消息 (SMS)。

(3) 掌握简单 AT 命令集的使用。

2. 任务内容

编写程序改变 S3C2410A 和 GPRS 模块的通信速率;使用 GPRS 模块收发短信、阅读短信、删除短信。

3. 开发原理

GPRS (General Packet Radio Service,通用分组无线业务) 是在现有 GSM 系统上发展起来的一种新的承载业务。基于这种业务的各种应用也蓬勃发展起来。典型的应用有:工业控制、环境保护、道路交通、上午金融、移动办公、零售服务、公安系统等。

GPRS 允许用户在端到端分组转义模式下发送和接收数据,而不需要利用电路交换的模式,比较适合于突发性的、频繁的、数据量小的数据传输,也适用于偶尔数据量大的数据传输。

本项目使用的 GPRS 模块是 SIM300D。该款 GPRS 模块具有很好的性能,可以广泛应用于以下场合:POS 终端、自动售货机、安全系统、远程遥测、交通控制、导航系统、手持设备、GPRS 调制解调器等。

1) 模块特性与功能参数

(1) 模块特性。

双频段:EGSM900MHz 和 GSM1800MHz。

输出功率:4 类 EGSM 频段的为 2W,1 类 GSM 频段的为 1W。

使用 AT 命令控制。

SIM 应用工具包。

电源范围为 3.3 ~ 4.8V。

节电模式。

(2) 供电消耗。

① 空闲模式:25mA。

② 通话模式:平均 300mA。

③ GPRS 模式:平均 360mA。

④ 发送突发：最大 2.5A。

⑤ 调电模式：50μA。

⑥ 睡眠模式：最大 3.5mA。

（3）尺寸：54.5mm×36mm×3.6mm。

（4）质量：9g。

（5）工作温度：−20℃～55℃。

（6）模块接口。

① 40−pin ZIF 连接器：

- 电源供电；
- SIM 卡 3V 供电；
- RS 232 双向数据总线；
- 自适应波特率；
- 两路模拟音频信号接口。

② 50Ω GSC 连接器。

要获得更多信息，请参考该模块的详细资料。

2）标准 V.25ter AT 命令

AT 命令符合 ITU−T（国际电联）V.25ter 文件标准。

现简单介绍几个和收发短消息有关的 AT 命令，如表 6.18 所示。

表 6.18　常用 AT 命令及其功能描述

AT 命令	功能描述
AT	与模块连接
AT + CMGF = ?	返回当前的工作模式
AT + CMGF = n	设置当前工作模式 n = 0：PDU 模式，n = 1：text 模式
AT + CMGS	发送短信息
AT + CMGR = < index >	读短信息，其中 index 是消息在当前存储区中的序列号
AT + CMGL	输出短信息列表
AT + CMGD = < index >	删除短消息，删除当前存储区中序列号为 index 的短消息
AT + CNMI = < mode >	设置收到的短消息报告模式，mode = 0：缓冲短消息结果码；mode = 1：在数据通信状态下，阻止结果码发送到 TE（）；Mode = 2：无论何种状态下，都向 TE 发送结果码

短消息发送过程：

（1）在超级终端窗口中输入 AT + CMGF = 1，设定模块工作模式为 text 模式；

（2）输入 OK 返回后，输入 AT + CMGS = 13XXXXXXXXX（输入手机号），按回车键；

（3）在 "＞" 字符后输入所要发送的信息内容，注意，现在 GPRS 模块不支持中文短信息发送，只支持英文短消息发送过程，例如：

```
AT
OK
AT + CMGF = 1
OK
AT + CMGS = 13988888888
 > HELLO,Welcom to Embest！
 + CMGS:206
OK
```

未读短消息接收过程：

（1）在超级终端窗口中输入 AT + CMGF = 1，设定当前工作模式为 text 模式；

（2）输入 OK 返回后，输入 AT + CMGL，按回车键；

（3）在超级终端窗口中可以显示当前存储区中短消息列表中未读的消息。例如：

```
AT + CMGL
 + CMGL:6,"REC UNREAD","+8613249808153",,"05 /04 /29,
19:48:05 +00"
Hello,Welcom to use Embest EduKit - III ！ - 收到的短消息内容
OK
```

读取单条短消息过程：

（1）在超级终端窗口中输入 AT + CMGF = 1，设定当前工作模式为 text 模式；

（2）输入 OK 返回后，输入 AT + CMGR = index，其中 index 为想要读取的目的消息在存储区中的序号，按回车键；

（3）在超级终端窗口中可以显示当前存储区中的选定短消息。例如：

```
at + cmgr = 6
 + CMGR："REC READ","+8613249808153",,"05 /04 /29,
19:48:05 +00"
Hello,Welcome to use Embest EduKit - III ！ - 收到的短消息内容
OK
```

短消息删除过程：

（1）在超级终端窗口中输入 AT + CMGD = index，其中 index 为要删除的短消息在存储区中的序号，并按回车键。

（2）在超级终端窗口中显示 OK，表明删除完成。例如：

```
at + cmgd = 6
OK
```

3）电路连接图

本项目中总体电路连接图如图 6.72 所示。

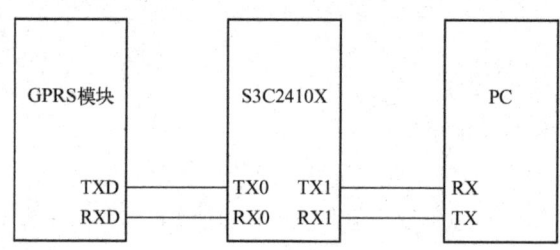

图 6.72　电路连接图

S3C2410A 处理器通过 UART1 接收 PC 在输入超级终端输入的控制信息或 AT 命令等，并通过 UART0 控制 GPRS 模块，使其工作在合适的模式下，并完成短消息的发送或接收工作。

4. 开发步骤

1）准备项目环境

使用 ULink2 仿真器连接 Embest EduKit－IV 项目平台的主板 JTAG 接口；使用 Embest EduKit－IV 项目平台附带的交叉串口线连接项目平台主板上的 COM2 和 PC 的串口（一般 PC 只有一个串口，如果有多个请自行选择，没有串口设备的可购买 USB 转串口适配器扩充）；使用 Embest EduKit－IV 项目平台附带的电源适配器连接项目平台主板上的电源接口。

2）串口接受

PC 上运行 Windows 自带的超级终端串口通信程序，或者使用项目平台附带光盘内设置好了的超级终端，设置超级终端（波特率 115200，1 位停止位，无校验位，无硬件流控制），或者使用其他串口通信程序。（注：超级终端串口可根据用户的 PC 串口硬件不同自行选择，如果 PC 只有一个串口，一般是 COM1。）

3）打开项目例程

（1）复制项目平台附带光盘 DISK3_S3C2410\03－Codes\01－MDK\Mini2410－IV 文件夹到 MDK 的安装路径：Keil\ARM\Boards\Embest\（如果本项目之前已经复制，可以跳过这一步）。（注：用户也可复制工程到任意目录，本项目为了便于教学，统一项目路径。）

（2）运行 μVision IDE for ARM 软件，选择 Project→Open Project…命令，在弹出的对话框中选择项目例程目录 9.2_Gprs_Test 子目录下的 Gprs_Test. Uv2 工程。

（3）默认打开的工程中，在源码编辑窗口中会显示项目例程的说明文件 readme. txt，详细阅读并理解项目内容。

（4）工程提供了两种运行方式：一是下载到 SDRAM 中调试运行；二是固化到 Nor Flash 中运行。用户可以在工具栏中的 Select Target 下拉列表框中选择在 SDRAM 中调试运行还是固化到 Nor Flash 中运行。

下面项目将介绍下载到 SDRAM 中调试运行，所以在 Select Target 下拉列表框中选择 Gprs_Test RAM。

（5）接下来开始编译链接工程，选择 Project→Build target 命令或 Rebuild all target files 命

令编译整个工程，用户也可以在工具栏中单击 或 按钮进行编译。

（6）编译完成后，在输出窗口可以看到编译提示信息，如 ". \SDRAM\Uart_Test. axf"
－0Error(s),1Warning(s). "，如果显示 "0Error(s)" 则表示编译成功。

（7）拨动项目平台电源开关，给项目平台上电，选择 Debug→Start/Stop Debug Session 命
令将编译出来的映象文件下载到 SDRAM 中，或者单击工具栏中的 按钮来下载。

（8）下载完成后，选择 Debug→Run 命令运行程序，或者单击工具栏中的 按钮来全速
运行程序。用户也可以使用单步调试程序。

（9）全速运行后，用户可以在超级终端看到程序运行的信息执行相应的操作。

（10）用户可以终止程序运行，使用 μVision IDE for ARM 的一些调试窗口跟踪查看程序
运行的信息。

注：如果在第（4）步用户选择在 Nor Flash 中运行，则编译链接成功后，选择 Flash→
Download 命令将程序固化到 Nor Flash 中，或者单击工具栏中的按钮 固化程序，从项目平
台的主板拔出 JTAG 线，给项目平台重新上电，程序将自动运行。

（11）程序正确运行后，会在超级终端上输出如下信息：

```
boot success...
GPRS Modem Communication Test Example
Aug4200710:28:55
0 -- -1200
1 -- -2400
2 -- -4800
3 -- -9600
Baud rate select for GPRS modem:3
AT command >
```

（12）使用 PC 键盘，输入数字 0 ～ 3 中的任意一个数字来设置 GPRS 模块的通信速率。

（13）输入 "3" 后，选择波特率为 9.6Kbps。

（14）再次选择 Debug→Run 命令或按 F5 键运行程序。

（15）根据前面的关于 AT 命令的介绍可以利用 GPRS 模块发送、接收、删除短消息。

5. 参考程序

本项目的参考程序如下：

```
void gps_test(void)
{
char cInputChar;
char nStrBuf[
int set_baud
unsigned char * baud_scl[][2] = {
"0","1200",
"1","2400",
```

```
"2","4800",
"3","9600",
0,0};
uart_change_baud(UART1,4800);
while(1)
{
cInputChar = uart_tran();
if (f_nUartSelect == UART0)
{
#ifdef PRINT_UART0
uart_select(0); //send to user
uart_sendbyte(cInputChar);
#endif
uart_select(1); //send to another uart
}
if (f_nUartSelect == UART1)
{

uart_select(0);
if (cInputChar =='$')

{
if(i!=0)
{
if(!strncmp(nStrBuf,"$GPRMC",6))
$GPRMC,DATA,...,DATA
{
gps_info(MSG_GPRMC,&nStrBuf[6]);
}
i=0;
}

nStrBuf[i] = cInputChar;
i++;
}
//uart_sendbyte(cInputChar);
}
}
void gps_info(UINT32T nType,UINT8T *pPt)
{
int i,err,nTime,nDate,nDotNum=0;
```

```c
char buf[16];

switch(nType)
{
case MSG_GPRMC:
while(*(pPt+1) !='*')
{
i=0
while(*++pPt !=',')
buf[i++] = *pPt;
buf[i] ='\0';

nDotNum++;
switch(nDotNum)
{ case1://格林尼治,063741.998:6 时 37 分 41.998 秒
nTime = ((buf[0]-0x30)*10 + (buf[1]-0x30))<
((buf[2]-0x30)*10 + (buf[3]-0x30))<
(buf[4]-0x30)*10 + (buf[5]-0x30);
break;
case2://信息有效 (A)/无效 (V)
if(buf[0] !='A')
{
uart_printf("InValid Message!");
err=1;
}
break;
case3: //2234.2551,N:北纬 22.342551 度
if(!err) uart_printf(" North Latitude: % s",buf);
break;
case5: //11408.0338,E:东经 114.080338 度
if(!err) uart_printf(" East Longtitude: % s \n",buf);
break;
case9: //150805:2005 年 8 月 15 日
uart_printf("20% c% c - % c% c - % c% c",\
buf[4],buf[5],\
buf[2],buf[3],\
buf[0],buf[1]);
uart_printf("
% 02d:% 02d:% 02d \n",(nTime>>16)&0xFF,(nTime>>8)&0xFF,(nTime)&0xFF);

default:
break;
```

```
}
}
break;
case MSG_GPGGA:
//add your code here
break;
case MSG_GPGSA:
//add your code here break;
case MSG_GPGSV:
//add your code here
default:
break;
}
}


char uart_tran(void)
{
while(1)
{
if(rUTRSTAT0&0x1)
{
f_nUartSelect = UART0;
return RdURXH0(); //Receive data read
}
else if(rUTRSTAT1&0x1)
{
f_nUartSelect = UART1;
return rURXH1; //Receive data ready
    }
  }
}
```

6. 想一想

（1）学习 GPRS 的 PDU 模式收发短信的原理。
（2）编写程序实现 GPRS 在 PDU 模式下收发短信。

本章小结

本章主要介绍了如何在嵌入式开发环境下使用 ARM 开发工具，首先介绍了 RealView MDK 开发环境下 μVision3 软件开发平台及 HJTAG 仿真器的基本概念，然后重点介绍了 RealView MDK 的安装和使用。

思考与习题 6

1. 简述 μVision3 软件开发平台的特点。

2. 简述使用 H–JTAG 烧录嵌入式系统程序的步骤。

3. μVision3 主框架窗口由哪几部分组成，分别有何用途？

参 考 文 献

[1] Kamal，R. 嵌入式系统：体系结构、编程设计. 北京：清华大学出版社，2005.

[2] 许海燕，付炎. 嵌入式系统技术与应用. 北京：机械工业出版社，2002.

[3] 魏洪兴，胡亮，曲学楼. 嵌入式系统设计与实例开发项目教材 II——基于 ARM9 处理器与 Linux 操作系统. 北京：清华大学出版社，2005.

[4] 田泽. 嵌入式系统开发与应用教程. 北京：北京航空航天大学出版社，2005.

[5] 陈赜. ARM9 嵌入式技术及 Linux 高级实践教程. 北京：北京航空航天大学出版社，2005.

[6] 张义磊，丁涛，安吉宇. 三星 S3C2410 在嵌入式工业控制系统中的应用. 长春理工大学学报，2004.

[7] 陈章龙，唐志强，涂时亮. 嵌入式技术与系统——Intel XScale 结构与开发. 北京：北京航空航天大学出版社，2008.

[8] ARM7TDMI Revision：r4p1 Technical Reference Manual，2010.

[9] S3C2410 Datasheet，2006.

[10] IEEE Standard 1149. 1 – Test Access Port and Boundary – Scan Architecture.